元素の周期表

1	2	3	4	5	6	7	8	9	10	11	12	13	14	15	16	17	18
1 **H** 水素																	2 **He** ヘリウム
3 **Li** リチウム	4 **Be** ベリリウム											5 **B** ホウ酸	6 **C** 炭素	7 **N** 窒素	8 **O** 酸素	9 **F** フッ素	10 **Ne** ネオン
11 **Na** ナトリウム	12 **Mg** マグネシウム											13 **Al** アルミニウム	14 **Si** ケイ素	15 **P** リン	16 **S** 硫黄	17 **Cl** 塩素	18 **Ar** アルゴン
19 **K** カリウム	20 **Ca** カルシウム	21 **Sc** スカンジウム	22 **Ti** チタン	23 **V** バナジウム	24 **Cr** クロム	25 **Mn** マンガン	26 **Fe** 鉄	27 **Co** コバルト	28 **Ni** ニッケル	29 **Cu** 銅	30 **Zn** 亜鉛	31 **Ga** ガリウム	32 **Ge** ゲルマニウム	33 **As** ヒ素	34 **Se** セレン	35 **Br** 臭素	36 **Kr** クリプトン
37 **Rb** ルビジウム	38 **Sr** ストロンチウム	39 **Y** イットリウム	40 **Zr** ジルコニウム	41 **Nb** ニオブ	42 **Mo** モリブデン	43 **Tc** テクネチウム	44 **Ru** ルテニウム	45 **Rh** ロジウム	46 **Pd** パラジウム	47 **Ag** 銀	48 **Cd** カドミウム	49 **In** インジウム	50 **Sn** スズ	51 **Sb** アンチモン	52 **Te** テルル	53 **I** ヨウ素	54 **Xe** キセノン
55 **Cs** セシウム	56 **Ba** バリウム	57～71 ランタノイド	72 **Hf** ハフニウム	73 **Ta** タンタル	74 **W** タングステン	75 **Re** レニウム	76 **Os** オスミウム	77 **Ir** イリジウム	78 **Pt** 白金	79 **Au** 金	80 **Hg** 水銀	81 **Tl** タリウム	82 **Pb** 鉛	83 **Bi** ビスマス	84 **Po** ポロニウム	85 **At** アスタチン	86 **Rn** ラドン
87 **Fr** フランシウム	88 **Ra** ラジウム	89～103 アクチノイド	104 **Rf** ラザホージウム	105 **Db** ドブニウム	106 **Sg** シーボーギウム	107 **Bh** ボーリウム	108 **Hs** ハッシウム	109 **Mt** マイトネリウム	110 **Ds** ダームスタチウム	111 **Rg** レントゲニウム	112 **Cn** コペルニシウム	113 **Nh** ニホニウム	114 **Fl** フレロビウム	115 **Mc** モスコビウム	116 **Lv** リバモリウム	[illegible]	[illegible]
	ランタノイド	57 **La** ランタン	58 **Ce** セリウム	59 **Pr** プラセオジム	60 **Nd** ネオジム	61 **Pm** プロメチウム	62 **Sm** サマリウム	63 **Eu** ユウロピウム	64 **Gd** ガドリニウム	65 **Tb** テルビウム	66 **Dy** ジスプロシウム	67 **Ho** ホルミウム	68 **Er** エルビウム	69 **Tm** ツリウム	70 **Yb** イッテルビウム	[illegible]	
	アクチノイド	89 **Ac** アクチニウム	90 **Th** トリウム	91 **Pa** プロトアクチニウム	92 **U** ウラン	93 **Np** ネプツニウム	94 **Pu** プルトニウム	95 **Am** アメリシウム	96 **Cm** キュリウム	97 **Bk** バークリウム	98 **Cf** カリホルニウム	99 **Es** アインスタイニウム	100 **Fm** フェルミウム	101 **Md** メンデレビウム	102 **No** ノーベリウム	[illegible]	

基礎から学ぶ
分析化学

井村久則・樋上照男 編
Hisanori Imura　Teruo Hinoue

Basics of Analytical Chemistry

化学同人

執筆者一覧

（五十音順）

井村　久則	（金沢大学 理工研究域 物質化学系）
倉光　英樹	（富山大学 大学院理工学研究部）
中田　隆二	（福井大学 名誉教授）
永谷　広久	（金沢大学 理工研究域 物質化学系）
長谷川　浩	（金沢大学 理工研究域 物質化学系）
樋上　照男	（信州大学 理学部 理学科）

まえがき

分析化学は，物質に関係するあらゆる自然科学および応用科学を，分析の理論と方法論によって支える，なくてはならない学問分野である．今日では，分析機器の目覚ましい発展に加えて，より少量で複雑な分析試料中の，しかも超微量の化学種の定量が求められるようになり，必然的に機器分析が主流となっている．しかし，よく言われることではあるが，どのような高性能の機器であっても，試料を導入可能な形状・形態にするための化学的前処理は必要不可欠であり，さらに，試料によっては目的成分の濃縮や妨害成分からの分離も必要となる．このためには，試料の溶解や沈殿，抽出など，湿式分析において培われてきた知識と操作法が欠かせない．しかし，湿式分析の重要性はそれだけではない．古くから用いられ“基準分析法”にもなっている重量分析と容量分析は，湿式分析の代表格であるが，それらの定量の原理は，化学量論と化学平衡論によって記述され，さらに，実際の定量実験において必要となる注意深い定量的な操作と関連づけて理解することができる．本書「基礎から学ぶ分析化学」は，そのような溶液内化学反応に基づく湿式分析法を題材として，分析化学の基本原理を学ぶことを学習目標としており，今後刊行される「基礎から学ぶ機器分析化学」と対をなすものである．

分析化学は化学の方法論を扱う学問であることから，第 1 章から第 3 章までは，まだ専門の分析化学実験を体験していない学生にも化学分析の操作がイメージできるように，試料の前処理，定性分析，重量分析，滴定の基本原理と基本的な実験操作を詳しく記述した．第 4 章で熱力学に基づく溶液内化学平衡の概念を述べ，第 5 章から第 7 章までは，酸塩基，錯形成，酸化還元の各平衡の理解と定量的な取り扱い，ならびに各滴定の理論を述べた．第８章から第10章は，二相間にまたがる不均一系の化学平衡である沈殿，溶媒抽出，固相抽出のやや複雑な平衡と沈殿滴定，および分離分析法の基礎的概念を述べた．

本書の全体を通して，現代の分析化学の社会的な役割や意義を明示し，分析化学への興味と関心を高めるように，化学分析の実例，公定分析法，開発者の名前がついた分析理論や分析法などの話題を積極的に取り上げた．また，分析化学の基礎的な知識と概念を効率的に修得するために，多くの例題と章末問題を載せたので活用していただきたい．

本書によって，分析化学の特長である“定量”の概念とその方法が読者に伝わることを願っている．また，本書の執筆にあたって，数かずの注文を快く受け入れてくださった各著者に心より感謝申し上げる．本文の項目や図表の配置を含めて，できる限り全体的に内容と表現の統一を図ったが，読みやすさと分かりやすさについては読者のご批判を仰ぎたい．最後に，編集において大変お世話になった化学同人の浅井歩氏に厚く御礼申し上げる．

2015年３月

編者：井村久則・樋上照男

目　次

Basics of Analytical Chemistry

第1章

定性分析と定量分析

分析化学（analytical chemistry）は，物質を分析する原理とその方法を探求する学問であり，物質に関係するあらゆる自然科学ならびに工学・農学・薬学・医学などの応用科学と深い関わりをもっている．物質の化学組成および構造などの情報は，適切な化学分析によって得られるものであり，そこで用いられる分析法は“分析化学”を基盤として系統的に組み立てられ適用されている．本章では，化学分析の目的，分類，一般的な手順，および関連する分析化学の基本概念を学ぼう．

1.1 化学分析の分類

化学分析（chemical analysis）[*1]の目的は，一般に，物質に含まれる元素や化合物などの成分の種類と，それらの量的関係を明らかにすることにある．これによってその物質の化学的性質，成因，移行，さらには有用性や有害性などを知ることができる．例えば，大気環境中に浮遊する微粒子（$PM_{2.5}$など）を分析し，その化学組成や成分を明らかにすることによって，微粒子発生の原因や有害性に関する知見が得られるだろう．また，医療の分野では，尿や血液の分析によってさまざまな種類の生体成分が測定され，より高度な診断に利用されている．

化学分析は，その目的によって**定性分析**（qualitative analysis）と**定量分析**（quantitative analysis）に分けることができる（図1.1）．前者は，物質に含まれる成分（元素，イオン，分子，化合物，官能基など）の種類を明らかにすることを目的とし

社会で役立つ分析化学
環境：大気分析，土壌汚染分析
食品：残留農薬分析，水質検査
医薬：薬品分析，遺伝子検査
工業：工場排水分析，品質検査

＊1　化学反応を利用した湿式分析法と狭義に捉えることもできるが，ここでは，物質の化学組成を決定する方法として機器分析法も含める．

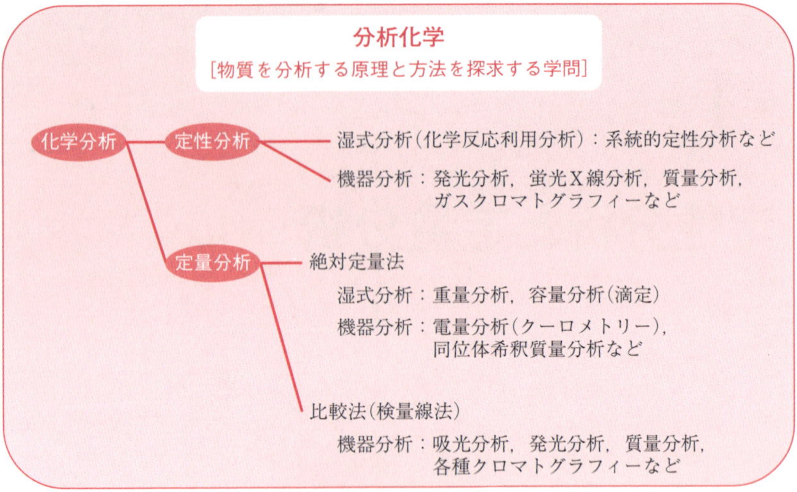

図1.1 化学分析の分類

ており，1.3節で述べるような化学反応を利用した定性分析をはじめ，機器を利用したさまざまな定性分析法がある．例えば，火星探査機には発光分析，蛍光X線分析，質量分析，ガスクロマトグラフィーなどの分析機器が搭載され，大気，岩石，塵(ちり)の構成元素や成分などが明らかにされている．一方，定量分析は，物質を構成する各成分あるいは特定の成分の含有量を明らかにすることを目的としている．したがって，一般的には，まず定性分析によって試料に何が含まれているかを調べ，その後に，定量分析によって目的成分の物質量（モル）あるいは質量

Column 1.1

目視による簡易分析

pH試験紙，イオン試験紙，尿検査試験紙，気体検知管，パックテストなどの簡易分析では，指示薬などの試薬を染みこませたろ紙や試薬の入ったチューブを用いて，少量の試料を試薬に接触させて呈色させ，標準の色見本表と比べることによって定性分析や定量分析ができる．分析の精確さは精密分析に比べれば劣るが，現場で，簡単かつ迅速に結果が得られる．また，特別な知識がなくても扱えることから，化学の教育や啓蒙にも役立っている．

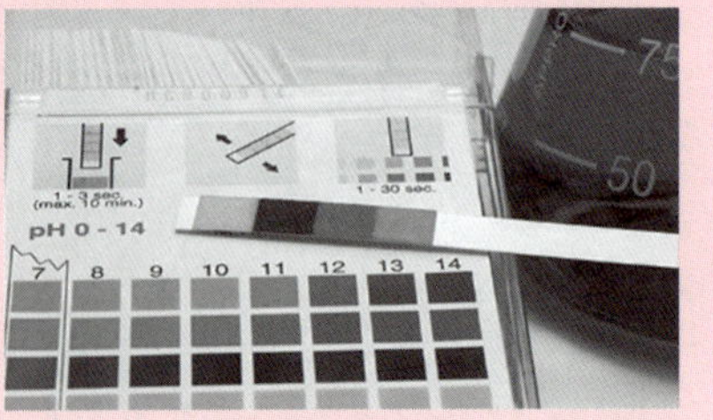

を決定する．定量分析については，本書の第2章から第8章で，（古典的ではあるが）化学反応を利用した精確な定量法である重量分析と容量分析（滴定）について詳しく説明する．

分析の目的成分が，単に元素（ある元素の全量）ではなくて，さまざまな状態や形態をとる元素の場合，それらの定性・定量分析を**化学種分析**（speciation analysis）という．よく知られているように，クロムは環境中でⅢ価とⅥ価（$CrO_4{}^{2-}$）の酸化状態をとるが，Ⅵ価はⅢ価よりもずっと毒性が高い．また，水銀には0価，Ⅰ価，Ⅱ価の無機水銀のほか，より毒性の高いメチル水銀（CH_3Hg^+）がある．一方，ヒ素は，Ⅲ価（As_2O_3），Ⅴ価（H_3AsO_4）の無機ヒ素と，より毒性の低いメチルアルソン酸〔$(CH_3)AsO(OH)_2$〕やジメチルアルシン酸〔$(CH_3)_2AsO(OH)$〕などの有機ヒ素として存在している．したがって酸化数の異なる化学種や有機金属などの化学種の区別は重要である．化学種分析のほか，化学種（chemical species）および関連用語のスペシエーション（speciation）について，IUPAC*2による定義を示しておこう[1]．

化学種（元素に関して）：同位体組成，電子状態または酸化状態，錯体または分子の構造などが明確な元素の形態あるいは状態（ある元素の異なった化合物と見なせる）

化学種分析（分析化学に関して）：試料中の1種以上の個々の化学種の同定または定量のための分析

元素のスペシエーション：ある系において，定義された化学種間での元素の分布

その他の分析法の分類として，X線などの電磁波を利用した機器分析では，固体試料であっても傷つけることなくそのままの状態で定性・定量分析が可能な場合があり，非破壊分析とよばれる．一方，試料を酸などによって完全に分解して均一な溶液にしたうえで種々の分析に用いる通常の分析は，破壊分析とよばれる．

また化学分析は，分析する試料の量と，定量する成分の含有量によっても分類される．図1.2に示すように，分析に供される試料の量が0.1 g以上の**常量分析**から1 mg以下の**超微量分析**までの分類と，目的成分の濃度が1％（w/w）以上の

＊2　国際純正・応用化学連合（International Union of Pure and Applied Chemistry）の略

参考文献　1）D. M. Templetom, F. Ariese, R. Cornelis, L.-G. Danielsson, H. Muntau, H. P. Van Leeuwen, R. Lobinski, *Pure Appl. Chem.*, 72, 1453 (2000).

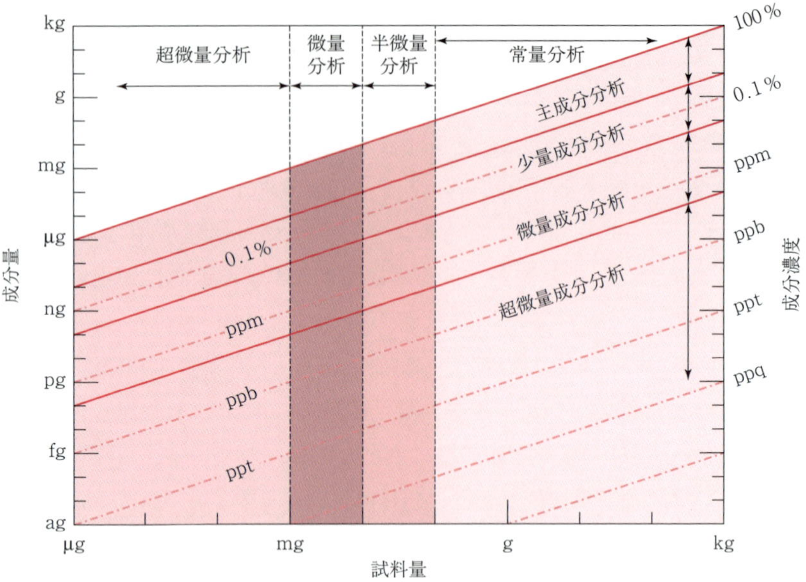

図1.2 分析試料の量と成分量および濃度の関係

1 %(w/w) = 1 %(mass/mass) = 10 g kg^{-1} = 10 mg g^{-1}，1 ppm = 1 mg kg^{-1} = 1 μg g^{-1} = 1 ng mg^{-1}，1 ppb = 1 μg kg^{-1}，1 ppt = 1 ng kg^{-1}，1 ppq = 1 pg kg^{-1}

主成分分析から0.1 ppm 以下の**超微量成分分析**までの分類が一般的である．

濃度の表し方

分析化学では，特に溶液の濃度と体積との関係から溶液中の目的成分の質量を求めることが多いため，原子量，分子量，式量，モル，そして濃度の取り扱いについては，十分に理解しておく必要がある．濃度の単位はたくさんあるが，分析化学において用いられることの多いものをまとめてみよう．

1）百分率（%），百万分率（ppm）など

濃度とは，溶液中の溶質の割合を意味するので，一般には百分率(パーセント，%）が広く用いられる．百分率にも，溶液100 g 中に含まれる溶質の質量（単位 g）の割合を表す<u>質量百分率</u>（重量百分率ともいう），溶液100 mL 中に含まれる溶質（液体）の体積（単位 mL）の割合を表す<u>体積百分率</u>，溶液100 mL 中に含まれる溶質の質量（単位 g）の割合を表す<u>質量／体積百分率</u>などがあり，質量（重

量）（weight を w と略）と体積（volume を v と略）を表示して，それぞれ%（w/w），%（v/v），%（w/v）と表される．さらに溶液1000 g 中に含まれる溶質の割合を表す千分率（パーミル，‰）もあり，「海水の塩分濃度は35 ‰（w/w）である」といった使い方をする．

さらに溶質の割合が小さいときには，百万分率（parts per million，ppm と略），十億分率（parts per billion，ppb），一兆分率（parts per trillion，ppt），千兆分率（parts per quadrillion，ppq）も使われる．気体中の濃度については体積比を用い，「大気中の二酸化炭素濃度は約400 ppm（または ppmv）である」のように表す．水溶液中の濃度については，水の密度が $1\ g\,cm^{-3}$ に近いことから，「$1\ mg\,L^{-1} = 1\ ppm$」として，微量の物質濃度を表すのに用いられる．例えば，「水道水の水質基準として水銀は $0.0005\ mg\,L^{-1}$，すなわち0.5 ppb 以下と定められている」などと表す．

2）モル濃度（molarity）と質量モル濃度（molality）

モル濃度は分析化学において最も広く用いられている濃度単位であり，溶液 $1\ dm^3$（= 1 L）中に 1 mol の溶質を含むときを，1モル濃度と定義する．単位は $mol\,dm^{-3}$ であり，$mol\,L^{-1}$ や M で表されることも多い．溶液の体積は温度によって変化し，その結果として濃度も変化するので，正確な数値を求める際には注意が必要である．それに対して，溶媒 1 kg 中に溶解させた溶質の量をモルで表したのが質量モル濃度であり，$mol\,kg^{-1}$ の単位で表す．温度に依存しないため，物理化学的な物性値を扱う際には便利な表示法である．なお，希薄な水溶液を除いて，通常，モル濃度と質量モル濃度とは値が異なる．

3）当量濃度と規定度（normality）

中和反応において，塩酸 HCl と水酸化ナトリウム NaOH は 1：1 のモル比で反応するが，硫酸 H_2SO_4 と水酸化ナトリウム NaOH の場合には 1：2 のモル比で反応する．また，酸化還元反応において，過マンガン酸カリウムとシュウ酸は 2：5 のモル比で反応する（$2KMnO_4 + 5H_2C_2O_4 + 3H_2SO_4 \longrightarrow K_2SO_4 + 2MnSO_4 + 10CO_2 + 8H_2O$）．このような場合も，当量や規定度の概念を導入すると，1：1 のモル比での反応の場合と同様に取り扱うことができる．規定度は，溶液 1 L あたりの溶質の当量数（equivalent，eq や equiv と略）で定義され，当量濃度（単位 $eq\,L^{-1}$）ともよばれる．単位は N（規定）である．当量数の概念は，1分子あたりの反応単位数とも関係し，中和反応において1 molのHClは，酸としてはたらく1 molのH^+をもつので当量数は1 eq，すなわち1 mol L^{-1} = 1 eq L^{-1} = 1 Nとなる．同様に考えて，H_2SO_4は1 mol L^{-1} = 2 eq L^{-1} = 2 Nとなる．酸化還元反応の場合には，H^+ではなく反応に関与する電子数で考える．先の反応では，シュウ酸は1 mol L^{-1} = 2 eq L^{-1} = 2 N，過マンガン酸カリウムは1 mol L^{-1} = 5 eq L^{-1} = 5 Nとなる．

現在，規定度はほとんど使われないが，イオンの電荷数を考慮した当量濃度は，電解質組成における陽イオンと陰イオンとのバランスが問題となる場合（イオン交換反応や，生理食塩水，体液，そして酸性雨における各イオンの濃度を表す際など）に，しばしば使われる．この場合，Na^+やCl^-は1 mol L^{-1} = 1 eq L^{-1}であり，Ca^{2+}や$SO_4{}^{2-}$は1 mol L^{-1} = 2 eq L^{-1}となる．つまり当量数とは，要素粒子として目的物質の物質量に電荷数や反応に与るプロトン数，電子数などを掛けたものと定義することができる．

例題1.1　0.100 mol L^{-1}塩酸溶液1 Lを調製するには，37.0 %（w/w）〔密度1.18 g cm^{-3}（20℃）〕の濃塩酸が何mL必要か．

解答

1 cm^3 = 1 mLであるから濃塩酸1 Lは1180 gであり，その中には1180 × 0.370 = 436.6(g)のHClが含まれている．HClの分子量は36.45なので，濃塩酸のモル濃度は436.6 ÷ 36.45 ≒ 11.98(mol L^{-1}）となる．0.100 mol L^{-1}塩酸溶液1 Lをつくるには，この濃塩酸を薄めて同じ物質量のHClが含まれるようにしなければならない．よって，0.100 × 1000 = 11.98 × xという式が成り立ち，x = 0.100 ÷ 11.98 × 1000 ≒ 8.347(mL)となる．問題文より有効数字は3桁*3であることがわかるので，答えは8.35 mLとなる．

*3　有効数字の取り扱いについて
計算過程の途中で得られた数値を四捨五入すると，最終結果が異なってしまうことがある．例えば，上の例題1.1で，436.6 ÷ 36.45 ≒ 11.98を12.0と途中で四捨五入すると，答えは8.33 mLとなり，正解の8.35 mLとは異なる．これを，四捨五入を繰り返したことによる誤差の拡大という．一般に最終結果が出るまでは，少なくとも有効数字＋1の桁までは残しておき，最後に四捨五入によって有効数字を合わせる．もちろん，パソコンや電卓を使うときにも，途中で数値をまるめる必要はない．（コラム1.2も参照）

1.2 化学分析の手順と試料の前処理

1.2.1 化学分析の手順

①分析法の選択
②試料採取
③分析試料の調製
④試料の溶解・分解
⑤目的成分の前分離・前濃縮
⑥検出または測定
⑦結果の評価

図1.3 化学分析の手順

物質を定性分析あるいは定量分析する際の手順を図1.3に示す．分析の目的が決まると，試料の状態（気体，液体，固体），目的成分の種類（元素，化学種，化合物）と数，必要とされる検出限界あるいは定量限界，および精度と正確さなどを考慮して，「①分析法」を選択し，それに適した方法で「②試料採取」を行う．工業製品の分析では，大量生産されたロットから平均的な試料を採取することが重要である．また，大気，水，土壌などの環境試料，血液や生体組織などの生体試料の場合には，試料の状態に適した採取法を用いて，分析目的に合致した代表的な試料を採取しなければならない．

目的成分の測定に先立つ手順（図の③～⑤）を，試料の前処理という．試料が液体であれば，③でろ過によって懸濁物を除去し，さらに，共存する有機物や金属錯体を分解する必要があれば，④で試料の分解を行う．固体試料の場合には，③で粉砕して均一な粉末状にした分析試料を調製後，破壊分析であれば，④で酸類による溶解・分解を行って溶液とする．

選択した分析法を用いて目的成分の検出や測定を行う際に，試料を構成する成分（マトリックス成分）や共存成分が妨害となる場合には，⑤で目的成分をそれらから分離する必要がある．このために用いられる分離法として，溶媒抽出，固相抽出，イオン交換，共沈，蒸留などがある．これらは分離と同時に目的成分を濃縮することもでき，検出・定量下限を下げるのに役立つ．金属イオンの場合には溶媒抽出とイオン交換が，有機化合物の場合には固相抽出が最もよく用いられている．これらの分離法については，本書の第９章と第10章で詳しく説明する．

以上の試料採取から前処理においては，試料の変質と目的成分の揮散や吸着による損失，試薬・容器・実験雰囲気からの汚染（コンタミネーション）に注意しなければならない．特に，超微量分析や超微量成分分析で目的成分量が１μg 以下になると汚染の問題は深刻であり，超純水や超高純度試薬，クリーンベンチやクリーンルームなどの使用が不可欠となる．

⑥の検出または測定については，本書で取り上げる定性分析，重量分析，滴定

をはじめ，さまざまな機器分析法が用いられる．それぞれの原理と測定，定量の方法については，該当する章を参照してほしい．

1.2.2　試料の溶解・分解

固体試料の溶解や分解は，分析の前処理のなかでも最も難しく，問題の生じやすい操作である．その理由は，目的成分の揮散による損失と，用いる試薬や容器からの汚染の危険性が高いためである．水や有機溶媒に溶けにくい試料は，酸，塩基，さらには融剤を用いて分解し，溶液にしなければならない．濃酸による溶解には，高い水素イオン濃度，酸化還元作用，錯形成作用が重要な役割を果たす．

a) 塩酸（HCl）

塩酸には還元作用があり，高酸化状態の MnO_2 や PbO_2 を容易に溶解する．Ag，Au，Pt などを除くほとんどの金属，金属酸化物および過酸化物を溶解するが，高温で処理した Al_2O_3，Fe_2O_3，TiO_2，SnO_2 などは難溶性である．濃塩酸中で加熱すると塩化物として揮散する元素が多く，Al，Ti(Ⅳ)，V(Ⅳ)，Fe(Ⅲ)，Ga，Ge(Ⅳ)，As(Ⅲ)，Se(Ⅳ)，Nb(Ⅴ)，Mo(Ⅴ, Ⅵ)，Sn(Ⅳ)，Sb(Ⅲ)，Te(Ⅱ-Ⅳ)，Ta(Ⅴ)，W(Ⅴ, Ⅵ)，Os(Ⅳ-Ⅵ)，Hg(Ⅰ, Ⅱ)などが知られている．

b) 硝酸（HNO_3）

希硝酸の酸化作用は室温では弱いが，濃硝酸は強い酸化作用をもつ．ほとんどの金属とその硫化物を溶解するが，Al，Ti，Cr，Fe，Co，Ni，Ga，In，Nb，Ta などの金属は，表面に化学的に安定な酸化皮膜が生じて不動態となり溶解しない．また，金属過酸化物は溶解しない．有機物の酸化分解にも用いられる．Os(Ⅷ)と Ru(Ⅷ)は，それぞれ酸化物として揮散する．

c) 硫酸（H_2SO_4）

酸化還元作用を伴わず，元素の酸化状態を保って溶解させる．ただし，熱濃硫酸には酸化作用がある．沸点が高いので（338℃），硫酸とともに加熱（硫酸白煙処理）すると，金属フッ化物や塩化物，硝酸塩などを金属硫酸塩にすることができる．Be，Al，Ti，Mn，Pb，Th，U などの難溶性フッ化物やリン酸塩も溶解する．

d) 過塩素酸（$HClO_4$）

希酸は酸化還元作用を示さないが，熱濃過塩素酸はきわめて強い酸化剤で，鉄合金やステンレス鋼を溶解する．エタノールやろ紙などの有機物と加熱すると爆発するので，必ず硝酸を加えて混酸とする．

e）フッ化水素酸（フッ酸）（HF）

シリカやケイ酸塩と反応してH_2SiF_6を生じ，硫酸や過塩素酸とともに加熱すると，SiF_4として揮発する．Ti, Zr, Nb, Taの金属や酸化物を溶解し，B(Ⅲ)，Ti(Ⅳ)，As(Ⅲ)，Nb(Ⅴ)，Mo(Ⅵ)，Ta(Ⅴ)，Os(Ⅳ)，Te(Ⅵ)は，それぞれフッ化物として揮散する．

f）混　酸

濃硝酸と濃塩酸の1：3（体積比）の混合溶液は王水（aqua regia）とよばれ，溶液中に生じたNOClとCl_2の強力な酸化作用によって，AuやPtなどの貴金属を溶かす．硝酸＋フッ酸，硝酸＋フッ酸＋(塩酸，硫酸または過塩素酸)の混酸（いずれも濃酸）は，種々の鉱石や植物の分解に有効で，密閉式のテフロン加圧酸分解容器やマイクロ波湿式灰化（かいか）装置を用いた加圧分解法に適している．このほか，塩酸，硝酸，あるいは硫酸に過酸化水素水を加えた混酸は強力な溶解剤として使用される．

g）塩　基

水酸化ナトリウムや水酸化カリウム水溶液は，Al，Zn，Sn，Pbなどの両性元素，V_2O_5，GeO_2，MoO_3，WO_3などの酸性酸化物を溶解する．アンモニア水はアンミン錯体を形成する遷移金属化合物〔AgCl, $Cu(OH)_2$など〕の効果的な溶解剤である．水酸化テトラメチルアンモニウムは生体試料や金属酸化物，ガラスなどを溶解する．

h）酸性融剤による融解（fusion）

前述したa～gの溶解・分解法で処理が困難な難溶性物質には，高温での溶融塩（融剤）による分解法である融解を用いなければならない．Be，Al，Ti，Fe，Ga，Zr，In，Taなどの難溶性酸化物の試料を白金（石英あるいは磁製）るつぼに取り，融剤として硫酸水素カリウム（融点214℃）を加え，300℃で融解する．冷却後，固化した融成物を水や希酸に溶解する．これは，高温でSO_3を作用させて金属酸化物を金属硫酸塩に変える方法である．

i）塩基性融剤による融解

ケイ酸塩，難溶性硫酸塩，リン酸塩などの試料を白金るつぼに取り，融剤として炭酸ナトリウム（融点851℃）と混ぜて900～1200℃で融解し，冷却後，融成物を希酸で溶解する．融解によって，金属イオンは炭酸塩に，陰イオンはナトリウム塩に変えられる．このほか，四ホウ酸ナトリウム（融点741℃），水酸化ナトリウム（融点318℃），過酸化ナトリウム（融点460℃）などさまざまな融剤が知られている．

j）アンモニウム塩による融解

Ti，Cr，Zr，Nb，Sn，Sb，Ce，W，Biなどの酸化物に，融剤として硫酸水素アンモニウム（融点147℃），硝酸アンモニウム（融点170℃）あるいはハロゲン化アンモニウムなどを混ぜて，ガラス試験管中で融解する．冷却後，融成物は水あるいは希酸に溶解する．

k）その他

$BaSO_4$はエチレンジアミン四酢酸（EDTA）を含むアンモニア水，$Ca_3(PO_4)_2$は陽イオン交換樹脂を入れた水に溶解する．

1.3　イオンの反応性と定性分析

1.3.1　ルイスの酸塩基とHSAB（Hard and Soft Acids and Bases）

基本的な酸塩基の概念には，アレニウスの酸塩基（1884年），ブレンステッド－ローリーの酸塩基（1923年），ルイスの酸塩基（1923年）の三つがある（第5章参照）．このうちルイス（G. N. Lewis）は，「電子対受容体を酸，電子対供与体を塩基」と定義し，酸塩基反応を，配位結合を含むより広い化学反応に拡張した．ルイスの考え方は，酸塩基の概念としては最も一般性が高い．すなわち，

$$H^+ + :NH_3 \longrightarrow H:NH_3^+ \tag{1.1}$$

$$Cu^{2+} + :NH_3 \longrightarrow Cu:NH_3^{2+} \tag{1.2}$$

式(1.1)では，H^+はNH_3の窒素原子上の非共有電子対（：）を受容しているので酸，NH_3はその非共有電子対をH^+に供与しているので塩基となる．同様に式(1.2)では，Cu^{2+}が酸，NH_3が塩基であり，生成物（$CuNH_3^{2+}$）は金属錯体とよばれる．ルイスの定義に従えば，金属陽イオンはすべて酸であり，それと結合する陰イオンや分子は塩基で，配位子とよばれる．

ピアソン（R. Pearson）は，ルイス酸である金属イオンとルイス塩基である配

表1.1 硬い・軟らかい酸・塩基の相対的な性質

ルイス酸	電荷密度	分極性	電気陰性度	酸の例	塩基との親和性の序列
硬い (h)	大	小	低	H^+, Li^+～Cs^+, Be^{2+}～Ba^{2+}, Mn^{2+}, Al^{3+}, Sc^{3+}, Cr^{3+}, Fe^{3+}, Co^{3+}, Ga^{3+}, In, As(Ⅲ), 全Ln^{3+}, 全アクチノイド(An^{3+}, An^{4+}, AnO_2^+, AnO_2^{2+}), Ti^{4+}, Zr^{4+}, Hf^{4+}, Th^{4+}, Ru^{4+}, Sn^{4+}, CH_3Sn^{3+}, $(CH_3)_2Sn^{2+}$, VO^{2+}, MoO^{3+}, WO^{4+}, $Be(CH_3)_2$, BF_3, $B(OR)_3$, $Al(CH_3)_3$, $AlCl_3$, AlH_3, N(Ⅲ), Si(Ⅳ), Cl(Ⅲ), Cl(Ⅶ), Cr(Ⅵ), Mn(Ⅶ), I(Ⅴ), I(Ⅶ), RPO_2^+, $ROPO_2^+$, RSO_2^+, $ROSO_2^+$, SO_3, RCO^+, CO_2, NC^+, HX（水素結合性分子）	$F^- \gg Cl^- > Br^- > I^-$ $O \gg S > Se > Te$ $N \gg P > As > Sb > Bi$
境界線上 (b)	—	—	—	Fe^{2+}, Co^{2+}, Ni^{2+}, Cu^{2+}, Zn^{2+}, Pb^{2+}, Sn^{2+}, Ru^{2+}, Os^{2+}, Sb^{3+}, Os^{3+}, Bi^{3+}, Rh^{3+}, Ir^{3+}, $B(CH_3)_3$, SO_2, NO^+, R_3C^+, $C_6H_5^+$, GaH_3	—
軟らかい (s)	小	大	高	Cu^+, Ag^+, Au^+, Tl^+, Hg^+, Pd^{2+}, Cd^{2+}, Pt^{2+}, Hg^{2+}, CH_3Hg^+, $Co(CN)_5^{2-}$, Pt^{4+}, Te(Ⅳ), Tl^{3+}, $Tl(CH_3)_3$, BH_3, $Ga(CH_3)_3$, $GaCl_3$, GaI_3, $InCl_3$, RS^+, RSe^+, RTe^+, I^+, Br^+, HO^+, RO^+, I_2, Br_2, ICN, O, Cl, Br, I, N, M^0（金属原子), トリニトロベンゼン, クロラニル, キノン, テトラシアノエチレン, カルベンなど	$F^- < Cl^- < Br^- < I^-$ $O \ll S \sim Se \sim Te$ $N \ll P > As > Sb > Bi$

ルイス塩基	電荷密度	分極性	電気陰性度	塩基（配位子）の例	親和性を示す酸の例
硬い (h)	大	小	高	H_2O, OH^-, O^{2-}, ROH, RO^-, R_2O, RCO_2^-, $R(CO_2)_2^{2-}$, CO_3^{2-}, NO_3^-, PO_4^{3-}, R_3PO, $(RO)_3PO$, SO_4^{2-}, ClO_4^-, F^-, Cl^-, NH_3, RNH_2, N_2H_4	H^+
境界線上 (b)	—	—	—	$C_6H_5NH_2$, C_5H_5N, N_3^-, Br^-, NO_2^-, SO_3^{2-}, N_2	—
軟らかい (s)	小	大	低	R_2S, RSH, RS^-, S^{2-}, SCN^-, $S_2O_3^{2-}$, I^-, R_3P, $(RO)_3P$, R_3As, CN^-, RNC, CO, C_2H_4, C_6H_6, H^-, R^-	CH_3Hg^+

Ln：ランタノイド，R：アルキル基またはアリール基

位子を，それらの親和性の違いによって分類し，「HSAB（酸と塩基の硬さと軟らかさ）の概念」を提唱した（1968年）．そこでは，分極しにくい原子・イオンを“硬い（hard）”，分極しやすい原子・イオンを“軟らかい（soft）”とし，硬

い酸は硬い塩基と，軟らかい酸は軟らかい塩基と錯形成しやすいとした．表1.1にHSABによって分類された金属イオンと配位子，およびそれらの硬さ・軟らかさに関係する相対的な性質をまとめる．

Li^{+}，Be^{2+}，Al^{3+}，Ti^{4+}などの硬い金属イオンは，小さなイオン半径と大きい正電荷をもつことから正の表面電荷密度が大きく，電気陰性度も低い．また，F^{-}，O^{2-}などの硬い配位子（配位原子）は大きい負の表面電荷密度および高い電気陰性度をもつことから，硬い酸－塩基間の錯形成は強い静電的な結合による．一方，Cu^{+}，Ag^{+}，CH_3Hg^{+}などの軟らかい金属イオンとI^{-}，S^{2-}などの軟らかい配位子（配位原子）の場合には，ともに分極しやすい電子雲をもち，酸－塩基間の電気陰性度の差も小さいことから，共有結合性の錯体を形成する．“硬い”と“軟らかい”の境界線上に位置する金属イオンや配位子は，相手によって硬い・軟らかい酸塩基として振る舞う．錯体の種類による変動はあるものの，軟らかい金属イオンに対する配位原子の親和性の序列として，$S \sim C > I > Br > Cl > N > O > F$が知られている．硬い金属イオンでは序列は逆転し，水溶液中ではFとO配位の錯体がおもに存在する．

HSABの概念は，錯形成反応を利用する分析法において，きわめて有用である．例えば，沈殿や抽出による金属イオンの分離では，目的金属イオンと共存イオンのHSABを考慮して，選択的，できれば特異的に結合する配位子を用いて容易に単離できるはずである．あるいは，目的イオンとは反応せず共存イオンと反応する配位子を用いることによっても，分離は達成できるだろう．

1.3.2　陽イオンの系統的定性分析

系統的定性分析では，まず，陽イオンを化学的性質によって六つの属に分け（分属），次いでそれぞれのイオンの分離，検出によって存在を確定する．表1.2に陽イオンの分属の原理と方法をまとめる．分属に使用する沈殿剤を分属試薬といい，塩酸，硫化水素，アンモニア水，炭酸アンモニウムが，それぞれの属分離に適した条件下で用いられる．

第1属と第2属は，酸性条件下でもHSABの軟らかい硫化物イオンと反応して沈殿するグループであり，ほとんどは“軟らかい”あるいは境界線上の金属イオンである．第1属イオンは難溶性のハロゲン化物を生成する．AgClはアンモ

表1.2 陽イオンの系統的分析による分属

属	分属試薬	沈殿形	陽イオン
第1属	2 mol L^{-1} HCl	M_mCl_n	Ag^+(s), Hg_2^{2+}(s), Pb^{2+}(b)
第2属	0.3 mol L^{-1} HCl 存在下 H_2S	M_mS_n	銅属：Cu^{2+}(b), Cd^{2+}(s), Hg^{2+}(s), Pb^{2+}(b), Bi^{3+}(b) スズ属：Sn^{2+}(b), Sn^{4+}(h), As^{3+}(h), As(V), Sb^{3+}(b), Sb(V)
第3属	6 mol L^{-1} NH_3（H_2S を煮沸駆逐, conc.HNO_3滴下後）	$M(OH)_3$, $M_2O_3 \cdot nH_2O$	Fe^{3+}(h), Al^{3+}(h), Cr^{3+}(h)
第4属	$(NH_4)_2S$	MS_2	Mn^{2+}(h), Co^{2+}(b), Ni^{2+}(b), Zn^{2+}(b)
第5属	conc.NH_3 + 6 mol L^{-1} $(NH_4)_2CO_3$	MCO_3	Ca^{2+}(h), Sr^{2+}(h), Ba^{2+}(h)
第6属	—	—	Na^+(h), K^+(h), Mg^{2+}(h), NH_4^+

conc.：concentrated の略　　h：硬い, b：境界線上, s：軟らかい

ニア水に $Ag(NH_3)_2^+$ を生じて溶ける．$PbCl_2$ は水への溶解度が比較的高いので熱水に溶けやすく，また，第2属イオンとしても検出される．

第2属は，さらに多硫化アンモニウムに難溶の銅属と，可溶なチオ金属酸イオンを生成するスズ属に分類される．

第3属は，HSAB の硬い金属(Ⅲ)イオンであり，アンモニアで塩基性にすることによって，硬い塩基の水酸化物イオンと反応して最終的に含水酸化物となって沈殿する．

第4属は，硫化物の溶解度積が第2属イオンよりずっと大きい金属(Ⅱ)イオンであり，Mn^{2+} 以外は HSAB の境界線上のイオンである．溶液を塩基性にすることによって H_2S の酸解離で生じる S^{2-} イオンの濃度が高まり，硫化物錯体が生成しやすくなる．

第5属は，硬い酸であるアルカリ土類金属イオンであり，硬い塩基の炭酸イオンと反応して難溶性の炭酸塩を生成する．その後，それぞれ $CaC_2O_4 \cdot H_2O$（白色），$SrSO_4$（白色），$BaCrO_4$（黄色）として選択的に沈殿する．

第6属はアルカリ金属イオンと Mg^{2+} で，ともに硬い酸である．前者は適当な沈殿剤が少ないので，炎色反応の色(輝線スペクトルの波長)によって検出する．後者は $MgNH_4PO_4 \cdot 6H_2O$ の白色沈殿の生成によって確定する．

表1.3 陰イオンの Ba^{2+}(h)および Ag^{+}(s)による分属

属	0.5 mol L^{-1} $BaCl_2$			0.1 mol L^{-1} $AgNO_3$		陰イオン
	塩酸酸性	酢酸酸性	中性	硝酸酸性	中性	
第1属	沈殿	沈殿	沈殿	—	—	SO_4^{2-}(h)，SiF_6^{2-}
第2属	—	沈殿	沈殿	—	沈殿（F^-を除く）	F^-(h), $C_2O_4^{2-}$, CrO_4^{2-}, $Cr_2O_7^{2-}$, SO_3^{2-}(b), $S_2O_3^{2-}$(s)
第3属	—	—	沈殿	—	—	PO_4^{3-}(h), AsO_4^{3-}, AsO_3^{3-}, BO_2^-, SiO_3^{2-}, CO_3^{2-}(h)，$C_4H_4O_6^{2-}$(酒石酸イオン)(h)
第4属	—	—	—	沈殿	沈殿	Cl^-(h)，Br^-(b)，I^-(s)，CN^-(s)，S^{2-}(s)，SCN^-(s)，ClO^-，$Fe(CN)_6^{4-}$，$Fe(CN)_6^{3-}$
第5属	—	—	—	—	—	NO_3^-(h)，NO_2^-(b)，ClO_3^-，CH_3COO^-(h)

1.3.3　陰イオンの定性分析

陰イオン（ルイス塩基）については陽イオンのような系統的な分析法はないものの，ここでもHSABの概念が役に立つ．表1.3のように，硬い酸である Ba^{2+} と軟らかい酸である Ag^+ を用いて分属する．

第1属から第3属の陰イオンは，おもにバリウム塩の沈殿しやすさ（酸性度の影響）によって分類される．第2属については，一部，軟らかいイオンと境界線上のイオンも含まれており，中性条件でのみ銀塩が沈殿する．酸性条件下でも Ag^+ によって沈殿を生じる第4属には，軟らかい陰イオンが多く含まれている．分属された各イオンは，それぞれの特有の性質を利用した沈殿や呈色反応を用いて確定する．

1.4　定量分析の分類

1.4.1　分析の信頼性

定量分析の目的は，試料中の目的成分の物質量あるいは質量を求め，濃度を決定することにある．実験で得られた数値（測定値）には，必ず誤差（不確かさ）が含まれる．そこで，普通は3回以上測定を繰り返し，平均と標準偏差を計算し（コラム1.2参照），定量値（分析値）を求める．定量値の真の値からの偏りの程度を**真度**（あるいは正確さ），ばらつきの程度を**精度**とよび，真度と精度を総合した概念が「精確さ」である[*4]．また，精確さの度合いを定量的に示すために，従来の誤差に代わる概念として，標準偏差や信頼区間で表される不確かさが用いられるようになってきた．不確かさは，測定値の真の値からの偏りを表す**系統誤差**と，ばらつきを表す**統計誤差**（偶然誤差）に分けることができる（図1.4）．系統誤差は，原因が明らかな場合には補正できる．統計誤差は，繰り返し性や再現性などの精度に影響する．図1.4を見ると，(a) は真度，精度ともに高く，不確かさは非常に小さい．(b) は，真度は高いが精度は低く，不確かさが大きい．(c) は，真度は低いが精度が高い．(d) は真度，精度ともに低く，いずれも不確かさは大きい．世界各国の分析機関が同じ試料を分析し，その定量値（定量の腕前）が評価される国際比較分析試験（IMEP）の結果を見ると，微量～超微量成分分析においては，およそ50％の機関で信頼性が図1.4の (c) や (d) の状態となっている．定量分析の難しさがわかるだろう．

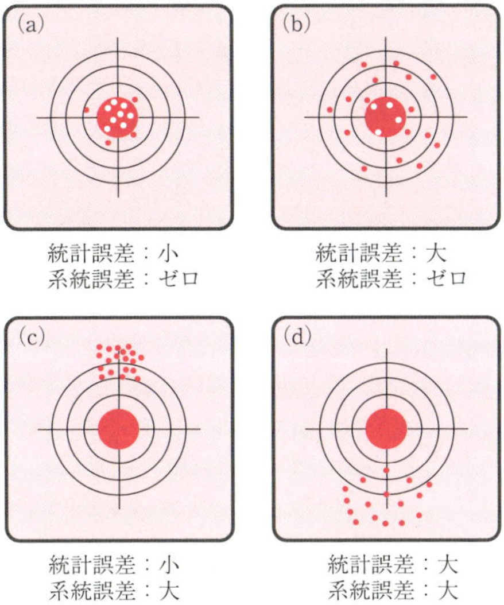

図1.4 **精確さと不確かさ**
精確さの概念を示す．弓の的が真の値を意味しており，矢の跡は個々の測定値を表している．
K. G. Heumann, *Fresenius' Z. Anal. Chem.*, 324, 601 (1986) より改変．

1.4.2　絶対定量法と比較法

化学分析（物質量計測）の信頼性を保証するために，質量や長さなどの物理量計測と同じように，化学分析においても**トレーサビリティ**（traceability）の体系が構築されている（図1.5）．

＊4　分析値の精確さを示すために，分析試料の組成に類似した認証標準物質（CRM）を分析することが推奨される．CRM の成分含量は最も信頼できる分析法で決定されており，得られた定量値を認証値と比較することによって，真度と精度が評価できる．

Column 1.2

データの統計処理

・測定値の有効数字

ビュレットなどの目盛を読む際には，最小目盛の1/10を目分量で読み取るのが原則なので，測定値の最も小さな桁に不確かさが含まれることになる．このことから，得られた数値の最も小さな桁の数字は不確かであり，その桁を含めて有効数字とする．また，数値は普通，四捨五入によってまるめる．このとき，最後の桁の5を常に切り上げると，明らかに偏りが生じる．そこで，5を四捨五入して得られた数値の最小桁の数字が，常に偶数となるようにすることが推奨されている．例えば，有効数字が3桁のとき，0.1015は0.102に，0.1025は0.102にまるめる．したがって，0.102 $\mathrm{mol\,L^{-1}}$と記載したときには，小数第3位の数字に疑いがあることを意味している．

pHなどの対数（指数）表示の測定値の有効数字は，どうなるのだろうか．例えば，$\mathrm{pH} = -\log a_{\mathrm{H^+}} = 10.02$は，$a_{\mathrm{H^+}} \approx 9.550 \times 10^{-11}$と書けるが，測定値の不確かさを考慮して，pH値を＋0.005変化させると9.441×10^{-11}，−0.005変化させると9.660×10^{-11}となり，有効数字が2桁であることがわかる．一般に，対数（指数）表示の数値は，小数点以下の数字が有効数字となる．

・測定値の四則演算における有効数字

加減算の場合は，有効数字の最小の位が最も高い数値に合わせる．また，乗除算の場合は，有効数字の桁数が最も少ない数値に桁数を合わせる．

【計算例】

135.0 ＋ 2.68（＝ 137.68）＝ 137.7
（小数第1位まで有効数字）

135 ＋ 2.68（＝ 137.68）＝ 138
（1の位まで有効数字）

1.35 × 7.684（＝ 10.3734）＝ 10.4
（有効数字3桁）

1.4 × 7.684（＝ 10.7576）＝ 11
（有効数字2桁）

・測定値の平均と標準偏差

n回の測定値から，次のように平均と標準偏差を計算する．標準偏差は測定値のばらつきの大きさを表す．

平均$\bar{x}$　$$\bar{x} = \frac{x_1 + x_2 + \cdots + x_n}{n}$$

標本標準偏差（標準偏差）s

$$s = \sqrt{\frac{\sum_{i=1}^{n}(x_i - \bar{x})^2}{n - 1}}$$

得られた定量値は，$\bar{x} \pm s(n=\text{数値})$と記載し，必ず$n$の値も明記する．また，$100 \times s/\bar{x}$を相対標準偏差（RSD）あるいは変動係数（CV）とよび，定量精度を比較するのに便利である．

母標準偏差σ　$$\sigma = \sqrt{\frac{\sum_{i=1}^{n}(x_i - \mu)^2}{n}}$$

nが限りなく大きいと定量値の集団は正規分布となり，また，系統誤差が無視できるときには平均は真の値μに近づく．そのとき，$\mu \pm \sigma$の範囲に入る定量値は，全定量値の68.26%，$\mu \pm 2\sigma$で95.44%，$\mu \pm 3\sigma$では99.73%となる．

SI基本単位である物質の量（mol）あるいは質量（kg）を基準として，基準分析法（一次標準法ともいう）によって一次標準物質の成分量が決定され，この一次標準物質を用いて参照法が較正され，二次標準物質の成分量が求まり，通常の一般分析法において標準として用いられる．日常の一般分析法によって求めた分析値が，標準物質と基準分析法を介して国際単位系につながることになる．

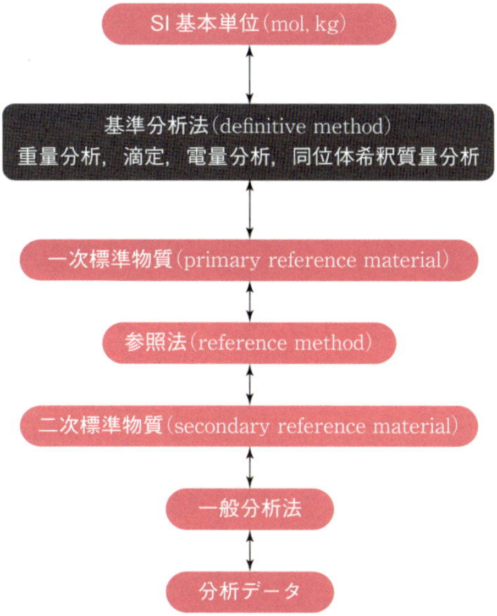

図1.5 化学分析のトレーサビリティ
（コラム3.1も参照）

基準分析法は，検量線も比較標準も必要としない絶対定量法であり，最も信頼性の高い分析値が得られる方法である（図1.1参照）．このうち，重量分析と滴定は，化学量論（当量）に基づく絶対定量法であり，本書の第2章から第8章で学ぶ．また，電量分析はファラデーの法則（電気化学当量）に基づく機器分析法である．同位体希釈質量分析は，同位体存在度の比を測るだけで定量できる方法であり，目的成分の損失が定量結果に影響しないという特長をもっている．このため，生体・環境物質のような複雑な試料の超微量成分分析に適している．

それに対して，他のほとんどすべての機器分析法においては，定量の原理は比較法による．目的成分の標準溶液などを用いて，検出器からの電気信号と濃度との間の比例関係から関係線（検量線という）を作成しておき，試料中の目的成分の信号強度から定量を行う．この方法では，標準溶液と試料の組成（マトリックス）の相違が，しばしば定量値に影響するので注意が必要である．

例題1.2　同一の試料を3回分析したところ，成分Aの含有量について次のような定量値を得た．この試料中の成分Aの濃度を，標準偏差をつけて記せ．また，相対標準偏差

（RSD，%）も求めよ．有効数字に注意すること．

1 回目試料量 1.0835 g，A の含有量 61.3 ng

2 回目試料量 1.2430 g，A の含有量 67.9 ng

3 回目試料量 0.9791 g，A の含有量 58.0 ng

考え方のコツ　求める濃度の単位は $ng\ g^{-1}$ あるいは ppb となる．有効数字は 3 桁なので，濃度の平均は 56.81≈56.8 $ng\ g^{-1}$，標準偏差は 2.315≈2.3 $ng\ g^{-1}$ となるが，不確かさの範囲を考慮すると小数第 1 位以下の数値は不要である．

解答 $57 \pm 2\ ng\ g^{-1}$ ($n = 3$)，RSD ＝ 4 %

章末問題

1-1 次の市販の酸または塩基溶液のモル濃度を求めよ．
(a) 70.0 %硝酸（比重1.42），(b) 28.0 %アンモニア水（比重0.898）

1-2 ヒトの血漿（しょう）中に含まれるイオンの中で最も多い陽イオンは Na^+，陰イオンは Cl^- でそれぞれの濃度は 143 mmol L^{-1}，104 mmol L^{-1} である．血漿 1 L 中に含まれる Na^+ と Cl^- の量を mg で求めよ．

1-3 ヨーロッパ産のあるミネラルウォーターの成分表には，Ca^{2+} と Mg^{2+} の量がそれぞれ，46.8 mg/100 mL，7.48 mg/100 mL と表示されている．これらのイオンの濃度を mmol L^{-1} と meq L^{-1} で表せ．

1-4 湯涌温泉「白鷺の湯」は，陽イオンとして Na^+ を 714.6 ppm（＝mg L^{-1}），K^+ を 15.4 ppm，Ca^{2+} を 164.6 ppm，陰イオンとして HCO_3^- を 51.1 ppm，Cl^- を 969.0 ppm，そのほかに SO_4^{2-} を含む．電気的中性の原理（電荷のバランス）が成り立つとして，SO_4^{2-} の濃度を meq L^{-1} と ppm で求めよ．有効数字 3 桁で答えよ．

1-5 次の物質を分解して水溶液にする方法を説明せよ．
(a) 二酸化鉛，(b) 硫化銅，(c) シリカ，(d) 硫酸バリウム

1-6 河川水や湖沼水などの環境水中の溶存金属イオンを定量するのに必要な，試料の前処理を説明せよ．

1-7 陰イオンの定性分析第 4 属の Cl^- と I^- を分離する方法を説明せよ．

1-8 ある試料を 3 回分析したところ，成分 A について次のような定量値を得た．この試料中の成分 A の濃度を標準偏差を付して求めよ．また，RSD を計算せよ．

試料 1　0.8354 g，A 含有量 1.29 μg
試料 2　0.8527 g，A 含有量 1.30 μg
試料 3　0.9005 g，A 含有量 1.44 μg

1-9 次のルイス酸と安定な錯体を形成するルイス塩基の例とその配位原子を示せ．
(a) Nd^{3+}，(b) Pd^{2+}，(c) BF_3，(d) I_2

Basics of Analytical Chemistry

第2章 重量分析

本章では，古くから利用されている化学分析法の一つである重量分析（gravimetric analysis）の原理と，質量測定や沈殿生成などの実際の操作手順について学んでいこう．重量分析は，天秤を使った質量測定に基づく分析法であるが，習慣的に重量分析とよばれる．質量（mass）という基本的物理量の測定のみから定量できる絶対定量法であり，精確な分析値を得ることができる．含有率が1%以上の主成分分析には，信頼性のある優れた方法であり，いくつかの公定分析法に採用されている．重量分析は，定量しようとする成分の分離法によって，沈殿重量法，揮発重量法，抽出重量法，電解重量法などに分類されるが，ここでは，最も一般的な定量法である，沈殿重量法について説明する．

2.1 重量分析の原理と質量測定

沈殿重量法は，試料溶液に沈殿剤を加えて，定量しようとする成分（目的成分）を難溶性の沈殿として共存物質から分離し，その沈殿を（一定の組成をもつ）純物質として質量測定することによって，目的成分の量を求める定量分析法である．この分析法が成り立つためには，以下のようないくつかの条件が必要となる．

（1）沈殿の溶解度が十分に小さく，試料溶液中に目的成分がほとんど残存しないこと．

（2）沈殿の組成が一定で，さらに一定条件下で乾燥あるいは加熱処理することで，安定かつ組成の一定した化合物が得られること．

（3）沈殿剤が目的成分と選択的かつ定量的に反応し，他の成分の混入が無視できること．

（4）沈殿はろ過しやすく，ろ過洗浄中に変化しないこと．

2.1.1　天秤（てんびん）と質量測定

重量分析において，質量測定は最も重要な操作であり，**秤量**（ひょうりょう）とよばれる．測定器具には，**天秤**（化学天秤）を使用する．以前は，直示天秤（図2.1）が使用されたが，最近では電子天秤（図2.2）を用いることが多い．通常のマクロ分析天秤は，感度が0.1 mg，最大秤量が200 g である．セミミクロ天秤（感度0.01 mg），ミクロ天秤（感度0.001 mg＝ 1 μg）と感度が上がり，ウルトラミクロ天秤では，感度が0.1 μg，最大秤量が数 g である．

直示天秤（図2.1）では，支点であるナイフエッジに非対称のさおが載っており，てこの原理を利用して，さおの両側の質量を釣り合わせることによって，はかりたい試料の質量を求める．

電子天秤は，電磁気力を利用したはかりである．電磁式の電子天秤の仕組みを図2.2に示す．電子天秤では，分銅を使う代わりに，電気の力（電磁力）をさおに加えて釣り合わせる．皿に載せた試料の重さと，永久磁石の間に置かれたコイルに電流を流すことで発生する電磁力が釣り合うのに必要な電流の大きさを検出し，その値から質量が求められ，デジタルの数値として表示される．

電磁力は重力加速度に関係のない力であるが，重力加速度は場所によって異な

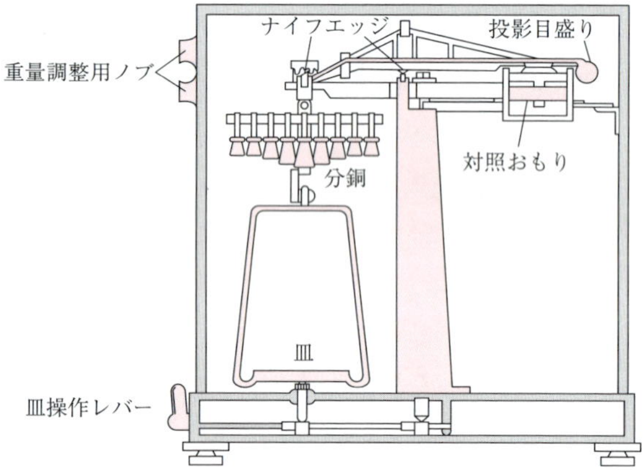

図2.1 直示天秤のしくみ

試料は図の左側にある皿の上に置く．皿の上に何も載っていない時には，左側の皿と分銅の総質量が，右側の対照おもりと釣り合った状態にある．皿の上に置いた試料の質量をはかる際には，左側の分銅をさおからはずして，左右を釣り合わせて目盛を読み，1 g 以下の桁については副尺目盛も利用して，0.1 mg 程度の桁まで読むことができる．

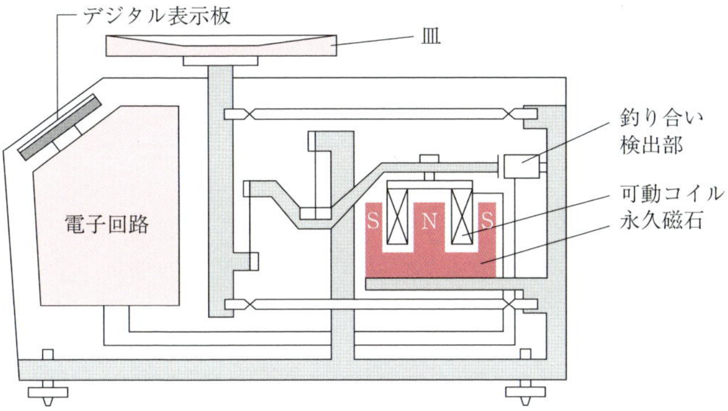

図2.2 電子天秤のしくみ

るので，同じ質量のものでも，釣り合いに必要な電流は試料にかかる重力加速度に応じて変化してしまう．したがって，実際の使用場所で，分銅を用いて天秤を校正することが必要になる．

また，電子天秤に限らず，天秤での質量測定において分銅を用いる際には，分銅と試料の密度が異なることによる空気の浮力の影響が，誤差の原因となる．このため，正確さが要求される場合には，計算によって浮力の補正[*1]を行う．

2.1.2　重量分析の操作

一般的な沈殿重量分析では，沈殿剤を加えて目的のイオンを選択的かつ定量的に難溶性沈殿として分離し，得られた沈殿を乾燥あるいは高温で強熱して（灰化（かいか）を含む場合もある），一定の組成比をもつ化合物に変えて質量をはかる．以下に，各操作で注意すべき事項について述べる．

（1）試料の質量測定と溶液調製

実際に試料を分析する際には，分析に要求される精確さと有効数字の桁数を考慮して，試料の適量を秤量びんに移し，正確に質量をはかる．その後，はかり取った試料をビーカーに完全に移し，適切な量の純水を加えて溶解して，水溶液試料とする．大きな結晶をつくるためには希薄溶液が望ましい（2.2節を参照）．なお，

＊1　密度が約7.8 g cm^{-3}のステンレス鋼製の校正用分銅100 gと，密度が1.0 g cm^{-3}の試料（例えば水）100 gでは，密度が1.3×10^{-3} g cm^{-3}の空気中での浮力はそれぞれ1.7×10^{-2} g，1.3×10^{-1} gとなり，相対誤差が約1/1000（0.1％）となる．

水に溶けない試料は，試料分解法（1.2.2項）を用いて溶解する．試料によっては，完全に溶解させるために酸やアルカリを加えることもあるが，生成した沈殿の安定性（溶解度）が pH による影響を受けることがあるので，注意が必要である．（8.1.4項も参照）

（2）沈殿の生成と熟成

調製した溶液試料をかき混ぜながら沈殿剤を少量ずつ加え，十分にかき混ぜる．過剰な沈殿剤の添加は誤差の原因にもなるので，いったん沈殿物が沈むのを待ち，上澄み液に2～3滴の沈殿剤を加えても新たな沈殿が生じなければ，沈殿反応は終了したと判断する．その後，湯浴上でしばらく温めるか，一定時間放置するなどして，純度の高い，大きな結晶となるよう沈殿を熟成させる．

Column 2.1

重量分析による原子量の決定の歴史

ベルセリウス（J. J. Berzelius）は，熟達した分析技術と鋭い直感から1807年以降，ほぼ二十年間にわたって，当時知られていた43の元素からなる約2,000の化合物について精密な化学分析を行い，酸素原子を基準（100）として各元素の原子量を決定したばかりでなく，セレン，ケイ素，チタンといった新しい元素を純粋な形で得ることにも成功した．さらに，元素のラテン語名の一部を化学記号として用いることも提案し，それが現在の元素記号の基となっている．

当時の化学者のなかでも精確な仕事で知られていたスタース（J. S. Stas）は，1860年代，酸素の原子量16を基準として，塩素，臭素，ナトリウムなど12の元素の原子量を決定し，それらの値はその後40年間，改められることがなかった．

さらにリチャーズ（T. W. Richards）は，従来の原子量測定法の誤差の原因について詳しく検討を加え，実験方法を改良することによって，スタースの値も含む従来の値に適切な訂正を加えた．リチャーズはアルカリ金属やアルカリ土類金属を含む30種近くの元素の原子量を決定しただけでなく，原子量と電気化学当量との関係にも関心をもち，ファラデー（M. Faraday）の（電気分解の）法則が厳密に成り立つことを示した．

この間の原子量測定の発展を支えたのは分析化学の発展である．とりわけ重量分析は，ろ紙やるつぼ，そして化学天秤の改良といった操作や装置の精密化によって，正確な原子量の決定に貢献した．

その後，質量分析法を用いた高精度な原子質量測定が可能になったこともあり，結局，質量数12の炭素を基準とし，$^{12}C = 12$とする案が，1960～61年に承認され，現在に至っている．

このように，かつて原子量は化学的な方法で求められてきたが，現在では質量分析計を用いて，同位体存在度と原子質量から求める方法が主流となっている．

（3）沈殿のろ過と洗浄

次に，沈殿をろ過して母液から分離する．ろ過の手順を，図2.3に示す．ろ紙にもいろいろな種類があるので，沈殿の特性*2にあったものを選ぶ．有機沈殿剤を使って得られた沈殿のように比較的低温で乾燥し，そのまま秤量する場合には，あらかじめ乾燥して恒量*3としたガラスろ過器（るつぼ形）を使って，吸引ろ過を行う．

ろ過の際には，図2.3(b)に示すように，デカンテーション*4を利用する．最初に上澄み液をろ紙（またはガラスろ過器）に通してろ過し，次に沈殿を含む残液に沈殿を洗浄するための洗液を加え，デカンテーションにより沈殿の洗浄を繰り返し，最後に沈殿をろ紙上に移す．ビーカー内壁に付着した沈殿は，図2.3(c)に示すポリスマンを用いてすべてろ紙上に移す．このとき，先にちぎったろ紙の端でポリスマンに付いた沈殿をふき取り，合わせて処理するとよい．

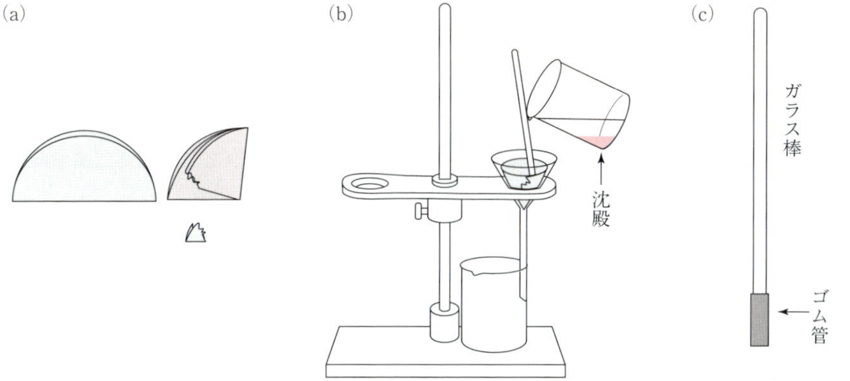

図2.3 ろ過の手順

(a) ろ紙の折り方．少しずらしてろ紙を四つ折りにし，開いて円錐状としたものを水で漏斗に貼りつける．端を少しちぎっておくと，漏斗とろ紙の間に空気が入りにくくなり，密着しやすくなる．(b) ろ紙を使った沈殿のろ過（デカンテーション）の様子．(c) ポリスマン．沈殿をろ紙に移す際に使用する，先端にゴム管をつけたガラス棒．

*2　一般的に，目の細かい No. 5C は硫酸バリウムのような沈殿に，ろ過速度の速い No. 5A は水酸化物のようなゲル状沈殿のろ過に有効である．

*3　加熱から秤量の操作を連続して2回行い，前後の質量差が0.3 mg 以下となった状態を恒量という．

*4　デカンテーション：固形物を底に沈殿させた状態で容器を静かに傾け，上澄みだけを流し去る操作．

（4）乾燥，灰化，秤量

乾燥に用いるガラスろ過器や，灰化（かいか）および強熱に用いる白金（または磁製）るつぼは，事前に実験条件の温度で恒量にしておく．灰分（かいぶん）質量の小さい定量用ろ紙を使ってろ過した沈殿は，ろ紙ごと，あらかじめ恒量にしたるつぼの中に移し，水分を蒸発させる．次に，ガスバーナーを使う場合には，図2.4に示すように，空気を充分に供給しながら，ろ紙の炭化と灰化を行う．その後，るつぼを直立させ，ふたを閉じてさらにしゃく熱し，そのまま放冷する．しゃく熱する際にはマッフル炉や電気炉を用いてもよい．手をかざしても熱くない程度に冷えたら，シリカゲル等の適切な乾燥剤を入れたデシケータ中に移し，室温になるまで放冷し，質量を測定する．恒量となるまで，強熱から秤量までの操作を繰り返す．

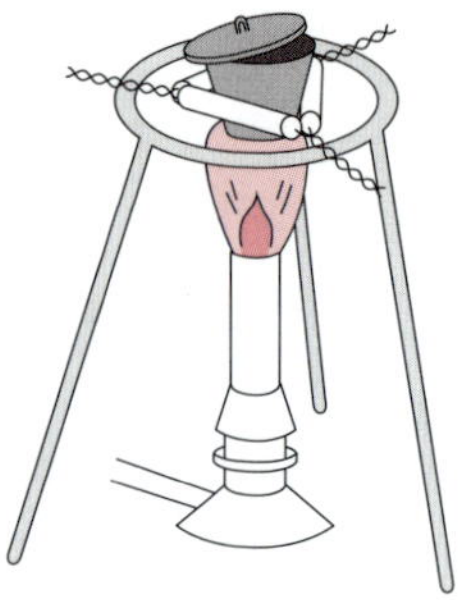

図2.4 るつぼの加熱

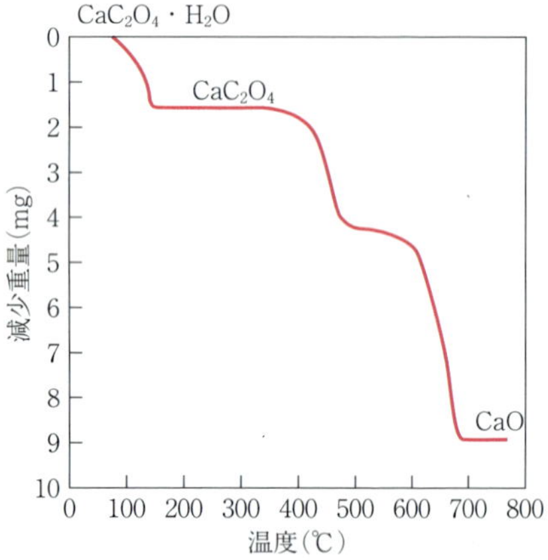

図2.5 シュウ酸カルシウムの熱重量曲線

試料；14.8 mg，昇温速度；2.5℃ min^{-1}.
小沢丈夫，『島津熱分析講習会テキスト“熱分析概論”』（1987）より改変．

なお，しゃく熱の温度は，沈殿の熱分解挙動も考慮して，適切に決める必要がある．例えば，沈殿剤としてシュウ酸アンモニウムを用いたCaの重量分析においてシュウ酸カルシウム一水和物が生成するが，これは加熱温度の上昇により質量変化を起こす（図2.5；熱重量曲線）．そのため通常は，沈殿を加熱分解して1000℃で恒量操作を行い，酸化カルシウムとして質量をはかる．

2.1.3 重量分析の計算

秤量する沈殿は，目的元素やイオンの化合物となっているので，まず，化学量論に基づき，沈殿に含まれる目的成分の量を求め，次に，もとの試料中に存在する目的成分の質量百分率〔%（w/w）〕を算出する．

表2.1 重量分析で利用される沈殿生成の例

目的成分	沈殿剤	生成沈殿	秤量形（加熱温度）	重量分析係数
Ag	HCl	AgCl	AgCl(130℃)	Ag/AgCl = 0.7526
Al	NH_3	$Al(OH)_3$	Al_2O_3(1200℃)	$2Al/Al_2O_3$ = 0.5293
Al	C_9H_7NO[(a)]	$Al(C_9H_6NO)_3$	$Al(C_9H_6NO)_3$（130℃）	$Al/Al(C_9H_6NO)_3$ = 0.05873
Ba	H_2SO_4	$BaSO_4$	$BaSO_4$（800℃）	$Ba/BaSO_4$ = 0.5884
Ca	$(NH_4)_2C_2O_4$	$CaC_2O_4 \cdot H_2O$	CaO（950℃）	Ca/CaO = 0.7147
Fe	NH_3	$Fe(OH)_3$	Fe_2O_3（1000℃）	$2Fe/Fe_2O_3$ = 0.6994
K	$NaB(C_6H_5)_4$[(b)]	$KB(C_6H_5)_4$	$KB(C_6H_5)_4$（110℃）	$K/KB(C_6H_5)_4$ = 0.1092
Mg	$(NH_4)_2HPO_4$	$MgNH_4PO_4$	$Mg_2P_2O_7$（1100℃）	$2Mg/Mg_2P_2O_7$ = 0.2184
Ni	$C_4H_8N_2O_2$[(c)]	$Ni(C_4H_7N_2O_2)_2$	$Ni(C_4H_7N_2O_2)_2$（110℃）	$Ni/Ni(C_4H_7N_2O_2)_2$ = 0.2032

(a)
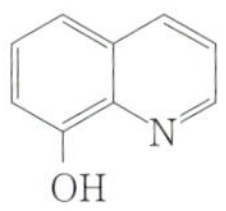

8-キノリノール（オキシン）

(b)
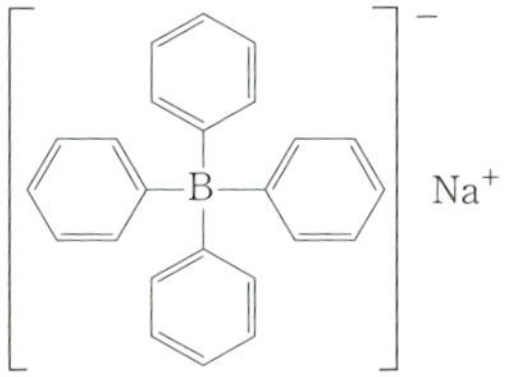

テトラフェニルホウ酸ナトリウム

(c)
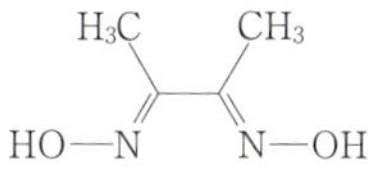

ジメチルグリオキシム

沈殿の質量から目的成分の質量を計算するには，単位質量あたりの沈殿に含まれる目的成分の質量を表す**重量分析係数**（gravimetric factor）を使うと便利である．重量分析係数は，求める成分の式量（または原子量）と秤量形の式量（または分子量）の比である．いくつかの元素の分析における重量分析係数を表2.1に示す.分析の精確さの点からいえば,重量分析係数が小さい方が望ましいため,分子量の大きい有機沈殿剤もよく使われる.

無機沈殿剤による反応は比較的単純である．例えば，Al，Fe，In，Ti，Zr は，アンモニア水を使って水酸化物として沈殿させ，ろ過して乾燥・加熱後，酸化物（Al_2O_3，Fe_2O_3，In_2O_3，TiO_2，ZrO_2）として秤量する．他に，Ag や Hg(Ⅰ)は塩化物として，Ba や Pb は硫酸塩として，Mg はリン酸塩として秤量する．一方，多くの金属陽イオンは，陰イオン型として存在する有機沈殿剤と結合して電気的に中性となり，水に難溶性の沈殿を生成する．古くから知られている有機沈殿剤として，8-キノリノール（オキシン）やジメチルグリオキシムがある．前者は多くの金属イオンと非選択的に難溶性の沈殿を生成するが，後者は，Ni や Pd に特異的な試薬である．これらの沈殿は金属錯体の一種でキレート化合物ともよばれ，着色することが多く，金属イオンの吸光光度（比色）定量*5にも利用される．また，有機化合物としての性質も持ち合わせているので有機溶媒に溶けやすく，溶媒抽出分離にも用いられる（キレート錯体については，第6章に詳しい）．有機沈殿剤から生成する沈殿は，その疎水性のために定量的に沈殿しやすく，また，重量分析係数が小さいので，微量の金属イオンを定量できる．

2.2　沈殿生成と分離

重量分析において沈殿生成と分離の操作は，精確な分析結果を得るために非常に重要である．特に，定量的な沈殿生成と分離操作を進めるには，沈殿粒子の大きさや沈殿の結晶性，そして純度といった点に留意する必要がある．また，沈殿を洗浄する際も，沈殿生成の反応条件と生成機構についての知見に基づいた，注意深い操作が求められる．

2.2.1　沈殿の生成機構

重量分析で扱う沈殿は，粒子が大きくてろ過しやすいものが望ましい．また，沈殿が生成する際には，溶液中に共存する他の成分が取り込まれる**共同沈殿**（**共沈**，coprecipitation）現象に注意を払う必要がある（コラム2.2参照）．多くの場合，母液中で沈殿を温めながら放置する温浸や熟成とよばれる処理によって，小さな結晶や不完全な結晶を溶解・再析出させ，より大きい完全な結晶へと成長させることで，不純物の少ない沈殿を得る．

（1）過飽和における核生成

沈殿は，反応による生成物がその溶解度を超えて過飽和になったときに生成し析出する．過飽和状態は準安定状態であり，まず，核とよばれる小さな粒子の生成が起こり，その後，核粒子が成長して沈殿の生成が起こる．本来，核生成は，過飽和の状態でイオン同士が集合することによって自発的に起こるが，時には溶液中に浮遊する微細なゴミや容器表面にある傷などからも誘発される．過飽和溶

*5　溶液中の着色した目的成分に光をあてた時の，成分による光（おもに可視光）の吸収の度合い（吸光度）を測定することによって，目的成分を定量する方法．

液から沈殿する結晶の平均サイズが，沈殿生成時の溶液の相対的過飽和度に反比例することを見いだしたのがワイマルン（P. P. von Weimarn）である（1913年）．すなわち，沈殿生成が起こる前の過飽和状態での溶質濃度を Q，沈殿生成後の平衡状態での溶質濃度（溶解度）を S とすると，過飽和度は（$Q-S$），相対的過飽和度は（$Q-S$）/S と表される．沈殿生成の速度は，相対的過飽和度に比例する．

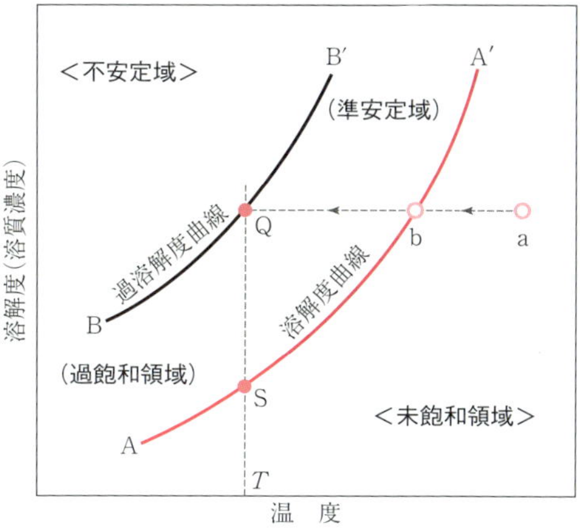

図2.6 溶解度曲線

図2.6に，溶液中の結晶の溶解度と温度との関係を示す．図の AA′ は結晶の**溶解度曲線**，BB′ は結晶核が自発的に発生する最上限，すなわち不安定域の下限を示す**過溶解度曲線**である．いま温度 T で溶液に沈殿剤を少しずつ加えていくと溶質濃度が増加し，曲線 AA′ 上の点 S に達し飽和となる．この時点では沈殿の生成は見られず，さらに沈殿剤を加えて曲線 BB′ 上の点 Q を過ぎると溶液は不安定になり，核粒子が生成する．また，未飽和領域にある点 a の溶液を冷やした時，点 b を過ぎても沈殿の生成はすぐには見られない．不安定域の点 Q を過ぎると核粒子が生成し始める．

（2）沈殿粒子の成長

核粒子が成長して大きくなる段階で，コロイド粒子（直径10^{-9}～10^{-6} m）が生成する．結晶性の微粒子は，表面にあるイオンと反対の電荷をもつイオンを強く引きつけるが，格子イオンと共通のイオンが共存すると，そのイオンをより強く吸着する（Paneth-Fajans-Hahn の規則）．例えば，図2.7に示すように，塩化ナトリウム溶液（NaCl）に硝酸銀溶液（$AgNO_3$）を滴下した際に生成する塩化銀（AgCl）の微粒子の周囲には多くのイオンが存在するが，特に Cl^- が表面に強く吸着するため，微粒子は負に帯電する．Cl^- が強く吸着した第一層と，その周囲に引きつけられた対イオンの Na^+ による第二層との間の相互作用は弱く，粒子表面の電荷は完全に中和されない．こうして生成する二つの層を電気二重層とよぶ．したがって，コロイド粒子は，粒子間の静電反発により結合が抑えられ，凝集せず沈降しない．しかし適切な電解質を加えると表面電荷が中和され，コロイド粒子は集まって大きな固まりとなり，溶液から沈殿する．これを**凝析**という．

沈殿の生成において，沈殿粒子はコロイド粒子を経て成長するが，沈殿粒子の溶解や再析出，再結合も起こるので，多くは大きな沈殿粒子となって沈

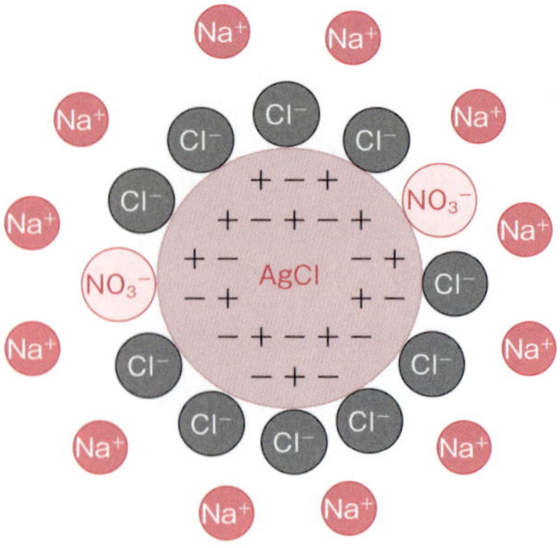

図2.7　AgCl コロイド粒子と電気二重層の生成

Column 2.2

共沈の対策と応用

単独であれば沈殿しない成分が，主沈殿が生じることによって**共沈**することがある．例えば，溶解度積以下の Pb^{2+} が，$BaSO_4$ の沈殿が生成するときに溶液から取り除かれてしまうのはこのためである．

共沈の機構としては，不純物イオンが主沈殿表面の電荷により引き寄せられる**吸着**や，主沈殿粒子が成長する過程で不純物を取り込む**吸蔵**などがある（図）．吸蔵はさらに，不純物イオンが主沈殿の結晶格子に入るもの（混晶）と，入らないものに分けられる．後者の吸蔵では不純物イオンは沈殿粒子の表面に吸着するが，主沈殿の成長が速いと包み込まれる場合もある．

純粋な沈殿を得るためには，共沈は避けるべきである．吸着の場合は沈殿の洗浄が有効である．洗浄しても沈殿の純度を上げられない場合は，一度沈殿を溶解して，そこから再び沈殿を生成させる**再沈殿**が効果的だが，混晶による共沈の場合は，再沈殿によっても汚染を除くことはできない．

一方，排水中に含まれる金属イオンを水酸化物や硫化物などの難溶性塩として沈殿除去する**凝集沈殿法**においては，共沈現象が利用されている．また，環境分野などの分析法において，試料溶液に含まれる微量成分の捕集・濃縮を目的とした前処理法として利用されることもある．

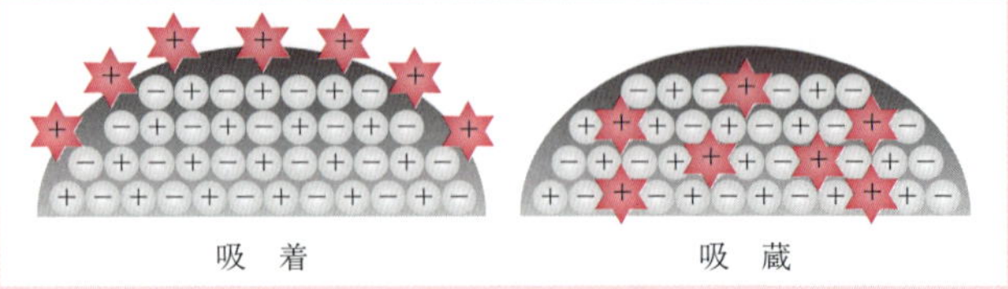

降する．ただし，一部のコロイド粒子はその状態のまま，沈殿とともにろ紙上に移り，洗浄の際にろ紙を通過することもある．また，洗浄の際に凝析剤として働いていたイオンが洗い流されて，沈殿が再びコロイド状態になり，洗液と一緒に漏れ出ることもある．この種の現象が予想される場合には，後の沈殿の乾燥や強熱の際に揮発しやすいアンモニウム塩などを含む洗液を使う．

2.2.2 均一沈殿法

先に述べたように，ろ過の容易な，純度の高い沈殿を得るには，相対的過飽和度が低く保たれた状態でゆっくりと沈殿を成長させる必要がある．重量分析で要求される良質の沈殿を得るためには，局部的に沈殿剤濃度が高くならないような条件が望ましい．すなわち，なるべく粒子の大きい結晶性の沈殿物を生成させるためには，穏やかに加熱しながら沈殿剤溶液を少量ずつ滴下するのがよい．

しかし，このような注意を払っても，沈殿剤を加える限り，局部的な濃度上昇は避けられない．この問題を解決する一つの方法が，**均一沈殿法**（precipitation from homogeneous solution）である．この方法では，沈殿剤を加える代わりに適当な化学反応を利用して pH を徐々に変化させることにより，あるいは溶液中で沈殿剤を徐々に生成させることにより溶液全体にわたって相対的過飽和度を低い状態に保ちながら，沈殿生成反応をゆっくり進行させ，良質な沈殿を生成させる．代表的な方法としては，尿素の加水分解による pH 上昇を利用した金属イオンの水酸化物や塩基性塩の沈殿生成，アミド硫酸（スルファミン酸）の加水分解による Ba や Pb の硫酸塩の沈殿生成などがある．

例 1）尿素の加水分解反応を利用した Fe^{3+} の水酸化物の沈殿生成

$$(NH_2)_2CO + H_2O \longrightarrow 2NH_3 + CO_2 \text{（加熱）}$$

$$NH_3 + H_2O \longrightarrow NH_4^+ + OH^-$$

$$Fe^{3+} + 3OH^- \longrightarrow Fe(OH)_3\downarrow$$

例 2）アミド硫酸の加水分解反応を利用した Ba^{2+} の硫酸塩の沈殿生成

$$H_3NSO_3 + H_2O \longrightarrow SO_4^{2-} + NH_4^+ + H^+ \text{（加熱）}$$

$$Ba^{2+} + SO_4^{2-} \longrightarrow BaSO_4\downarrow$$

例題2.1　ある試料1.0292 g中の硫黄を硫酸イオンに変え，これに2 %（w/w）の$BaCl_2$溶液を加えて，$BaSO_4$として沈殿させた．沈殿を洗浄し，強熱してから質量を測定したところ0.3252 gだった．このとき，試料中の硫黄の含有率（質量百分率）を求めよ．

解答

$BaSO_4$のSの重量分析係数（$S/BaSO_4$）は，

$$32.07 \div (137.3 + 32.07 + 16.00 \times 4) \fallingdotseq 0.1374_2$$

よって，$BaSO_4$の沈殿0.3252 g中に含まれるSは，$0.3252 \times 0.1374_2 \fallingdotseq 0.04468_8$より，0.04469 g．したがって，試料中の硫黄の含有率は，$0.04468_8 \div 1.0292 \times 100 \fallingdotseq 4.342_0$より，4.342 %となる．

補足　なお，本書では4桁の原子量表（見返し）を用いるが，上記の有効数字の計算においては，途中の個々の計算結果を1桁余分にとっておき，最後にまるめている．そのことを明示するために，有効数字末位の一つ下の桁の数値を下付きの数字で示している（4桁の値は規定値として扱う）．

2.3　重量分析の応用例

本節では，8-キノリノール重量法によるアルミニウムイオンの定量の実例として，日本工業規格（JIS）の公定法を紹介しよう．

8-キノリノール重量法は，JIS H1622：1998「チタン合金－アルミニウム定量方法」やJIS H1332：1999「マグネシウム及びマグネシウム合金中のアルミニウム定量方法」に見られるように，金属や合金中のアルミニウムの含有率を求める際に利用される．これらの公定法においては，試料を酸で分解し，主成分であるチタンやマグネシウムを水酸化物の沈殿としてろ過して除き，共存する他の金属成分等による妨害を抑えるための前処理操作を行った後に，8-キノリノール（Hq）を加え，次の反応式に示すように，Alq_3（8-キノリノラト錯体）沈殿を得る．ここでは，アルミニウムミョウバン$AlK(SO_4)_2 \cdot 12H_2O$中のアルミニウムの定量を例にとり，分析操作の手順を説明する．

反応式 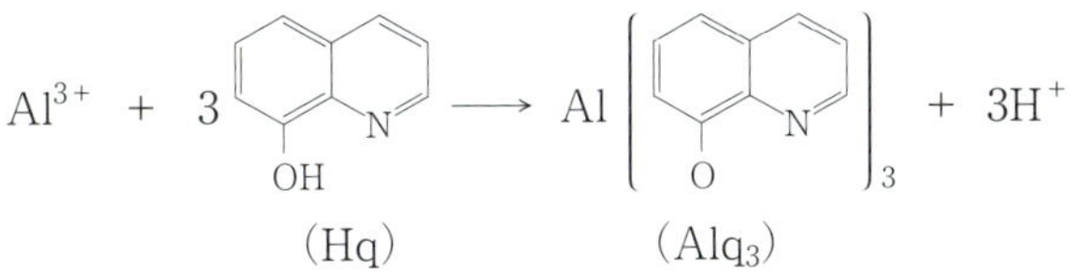

①ガラスろ過器の恒量化

清浄なガラスろ過器（2G4[*6]）を，使用に先立ち，温水を用いて吸引ろ過しながら洗浄する．これを，110～130℃の空気浴中で約60分間乾燥し，デシケーター中で室温まで放冷し，その質量をはかる．この操作を恒量となるまで繰り返した後，デシケーター中に保存する．

②沈殿の生成

一定量の $AlK(SO_4)_2 \cdot 12H_2O$ を正確にはかり取ってビーカーに移し，水に溶かして試料溶液とする．少量の希塩酸を加えて弱酸性とした後，これを約55℃に加熱し，かき混ぜながら，8-キノリノールの酢酸溶液を加える．次に溶液を激しくかき混ぜながら，酢酸アンモニウム溶液を徐々に加えた後，さらに約10分間よくかき混ぜる．その後，暗所に一昼夜保存して沈殿を熟成させる．

③沈殿のろ過

操作①で恒量にして保存しておいたガラスろ過器を用いて，吸引ろ過により沈殿をこし分け，希アンモニア水で数回洗浄する．

④沈殿の加熱・恒量

沈殿をガラスろ過器とともに110～130℃の空気浴中で約90分間乾燥し，デシケーター中で室温となるまで放冷した後，その質量をはかる．この操作を恒量となるまで繰り返す．得られた質量から①で得た質量を差し引き，Alq_3（8-キノリノラト錯体）沈殿の質量を求める．

例題2.2　試料として0.5000 g の $AlK(SO_4)_2 \cdot 12H_2O$ を用いて上記の実験を行ったところ，0.4755 g の Alq_3沈殿が得られた．$AlK(SO_4)_2 \cdot 12H_2O$ 中の Al 含有率（質量百分率）を計算で求めよ．また，求められた実験値を理論値と比較することによって，絶対誤差（実験値－理論値）と相対誤差（絶対誤差／理論値）を求めよ．

＊6　2G4はガラスろ過器の規格を示す．最初の数字は形状，次のアルファベットは，G なら耐化学薬品ガラス，B なら石英を表す．最後の数字は細孔の径（μm）で，1は100～120，2は40～50，3は20～30，4は5～10である．

解答

Alの原子量は26.98，$AlK(SO_4)_2 \cdot 12H_2O$の式量を474.41とすると，Al含有率の理論値は，5.687_0 %.

Alq_3の重量分析係数〔$Al/Al(C_9H_6NO)_3$〕は，表2.1より0.05873であることから，沈殿中のAl量は，$0.4755 \times 0.05873 \fallingdotseq 0.02792_6$より0.02793 gとなる．よって，予想される試料中のAl含有率は，$0.02792_6 \div 0.5000 \times 100 \fallingdotseq 5.585_2$より5.585 %.

絶対誤差は，$5.585_2 - 5.687_0 \fallingdotseq -0.101_8$より−0.102 %.

相対誤差は，$(-0.101_8) \div 5.687_0 \times 100 \fallingdotseq -1.79_0$より−1.79 %となる．

章末問題

2-1 次の語句の違いについて説明せよ．　(a) 重量（weight）と質量（mass），(b) 重量分析（gravimetric analysis）と質量分析（mass spectrometry）

2-2 電子天秤を用いた精確な質量測定においては，温度や重力加速度の影響に加えて，秤量するものの密度と用いた分銅の密度との差から生じる浮力の差による誤差を補正する必要がある．この浮力の補正方法について説明せよ．

2-3 次の語句について説明せよ．　(a) 過飽和，(b) コロイド，(c) 均一沈殿法

2-4 不純物を含まず，ろ過しやすい沈殿を生成するための条件について説明せよ．

2-5 重量分析で金属イオンを定量する際，有機沈殿剤を使う長所と短所について説明せよ．

2-6 次の各沈殿物1.000 g中に含まれる個々の分析成分の質量を求めよ．
(a) 沈殿物AgCl中のAg，(b) 沈殿物$CaCO_3$中のCa，(c) 沈殿物$Mg_2P_2O_7$中のP

2-7 硫酸銅五水和物$CuSO_4 \cdot 5H_2O$は，加熱温度によって脱水する結晶水の量が異なる．いま結晶0.6752 gを105℃で4時間加熱乾燥した後で，再度秤量したところ，0.4803 gであった．乾燥・脱水した水分は，結晶1 molあたり何molになるか求めよ．

2-8 $AlCl_3$と$FeCl_3$からなる混合物2.5132 gを水に溶解し，Al^{3+}とFe^{3+}の両者を水酸化物として沈殿させた．その沈殿をろ過した後，強熱してそれぞれをAl_2O_3，Fe_2O_3に変えてから質量測定したところ，1.1145 gとなった．もとの混合物中のAlとFeの質量百分率（%）を求めよ．

2-9 硫化鉱物の一種である黄鉄鉱の化学組成はFeS_2である．1.0000 gの黄鉄鉱試料を酸化分解して硫黄を硫酸イオンに変え，$BaSO_4$として沈殿させて質量測定したところ，3.8872 gであった．試料中の硫黄含有率を質量百分率（%）として求めよ．

2-10 ある合金中のアルミニウムの量を求めるために，8-キノリノールを沈殿剤とした重量分析を行った．1.5321 gの合金試料を溶解して得られた溶液に沈殿剤を加えると，0.2739 gのAlq_3沈殿が得られた．合金中のアルミニウムの質量百分率（%）を求めよ．

Basics of Analytical Chemistry

第3章

容量分析

本章では，古くから利用されている化学分析法の一つである容量分析（volumetric analysis）の原理と，実際の操作手順について学んでいこう．容量分析は，滴定（titration）によって試料溶液中の目的成分の全量と定量的に反応する滴定剤（標準液）の体積を測定し，その値から目的成分の量を求める定量分析法であり，絶対定量法の一つである．簡便な器具を使って短時間に精確なデータ（有効数字4桁）が得られることから，汎用的に利用されている．容量分析は，滴定に利用される化学反応の種類によって，酸塩基滴定（pH滴定），キレート滴定，酸化還元滴定（電位差滴定），沈殿滴定などに分類されるが，個々の滴定の詳細については，第5章以降で学ぶ．

3.1 容量分析の原理と化学用体積計の校正

容量分析では，定量しようとする成分（目的成分）の量を，滴定に要した滴定剤の体積とその濃度から求めるので，これらの量を正確に定めておく必要がある．したがって，容量分析で液体の体積を測定するために使用するピペットなどの化学用体積計（測容器）は精確さを保証するうえで重要な器具であり，使用する際には，個々の体積計の正確さや取り扱い上の注意を理解しておく必要がある．また，滴定剤の濃度は，標定（3.2.1項を参照）によって正確に定めておく必要がある．

滴定に利用される化学反応は，次に示すような条件を満たす必要がある．

（1）十分に速い反応であること．

（2）完全に定量的な反応であること．

（3）当量点を直接あるいは間接的に検出できること．

当量点とは，滴定される物質が過不足なく，滴定剤と化学量論的に反応し終えた点である．一方，滴定の**終点**は当量点に近いことが望ましいが，当量的に完全に一致しなくても，反応の終結を知るのに都合の良い点であればよい．終点決定に用いられる検出法によって差が生じるので，当量点と終点の差を補正するために，目的成分が含まれない状態で同じ滴定操作を行う，いわゆる空試験（ブランクテスト）を行うこともある．

3.1.1　化学用体積計とその校正

溶液の体積をはかるための体積計としては通常，ガラス製のピペット，メスシリンダー，メスフラスコ（全量フラスコ），ビュレットなどが使われる（器具の概観は巻末資料を参照）．

ピペットには，ホールピペット（全量ピペット），メスピペットのほか，プッシュボタン式液体用微量体積計（マイクロピペット）があり，用途や精度によって使い分けられる。**駒込ピペット**は目安となる目盛を使って少量の液を移すのに便利であるが，正式な体積計ではない．**メスピペット**は，精度的にはホールピペットに劣るが，最小目盛りが全容量の1/100程度（10 mLの場合0.1 mL）と，採取量の自由度が大きいのが特長である．**マイクロピペット**は，微量（1～1000 μL）の液体の体積を正確にはかりとり迅速に分注できることや，使い捨てのプラスチック製チップを使うので洗浄する手間が省けることから，広く使われている．容量分析で溶液の体積を正確にはかりとるには，やはり最も精確度の高い**ホールピペット**を使用するのが望ましい．

体積計には，受用（うけ）と出用（だし）がある[*1]．メスフラスコなどは，水位を示す目盛（標線）まで液体を入れたときに中に入っている量が，表記されている全量を表すので，これを「受用で体積が定められている」という．一方，ホールピペットやビュレットは，外に排出された液の体積が，表記された体積となるので，「出用で体積が定められている」という．当然，先端が破損した場合や内壁が汚れていて水をはじく場合には定量が不正確になる．

ビュレットなどに水を入れた際の水面を，日本語では**水際**（すいさい），英語では**メニスカス**（三日月の意味）という．体積計の目盛を読むには，図3.1に示すように，水

＊1　前者はTo Contain（略号TC），後者はTo Deliver（TD）と表記されている．

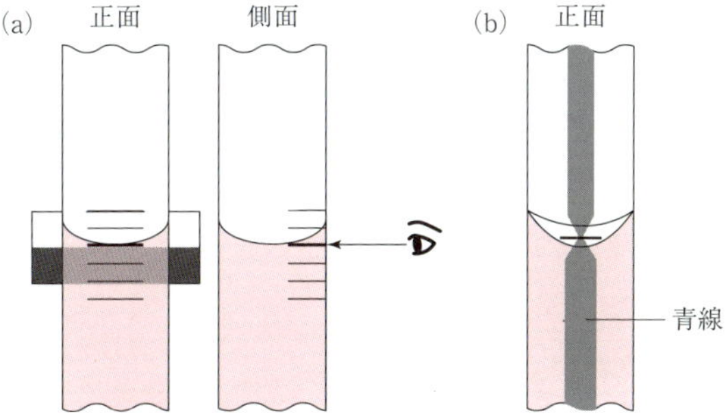

図3.1 ビュレットにおける水際の見方

(a) 水平規定，(b) 青線入りの場合は線が最も狭く見える位置で目盛りを読む．

際の最も深いところ（三日月形の最下部）を，目盛線の上縁を通る水平面に一致させる．長方形の紙を鉢巻のようにしてビュレットに巻きつけたり，背後に下半分を黒くした白紙を置くと目盛を読みやすい．なお，ガラス体積計に表記された体積は，水温20℃（熱帯地方では27℃）のとき正しい体積を表すように国際的に統一されている．

これら体積計にはガラス製のものが多いが，樹脂製のものもある．樹脂製はガラス成分の汚染が問題になる場合，溶液がアルカリ性である場合，あるいはフッ化水素酸を含む場合などに使用される．ただし，ガラスに比べ変形しやすいなどの欠点もあるので，精確さが要求される場合は容量を校正してから使用したほうがよい．

容量分析で使用される市販の体積計については，表3.1に示すように，JISで20℃における検定公差，いわゆる許容される誤差が定められているが，より精確さが求められる実験においては，JIS K 0050：2011の「体積計の校正方法」などに従い，**衡量法**（こうりょうほう）によって自分で校正してから使用するのが望ましい．衡量法とは，体積計に充填された水または体積計から排出された水の質量を測定して，その時の水温における水の密度から実体積を求める方法であり，精確度の高い絶対測定が可能となる．それでは，衡量法による体積測定方法について簡単に説明しよう．

表3.1 体積計の検定公差

①メスフラスコ

全量/mL	検定公差/mL	全量/mL	検定公差/mL
5	±0.025	100	±0.1
10	±0.025	200	±0.15
20	±0.04	250	±0.15
25	±0.04	500	±0.25
50	±0.06	1000	±0.4

②ホールピペット

全量/mL	検定公差/mL	全量/mL	検定公差/mL
≤0.5	±0.005	≤25	±0.03
≤2	±0.01	≤50	±0.05
≤10	±0.02	≤100	±0.08

③ビュレット

全量/mL	検定公差/mL	全量/mL	検定公差/mL
2	±0.01	25 [1)]	±0.03
5	±0.01	25 [2)]	±0.05
10	±0.02	50	±0.05

1）最小目盛 0.05 mL，2）最小目盛 0.1 mL

④メスシリンダー

全量/mL	検定公差/mL	全量/mL	検定公差/mL
10	±0.2	200	±1.0
50	±0.5	500	±2.5
100	±0.5	1000	±5.0

体積許容差はクラスA（高精度）のものを示す．なおクラスBではクラスAの約2倍となる．
「JIS R 3505-1994 ガラス製体積計」より改変．

a）ホールピペット

① 水を入れる適切な共栓付ガラス容器を用意し，その質量をはかる．この質量を W_1(g) とする．

② 校正するホールピペットの標線まで水をとる．これをすべて容器に流出し，栓をしてその質量をはかる〔W_2(g)〕．

③ 計算に必要な，校正時の温度，気圧，湿度，ならびに水温〔T_w(℃)〕を測定する．校正する際には，この質量増（$W_2 - W_1$）をもとに，後で示す補正式によって補正値を求める．また，質量測定の際には浮力補正も必要となるため，測定室内の温度や湿度，気圧もはかっておく必要がある．

なお，流出後のホールピペットの先端に残った液は排出すべき量に含まれているが，この扱い方は国際的にまだ統一されていない．日本では，流出が止まったあと，図3.2に示すようにピペットの先端を受器の内壁に付けた状態で，ただちに上部吸入口を（右人差し指などで）ふさぎ，左の手のひらでピペットの胴部を握って内部の空気を暖め，その膨張で液を押し出すことが広く推奨されている．

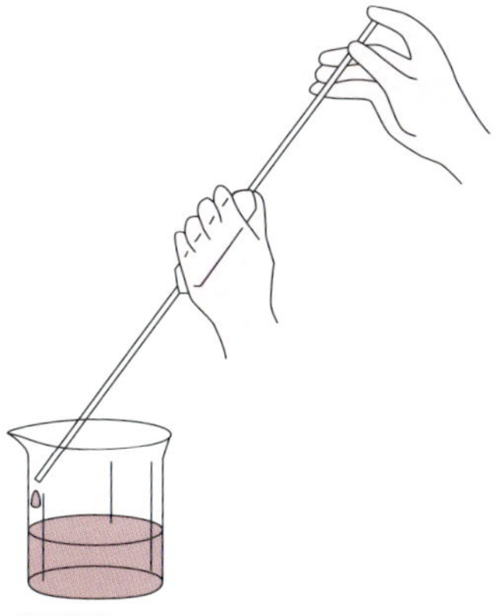

図3.2 ホールピペットにおける残液の出し方

b）ビュレット

ビュレットも出用具なので，基本的な校正方法はピペットと同じであるが，複数の目盛が刻まれているため，5 mL ごとの目盛に対して校正を行う．

① 水を入れる適切な容器を用意し，その質量をはかる〔W_1(g)〕．

② 校正するビュレットの0 mL の標線まで水を満たす．

③ 実際の使用時と同様な流速で水を5 mL の目盛まで容器に流出させ，約2分後に目盛を正しく読み取る＊2．

④ 容器に栓をして，その質量をはかる〔W_2(g)〕．

⑤ 0 mL の標線まで水を補充し，今度は，10 mL の目盛まで排出させ，その質量をはかる．同様の操作を0 mL から15 mL，0 mL から20 mL…，0 mL から50 mL のように繰り返す（容量が50 mL の場合）．温度，気圧および湿度，ならびに水温〔T_{w}(℃)〕も測定しておき，以降は，ホールピペットの校正と同様に補正値を求める．

得られた補正値を縦軸に，目盛から読み取った値を横軸にプロットした校正曲線を作成しておくと，グラフからすぐに補正値が分かるので便利である．

c）メスフラスコ

受用具であるメスフラスコの場合には，まず，あらかじめ乾燥させたメスフラ

＊2 ピペットやビュレットについては，水の排出時間の長短によって，ピペットやビュレットの内壁に付着して残る量が変化し，その結果，排出量が異なることが予想される．理想的には，ピペットやビュレットを垂直にして自由に流出させたとき，水際の平均降下速度が1 cm あたり2～3秒の排出時間がよいとされている．ビュレットでは，内壁に残る量がビュレット内の残量によって変化するので，実試料の測定に際しても校正する場合と同様に，面倒でも常に目盛の0 mL から始めるのが望ましい．

スコの質量をはかり〔W_1(g)〕，次にこの容器に一定温度下で標線まで水を入れ，その質量をはかる〔W_2(g)〕．他の器具同様，校正を行う場所の温度，気圧，湿度，並びに水温〔T_w(℃)〕を測定する．

体積計の容量補正に際しては，水の密度〔ρ_w(g cm^{-3})〕が温度によって変化することに加え，体積計の容量自体も温度によって膨張あるいは収縮するので，ガラスの体膨張係数〔α_c(K^{-1})〕も考慮する必要がある．さらに，質量測定に際して浮力の影響も考慮する必要があるので，空気の密度〔ρ_L(g cm^{-3})〕や天秤校正用分銅の密度〔ρ_G(g cm^{-3})〕についても考慮しなければならない．

以上を踏まえて，ホールピペット，メスフラスコの標線で示された容量や，ビュレットの目盛で示された容量を V(mL) とすると，補正値 V_c(mL) は，

$$V_c = (W_2 - W_1)\left(\frac{1}{\rho_w - \rho_L}\right)\left(1 - \frac{\rho_L}{\rho_G}\right)\left\{1 - \alpha_c(T_w - 20)\right\} - V$$

となる．なお，水や空気の密度については，便覧等に記載されている値や，JIS に記載されている計算式から求められた値を使うことができる．

3.2　標準物質と標準溶液

一般的な容量分析では，濃度未知の定量目的成分を含む一定量の試料溶液に，濃度既知の滴定剤を加えて目的成分を選択的かつ定量的に反応させ，その終点までに要した滴定剤の体積から目的成分の量を求める．したがって容量分析では，濃度の定まった溶液（いわゆる標準溶液）を滴定剤に用いなければならない．しかし，標準溶液を調製するには，純度が高く（99.9 %以上），組成が一定かつ安定な固体物質（標準物質）を天秤で正確にはかりとり，これを水に溶かし，メスフラスコを用いて一定の体積とするという操作が必要になる．しかし，標準物質の種類は限られており，さまざまな滴定剤すべてを標準物質から調製することはできない．そこで実際の分析では，一次標準溶液を用いて標定された滴定剤が滴定に使われる．

Column 3.1

標準物質とトレーサビリティー

化学分析の結果は，試料が同じであれば，誰が，いつ，どこで分析を行ってもつねに同じ値が得られることが理想である．それを保証するために，分析方法の標準化や標準物質の作製が行われてきた．国際的には，国際標準化機構（International Organization for Standardization：ISO）などで多くの国の合意を得て，分析法が制定されている．日本では，工業製品に関しては日本工業規格（Japanese Industrial Standards：JIS）で，医薬品関係では日本薬局方で分析法が定められている．

しかし，これら分析法の規格化よりも実際上重要なのが，標準物質である．各分析機関や分析者個人の間での偏差を指摘し修正させるには，標準物質の使用が非常に有効となる．標準物質は，重量分析や容量分析において濃度決定のための基準物質として利用されるだけでなく，化学分析で検量線を作成して濃度を決定したり，分析機器を校正する際にも用いられ，分析値の基準となるものである．例えば，市販されている試薬のカタログを見ると，容量分析用標準試薬，pH 標準液，金属標準液及び非金属イオン標準液，環境・食品分析用標準液（水質試験用標準液，農薬標準液など）と，さまざまな標準液が提供されている．かつては，金属・非金属イオン標準液などは測定者が自分で調製するのが普通であったが，最近では市販品の需要が増してきたこともあって，試薬メーカーによって製造・供給されるようになった．環境分析などにおける公定分析での測定値のもつ社会的重要性もあって，このような標準液についても，化学標準物質のトレーサビリティ（traceability）体系の理念に基づいた整備が進められている．

ところで，トレーサビリティとは，本来は計測の精度に関する用語であったが，最近では商品の生産段階から加工・流通・消費段階まで，追跡が可能な状態，すなわち「追跡可能性」という意味で使われることが多い．具体例として，産地偽装事件や遺伝子組み換え食品等への対応に見られる食品トレーサビリティ・システムは消費者である私たちにとっても関心のあるところである（1.4.2項も参照）．

3.2.1　標準溶液の調製と標定の方法

滴定法の種類に応じて滴定剤にはさまざまな試薬が用いられている．例えば，pH 滴定（中和滴定）であれば塩酸や水酸化ナトリウム，沈殿滴定であれば硝酸銀，酸化還元滴定であれば過マンガン酸カリウムやチオ硫酸ナトリウムがよく使われる．しかし，濃度が不正確な濃塩酸や潮解性のある水酸化ナトリウムはもちろん，先にあげた物質をはかりとって，有効数字 4 桁レベルの正確な濃度の標準溶液を調製することはできない．そこで，これらの物質から調製した滴定剤の正確な濃度を決定するために，基準となる物質が必要となる．

日本では，表3.2に示した11品目がJISにより容量分析用標準物質と定められている．これらは**一次標準物質**（primary standard）ともよばれ，これらから調製された一次標準溶液を用いた**標定**（standardization）によって，滴定剤の正確な濃度が決定される．この意味で滴定剤は，二次標準溶液といえよう．当初想定した滴定剤の濃度に対する実質濃度の比を，**ファクター**（力価）という[*3]．

滴定剤として塩酸を用いるpH滴定（中和滴定）を例にとって，名目上の濃度が0.01 mol L^{-1}濃度の塩酸を，一次標準物質である炭酸ナトリウムから調製した一次標準溶液で標定する操作について以下に説明しよう．

① 標定する塩酸の名目上の濃度とほぼ同濃度になるように，よく乾燥させた容量分析用標準物質の炭酸ナトリウムを正確に秤量した後，水に溶解し，メスフラスコを用いて一次標準溶液を調製する．

② ①で調製した一次標準溶液の一定量を，ホールピペットを用いて分取し，滴定容器（三角フラスコ，コニカルビーカーなど）に移す．

表3.2 容量分析用標準物質（JIS K 8005：2006）

試　薬	純度（質量分率%）	応　用	標定される物質
亜鉛（Zn）	99.99以上	キレート滴定，沈殿滴定	EDTA†
アミド硫酸（H_3NSO_3）	99.90以上	中和滴定	NaOH，KOH
塩化ナトリウム（NaCl）	99.98以上	沈殿滴定	$AgNO_3$
酸化ヒ素（Ⅲ）（As_2O_3）	99.95以上	酸化還元滴定	I_2，$KMnO_4$
シュウ酸ナトリウム（NaOCOCOONa）	99.95以上	酸化還元滴定	$KMnO_4$
炭酸ナトリウム（Na_2CO_3）	99.97以上	中和滴定	HCl，H_2SO_4，HNO_3
銅（Cu）	99.98以上	キレート滴定，酸化還元滴定	EDTA†，$Na_2S_2O_3$
ニクロム酸カリウム（$K_2Cr_2O_7$）	99.98以上	酸化還元滴定	$Fe(NH_4)_2(SO_4)_2$，$Na_2S_2O_3$
フタル酸水素カリウム［C_6H_4(COOK)(COOH)］	99.95～100.05	中和滴定	NaOH，KOH
フッ化ナトリウム（NaF）	99.90以上	沈殿滴定	$Th(NO_3)_4$
ヨウ素酸カリウム（KIO_3）	99.95以上	酸化還元滴定	$Na_2S_2O_3$

†EDTAは，ethylenediaminetetraacetic acid（エチレンジアミン四酢酸）の略称

＊3　ファクターは，滴定剤の「目標（名目上の）濃度」と「実質濃度」のずれを補正する係数である．ファクターが1.000の際は，両者がぴったり一致しているといえる．

③ 標定する塩酸をビュレットに入れ，これを滴定容器内の炭酸ナトリウム溶液に滴下し，終点を求める．

④ 一次標準溶液の濃度とその分取量，および終点までに要した滴下量（滴定値）から，滴定剤（二次標準溶液）としての塩酸の正確な濃度を有効数字 4 桁で求める．

⑤ ④で求めた正確な濃度と名目上の濃度との比からファクターを決める．

一次標準溶液の濃度は，標定しようとする溶液と同程度の濃度とするのが望ましい．ただし，滴定剤の濃度が0.2 mol L^{-1}より濃い場合には，毎回，一次標準物質の一定量をはかりとり，その都度，水に溶かして標定するほうが精確さの点では優れている．なお，一次標準物質の秤量には細心の注意が必要である．特に水分の除去については，JIS で指定された方法に従って試薬を乾燥させなければならない．例えば炭酸ナトリウムの場合には，600±10℃で約60分間加熱した後，デシケーターに入れて室温まで放冷し，その後，秤量する．また，デシケーターの乾燥剤は，JIS で規定されているシリカゲルを用い，加熱後のデシケーター中の放冷時間は30～60分間とする．なお，滴定剤（二次標準溶液）は，物質によっては空気や光の影響によって濃度が変化することもあるため，保存する場合には，定期的な標定が望ましい．

3.2.2 滴定の操作手順

ここでは，直接滴定の一般的操作について，「JIS K 0050：2011　化学分析方法通則付属書 C（参考）容量分析の一般的操作」を参考にしながら，器具を取り扱う際の留意点も含めて説明しよう．

① 試料溶液の一定量（通常10～50 mL）をホールピペットで正確に分取し，滴定容器に入れる〔必要に応じて共洗い（コラム3.2）を行う〕．試料が固体の場合には，正確に秤量した後，水溶液とし滴定容器に移し入れる．必要なら，これに適当な指示薬を加え，色の濃さが一定となるように水を加えて全量を一定量とする．滴定量を有効数字 4 桁まで読み取るためには，1 回の滴定に10 mL 以上の滴定剤を必要とする．

② 標定によって正確に濃度を求めた滴定剤をビュレットに入れ，それをスタンドに取り付け，正しく垂直に保持する．ビュレットのコックを開き，滴定剤

Column 3.2

共洗い

ホールピペットが水で濡れている場合には，まず採取する溶液でピペットの共洗いを行う．具体的には，はかりとる液の少量をピペットにとり，これを水平にして，軸方向に回転するなどしてピペットの内面全体に行き渡るようにした後，溶液はいったん捨てる．同じ動作を3回程度繰り返すことにより，ピペット内面がはかりとりたい液に入れ替わる．なお，容量が少ないピペットでは全量を採取し，共洗いを行っても良い．一般に，ピペット内に溶液を吸い上げるのには，図に示すようなゴム製のアダプター（安全ピペッター）を使うのが望ましい．

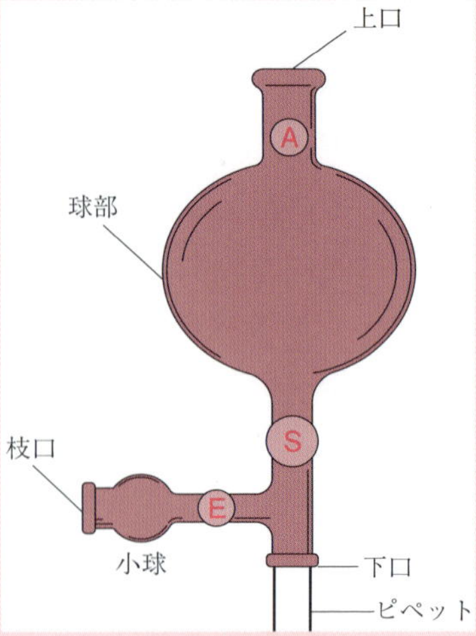

安全ピペッター

使用手順：Aを押して球部をつぶし，中の空気を抜く．分取する溶液中にピペットを挿入し，Sを押して，ピペット内に溶液を標線の少し上まで吸い上げる．Eを押して，液を少しずつ排出させ，液面を標線に合わせた後，ピペットを滴定容器に移し，Eを押すと溶液が排出される．

ビュレットも，使用に際して共洗いを行う．径が細いので，滴定剤を入れる際には小さな漏斗を用い，気泡を巻き込まないように注視し，ビュレット内に気泡が残っていないことを確認する．特に，活栓（コック）の部分には気泡が残りやすいので注意する．最近のビュレットでは，テフロン製の活栓が使われることが多いが，活栓部分からの漏れがないことも確認する．精確さを求められる滴定では，滴定1回ごとにビュレットに滴定剤を追加し，そのメニスカスを目盛0.00 mLに合わせてから滴定を行うのが望ましい．

を滴下して，滴定剤のメニスカスをビュレットの目盛の0 mLに合わせる．その際，ビュレットの内壁に付着した滴定剤が流下し終わるのに通常30～60秒かかるので，目盛の読みが最小目盛の1/10にまで安定するのを待つ．

③ 滴定容器中の試料溶液に，滴定剤を滴下する．図3.3に示すように，左手でコックを操作し，右手に滴定容器を持ち，滴下の都度，容器を振り混ぜながら，あるいは，ガラス棒を用いて試料溶液をかき混ぜる．終点に達するまで，この操作を繰り返す．滴定剤の滴下は，一般に初めは2～3 mLずつ加え，

終点の近くでは2，3滴ずつ，最後は1滴ないしは半滴ずつ滴下する．1滴未満を加える場合には，ビュレットのコックをわずかに開いて液滴が落下しない程度に少し出し，これをガラス棒の先端で受けて試料溶液中に浸すか，または滴定容器の内壁に付けて試料溶液に混ぜる．

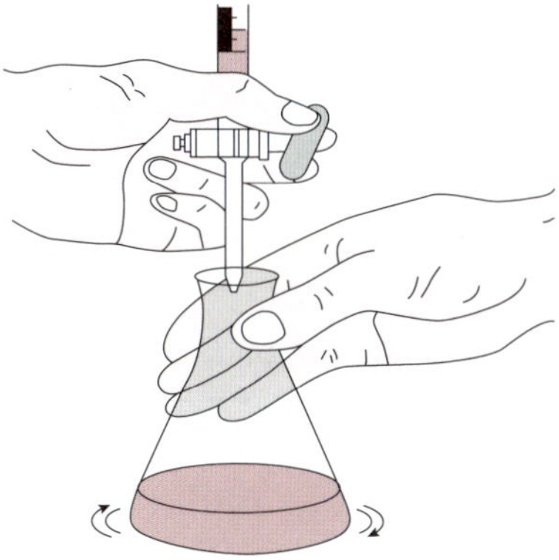

図3.3 滴定剤の滴下とかき混ぜ方

④ 終点に達した際は，ビュレットの内壁に付着した滴定剤が流下し終わるのに通常30〜60秒かかるので，目盛の読みが最小目盛の十分の一まで安定するのを待ってから，1 mL 単位で小数点以下2桁まで目盛を読み取り，滴定量を求める．必要に応じて空試験を行い，ブランク補正を行う．終点の判別は，指示薬などの変色点を目視によって判断する代わりに，試料溶液中に電極等を挿入し，溶液の pH，電気伝導率，電位差の変化を測ることによって行うこともできる．

例題3.1 高純度の（無水）フタル酸水素カリウム〔$C_6H_4(COOK)(COOH)$〕標準試薬を0.5302 g はかりとり，これを純水に溶かして，ビュレット中の水酸化ナトリウム溶液で滴定し，終点を求めたところ，10.23 mL を要した．この水酸化ナトリウム溶液のモル濃度を求めよ．

解答

フタル酸水素カリウムと水酸化ナトリウムは1：1で反応し，その反応式は次式で表される．

$$C_6H_4(COOK)(COOH) + NaOH \longrightarrow C_6H_4(COOK)(COONa) + H_2O$$

フタル酸水素カリウムの式量は204.22である．よってその0.5302 g は 0.002596_2 mol．これが，水酸化ナトリウム溶液10.23 mL 中に含まれる OH^- の物質量に等しいことから，その濃度は，$0.002596_2 \div 10.23 \times 1000 = 0.2537_8$ より，0.2538 mol L^{-1} となる．

章末問題

3-1 滴定における，当量点と終点の違いを説明せよ．

3-2 JIS で容量分析用標準物質（一次標準物質）として定められている物質を三つあげ，二次標準溶液の標定における具体的な利用例を説明せよ．

3-3 次の語句の意味を説明せよ．　(a) メニスカス（水際），(b) 共洗い，(c) 標定

3-4 容量分析用標準物質である塩化ナトリウム 1.5094 g を水に溶かし，メスフラスコを使って 250 mL の溶液を調製した．この標準溶液 20 mL をホールピペットで分取し，滴定容器に移した．これを名目上の濃度 0.1 mol L^{-1} の硝酸銀溶液を滴定剤として滴定したところ，終点まで 20.56 mL を要した．硝酸銀溶液の正確な濃度とファクターを求めよ．

3-5 濃硫酸を 360 倍に希釈して，名目上の濃度が 0.05 mol L^{-1} の硫酸を調製した．一次標準物質である無水炭酸ナトリウム 0.1789 g を水に溶かして調製した溶液を用いて標定したところ，終点までに要した硫酸は 33.36 mL であった．硫酸のモル濃度とファクターを求めよ．なお，反応は次式に従って進むものとする．

$$Na_2CO_3 + H_2SO_4 \longrightarrow Na_2SO_4 + H_2O + CO_2$$

3-6 滴定法が絶対定量法であることを説明せよ．

Basics of Analytical Chemistry

第4章 溶液内化学平衡と熱力学

分析化学では，さまざまな化学反応を取り扱う．反応が進行し，見かけ上反応が止まったようになったとき，「反応は平衡（equilibrium）に達した」という．分析化学で取り扱う反応には溶液内反応が多く，実際の研究や現場でも反応が進行している状態（反応速度論）よりも平衡に達した状態を調べることが多い．したがって，溶液内化学平衡を学ぶことは分析化学の基本である．一方，熱力学（thermodynamics）は平衡を理解するためのよい道筋を提供してくれる．ここでは，熱力学を利用して，分析化学における溶液内化学平衡を理解する．

4.1 可逆な化学反応と平衡定数

可逆な化学反応

$$aA + bB \rightleftharpoons cC + dD \tag{4.1}$$

を考えよう．左辺から右辺へ進む反応を正反応といい，右辺から左辺へ進む反応を逆反応という．「可逆」という用語は，正反応と逆反応を名目上区別するが，どちらからでもいつも反応が進行できることを意味する．すなわち，a 個のAと b 個のBが衝突して，c 個のCと d 個のDが生成しているときも，c 個のCと d 個のDが衝突して，a 個のAと b 個のBが生成している．したがって，反応が十分に進行し，見かけ上反応が止まった状態，すなわち，平衡に達した状態でも，正反応と逆反応は進行している．ただ，両反応の反応速度が等しいため，反応が止まっているように見えるだけである．図4.1はその様子を模式的に示したもので，式(4.1)の反応において，AとBを混合したときからの正反応と逆反応の反応速度の時間的変化を示している．最終的に正反応と逆反応の反応速度は

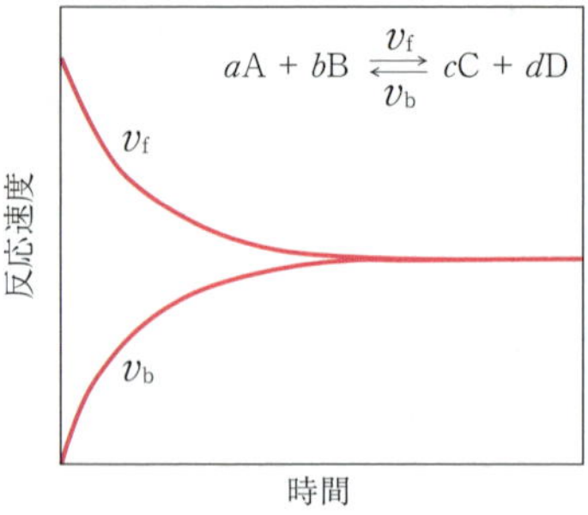

図4.1 反応速度の時間的変化

反応開始直後はＡとＢの濃度が高く，正反応の反応速度（v_f）は大きい．反対にＣとＤの濃度は低く逆反応の反応速度（v_b）は小さい．反応が進行するにしたがい，ＡとＢの濃度は低くなり正方向の反応速度は小さく，ＣとＤの濃度は高くなっていくので逆反応の反応速度は大きくなる．

等しくなる．

1864年，グルドベルグ（C. M. Guldberg）とボーゲ（P. Waage）は質量作用の法則を提案した．これをもとにすると，正反応の反応速度は，

$$v_f = k_f[A]_t^a \times [B]_t^b \tag{4.2}$$

逆反応の反応速度は，

$$v_b = k_b[C]_t^c \times [D]_t^d \tag{4.3}$$

と表される．ここで v は反応速度，k は速度定数で，下付きの f と b は，それぞれ，正反応と逆反応であることを示す．また，$[\quad]_t$ の記号は，時間 t における物質の濃度を示す．反応速度が各物質の濃度の反応次数のべき乗の積を含むのは，物質同士の衝突の頻度が反応速度に比例するからである．上で述べたように，平衡では，

$$v_f = v_b \tag{4.4}$$

である．平衡における物質の濃度を $[\quad]_{eq}$ で表すと，

$$k_f[A]_{eq}^a \times [B]_{eq}^b = k_b[C]_{eq}^c \times [D]_{eq}^d \tag{4.5}$$

の関係が得られる．式(4.5)を変形すると

$$\frac{[C]_{eq}^c \times [D]_{eq}^d}{[A]_{eq}^a \times [B]_{eq}^b} = \frac{k_f}{k_b} = K_{eq} \tag{4.6}$$

となる．ここで，K_{eq} は**平衡定数**（equilibrium constant）とよばれる定数である．後で述べるように，平衡定数には濃度平衡定数と熱力学的平衡定数がある．式(4.6)の平衡定数は濃度で表されているので，濃度平衡定数である．

式(4.1)の可逆な化学反応に対する平衡定数は，式(4.6)で表される．式(4.6)は，平衡定数が正反応と逆反応の反応速度定数の比であることも示している．このことから，平衡定数と正反応あるいは逆反応のどちらかの反応速度定数がわかれば，逆反応あるいは正反応の反応速度定数を求めることができる．

図4.2は，平衡定数の大きさが異なるときの各物質の濃度の時間変化を示している．平衡定数が大きいとき，CとDの平衡濃度はAとBよりも高くなり，小さいときは，その反対となる．平衡定数の大小から反応速度は予想できず，反応が正反応か逆反応のどちらに進行するかがわかるだけである．

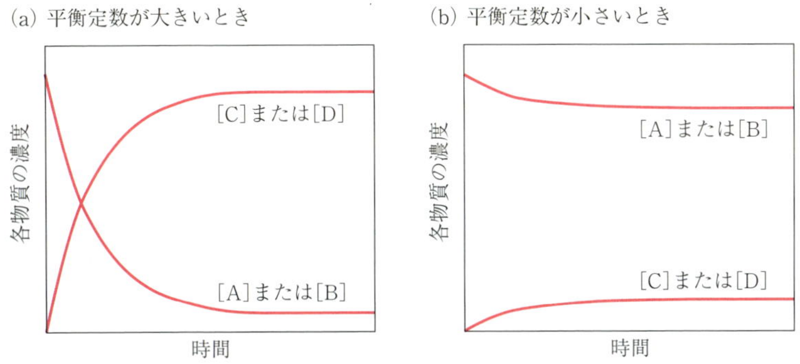

図4.2 反応における物質濃度の時間変化

AとBを混合して反応を開始した直後，AとBの濃度は低くなり，CとDの濃度は高くなっていく．最終的には，各物質の濃度が一定となり，平衡に達する．

4.1.1　平衡定数を用いた計算

平衡定数を用いると，各物質の平衡濃度を計算することができる．

例題4.1　可逆反応，A ＋ B $\rightleftarrows$ C ＋ Dの平衡定数は，K_{eq} ＝ ([C][D])/([A][B])である．反応が開始直後の状態（仕込み状態）のAの濃度 C_A を1.00 mol L^{-1}，C_B を0.500 mol L^{-1}としたとき，平衡定数 (a) 10，(b) 1000でのA，B，C，Dの平衡濃度を求めよ．

解答

仕込み濃度と平衡濃度を表にまとめると，下記のようになる．

	A	B	C	D
仕込み濃度	1.00	0.500	0	0
平衡濃度	$1.00-x$	$0.500-x$	x	x

(mol L^{-1})

(a)

$K_{eq} = \dfrac{(x) \times (x)}{(1.00-x) \times (0.500-x)} = 10$ より，$x = 0.461$ である．したがって，

$[A] = 0.539\ \mathrm{mol\,L^{-1}}$，$[B] = 0.039\ \mathrm{mol\,L^{-1}}$，$[C] = [D] = 0.461\ \mathrm{mol\,L^{-1}}$

(b) (a) と同様に解けば，$x \fallingdotseq 0.500$ より，

$[A] = 0.500\ \mathrm{mol\,L^{-1}}$，$[B] = 0\ \mathrm{mol\,L^{-1}}$，$[C] = [D] = 0.500\ \mathrm{mol\,L^{-1}}$

平衡定数が1000のとき，平衡がほぼ完全に右に偏っていることがわかる．

4.2　濃度と活量

前節では，「(A や B の) 濃度」という用語を何の断りもなしに用いたが，実際の化学平衡を考えるときには，濃度を使用できないこともある．例えば，反応に無関係な塩を含む水溶液中では，純水中に比べて弱酸の解離がよく進んだり，塩の溶解度が増したりするなど，式(4.6)の濃度平衡定数 K_{eq} で説明しにくい化学反応がある．また，物質が及ぼす効果の強さが濃度の値に単純に比例しない場合や，共存物質が目的物質の効果に影響する場合もある．このような場合，平衡定数を正確に記述するには，濃度を**活量** (activity) に置き換えなければならない．活量は，実際の効果の強さを与える濃度 (実効濃度) で，頭文字をとって a で表されることが多い．活量で表された平衡定数 K°_{eq} は，熱力学的平衡定数とよばれる．すなわち，式(4.1)に対する熱力学的平衡定数は，

$$K^{\circ}_{eq} = \frac{(a_C)^c_{eq}(a_D)^d_{eq}}{(a_A)^a_{eq}(a_B)^b_{eq}} \tag{4.7}$$

となる[*1]．

4.2.1　電気化学ポテンシャル

一つの相中に化学種 1，2，3…，N が，それぞれ n_1，n_2，n_3…，n_N mol 存在するとき，その相全体の**ギブズエネルギー**（Gibbs energy）G は

$$G = n_1\mu_1 + n_2\mu_2 + n_3\mu_3 + \cdots + n_N\mu_N = \sum_1^N n_i\mu_i \tag{4.8}$$

と表される．ここで，μ_i は化学種 i の**化学ポテンシャル**（chemical potential）であり，次のように定義される．

$$\mu_i = \left(\frac{\partial G}{\partial n_i}\right)_{T,p,n_j} \tag{4.9}$$

ギブズエネルギー G については後で述べるが，ここではその相のもつエネルギーとだけ思っておいて欲しい．下付きの T は絶対温度，p は圧力，n_j は相に含まれる i 以外のすべての化学種の物質量を表し，式(4.9)ではそれらが一定であることを示す．すなわち，化学ポテンシャルは，他の条件を一定に保ち，微少量の化学種 i を相に加えたときの相全体のギブズエネルギー変化を示している．さらに，化学種 i の化学ポテンシャルは，i の活量 a_i と次のような関係をもつことが知られている．

$$\mu_i = \mu_i^\circ + RT\ln a_i \tag{4.10}$$

ここで R は気体定数，μ_i° は化学種 i の標準化学ポテンシャルで，標準状態における化学種 i の化学ポテンシャルである．

ここまでは，電荷をもたない物質に関するものであったが，イオンも同じように取り扱うことができる．ただしイオンは電荷をもつため，イオンを真空中の無限遠(基準点)から問題とする相の中に運ぶための静電的エネルギーを，式(4.10)に付け加えなければならない．イオン i の電荷数が z_i であれば，この運ぶ過程でイオンが得る静電的エネルギーは，$z_i F\phi$ である．F はファラデー定数，ϕ は相の内部電位とよばれる物理量である．

一般的に同一相内の電位差は測定できるが，化学的組成の異なる二相間の電位差は，通常の手段では測定できない．このため，真空中の無限遠と相の間の電位

＊1　今後，平衡での濃度や活量をすべて [　]eq や (　)eq で表すとは限らない．溶液内化学平衡では平衡を取り扱うので，単に [　] や (　) で表すときもある．注意して欲しい．

差（内部電位）は測定できない．なぜなら，真空中の無限遠から相にイオンを運ぶ過程において，イオンは必ず化学的組成の異なる二相の界面（境界面）を通過しなければならないからである．しかし，二相の化学的組成が事実上等しいようなとき，その二相間の内部電位の差は測定可能となる（内部電位の詳しい議論は専門書を参考にして欲しい）．化学ポテンシャルとこの静電的エネルギーの和が，**電気化学ポテンシャル**（electrochemical potential）$\tilde{\mu}_i$ で，これは，

$$\tilde{\mu}_i = \mu_i + z_i F\phi = \mu_i^\circ + RT \ln a_i + z_i F\phi \qquad (4.11)$$

と表される．電気化学ポテンシャルは，グッゲンハイム（E. A. Guggenheim）によって1929年に提唱された物理量で，この物理量は二相を含む化学平衡，特に第7章で扱う酸化還元平衡を理解するうえで非常に有用である．

Column 4.1

物理量と単位

高校までは単位をあまり意識しなかった人もいるだろう．しかし，物理量＝(数値)×(単位) であり，数値だけを図や表に記入するときには，(数値)＝物理量／(単位) であることがわかるようにしなければならない．特にエネルギーの単位には注意が必要である．化学ポテンシャルの単位は，J mol^{-1}である．一方，静電的エネルギーの単位は，(電荷数)×(ファラデー定数)×(内部電位) から求まる．電荷数（イオンの価数）は個数であるので単位はない．ファラデー定数の単位は C mol^{-1}である．内部電位の単位は V．したがって，(電荷数)×(ファラデー定数)×(内部電位)の単位は，C mol^{-1}×V ＝ C V mol^{-1}となる．C×V の積，すなわち，(電気量)×(電位) の積の単位は何か．答えはエネルギーの単位 J である．これを導くには，電荷が q で質量が m の粒子を電位差 V で加速するとき，粒子の最終速度 v はいくらかという問題を思い出せばよい．解答は，

$$q \times V = (1/2)mv^2$$

から，

$$v = \sqrt{2qV/m}$$

となる．この問題を思い出せば，(電気量)×(電位)＝(エネルギー) であることをすぐに思いつく．また，SI 基本単位に戻って考えてみると，

$$1\,\mathrm{C} = 1\,\mathrm{As},\quad 1\,\mathrm{V} = 1\,\mathrm{m^2\,kg\,s^{-3}\,A^{-1}}$$

より，

$$1\,\mathrm{C\,V} = 1\,\mathrm{kg\,m^2\,s^{-2}} = 1\,\mathrm{J}$$

となる．

エネルギーは人が考えだした概念で，実体はないが，非常に便利な物理量である．エネルギーを用いれば，さまざまな化学反応や物理変化など，この世のほとんどの現象を同列に考えることができる．

4.2.2 活量係数

式(4.10)の化学ポテンシャルを使って，濃度と活量を関係づける係数である**活量係数**（activity coefficient）について考えてみよう．濃度が非常に低い溶液では，物質は理想的な挙動をとる．しかし，濃度が高くなると，物質間の相互作用により理想的な挙動が失われていく．今，どの濃度においても，物質Aが理想的な挙動をとり続けるとする．そのような理想的な挙動を表す化学ポテンシャル$\mu_A{}^{id}$は，

$$\mu_A{}^{id} = \mu_A^\circ + RT\ln\left(\frac{c_A}{c^\circ}\right) \tag{4.12}$$

と表せる．ここで，c_Aは物質Aの濃度であり，c°はc_Aと同じ単位の標準濃度である．すなわち，c_Aの単位が$\mathrm{mol\,L^{-1}}$なら*2，c°は$1\,\mathrm{mol\,L^{-1}}$である．したがって，括弧内のc_A/c°は単位をもたない数値である．ただし，活量は，モル濃度cを用いるか，質量モル濃度mを用いるか，モル分率xを用いるかによって異なることにも注意して欲しい．

濃度c_Aでの実際の化学ポテンシャルをμ_Aとすれば，$\mu_A{}^{id}$とμ_Aには差が生じるであろう．理想と現実には差があるものである．その差を**過剰化学ポテンシャル**μ^Eとすれば，

$$\mu_A{}^E = \mu_A - \mu_A{}^{id} \tag{4.13}$$

である．過剰化学ポテンシャルを，活量係数γ_Aを用いて，

$$\mu_A{}^E = RT \times \ln\gamma_A \tag{4.14}$$

と表す．式(4.12～4.14)を用いると，

$$\begin{aligned}\mu_A &= \mu_A{}^{id} + \mu_A{}^E \\ &= \mu_A^\circ + RT\ln\left(\frac{c_A}{c^\circ}\right) + RT\ln\gamma_A \\ &= \mu_A^\circ + RT\ln\left(\gamma_A\frac{c_A}{c^\circ}\right) = \mu_A^\circ + RT\ln a_A\end{aligned} \tag{4.15}$$

＊2　本書では，モル濃度の単位を，$\mathrm{mol\,L^{-1}}$あるいはMで表す．SI単位系では$\mathrm{mol\,dm^{-3}}$で表すのが正式であるが，読者の親しみやすい単位を用いることにした．次元解析をするときなど，$1\,\mathrm{L} = 1\,\mathrm{dm^3}$と書き換えるとよい．

が得られる．式(4. 15)の a_{A} が活量とよばれる物理量であり，次式で表される．

$$a_{\mathrm{A}} = \gamma_{\mathrm{A}} \frac{c_{\mathrm{A}}}{c^{\circ}} = \exp\left(\frac{\mu_{\mathrm{A}} - \mu_{\mathrm{A}}^{\circ}}{RT}\right) \tag{4.16}$$

この式からもわかるように，活量や活量係数は単位をもたない無次元の量である．

ここで，活量を用いて表される熱力学的平衡定数 K_{eq}° と，モル濃度を用いて表される濃度平衡定数 K_{eq} の関係について述べておく．式(4. 6)と(4. 7)から，

$$\begin{aligned} K_{\mathrm{eq}}^{\circ} &= \frac{(a_{\mathrm{C}})_{\mathrm{eq}}^{c}(a_{\mathrm{D}})_{\mathrm{eq}}^{d}}{(a_{\mathrm{A}})_{\mathrm{eq}}^{a}(a_{\mathrm{B}})_{\mathrm{eq}}^{b}} = \frac{\left(\gamma_{\mathrm{C}}\dfrac{[\mathrm{C}]_{\mathrm{eq}}}{c^{\circ}}\right)^{c}\left(\gamma_{\mathrm{D}}\dfrac{[\mathrm{D}]_{\mathrm{eq}}}{c^{\circ}}\right)^{d}}{\left(\gamma_{\mathrm{A}}\dfrac{[\mathrm{A}]_{\mathrm{eq}}}{c^{\circ}}\right)^{a}\left(\gamma_{\mathrm{B}}\dfrac{[\mathrm{B}]_{\mathrm{eq}}}{c^{\circ}}\right)^{b}} \\ &= \frac{\left(\dfrac{1}{c^{\circ}}\right)^{c}\left(\dfrac{1}{c^{\circ}}\right)^{d}}{\left(\dfrac{1}{c^{\circ}}\right)^{a}\left(\dfrac{1}{c^{\circ}}\right)^{b}} \times \frac{(\gamma_{\mathrm{C}})^{c}(\gamma_{\mathrm{D}})^{d}}{(\gamma_{\mathrm{A}})^{a}(\gamma_{\mathrm{B}})^{b}} \times \frac{[\mathrm{C}]_{\mathrm{eq}}{}^{c}[\mathrm{D}]_{\mathrm{eq}}{}^{d}}{[\mathrm{A}]_{\mathrm{eq}}{}^{a}[\mathrm{B}]_{\mathrm{eq}}{}^{b}} \\ &= \frac{c^{\circ a}c^{\circ b}}{c^{\circ c}c^{\circ d}} \times \frac{(\gamma_{\mathrm{C}})^{c}(\gamma_{\mathrm{D}})^{d}}{(\gamma_{\mathrm{A}})^{a}(\gamma_{\mathrm{B}})^{b}} \times K_{\mathrm{eq}} \\ &= \frac{(1\ \mathrm{mol\ L^{-1}})^{a}(1\ \mathrm{mol\ L^{-1}})^{b}}{(1\ \mathrm{mol\ L^{-1}})^{c}(1\ \mathrm{mol\ L^{-1}})^{d}} \times \frac{(\gamma_{\mathrm{C}})^{c}(\gamma_{\mathrm{D}})^{d}}{(\gamma_{\mathrm{A}})^{a}(\gamma_{\mathrm{B}})^{b}} \times K_{\mathrm{eq}} \\ &= (1\ \mathrm{mol\ L^{-1}})^{a+b-c-d} \times \frac{(\gamma_{\mathrm{C}})^{c}(\gamma_{\mathrm{D}})^{d}}{(\gamma_{\mathrm{A}})^{a}(\gamma_{\mathrm{B}})^{b}} \times K_{\mathrm{eq}} \end{aligned}$$

を導くことができる．$(1\ \mathrm{mol\ L^{-1}})^{a+b-c-d}$ の項は，単位をもつことがあるが，値が 1 であるため，以後，省略することにする．すなわち，熱力学的平衡定数と濃度平衡定数の関係は，

$$K_{\mathrm{eq}}^{\circ} = \frac{(\gamma_{\mathrm{C}})^{c}(\gamma_{\mathrm{D}})^{d}}{(\gamma_{\mathrm{A}})^{a}(\gamma_{\mathrm{B}})^{b}} \times K_{\mathrm{eq}} \tag{4.17}$$

となる．最後に，純溶媒や固体の活量は 1 とすることを注意しておく．

4.2.3 デバイ–ヒュッケルの式

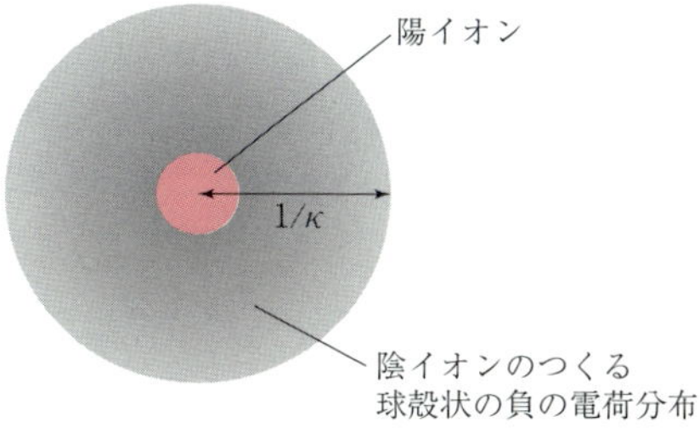

図4.3 イオン雰囲気

活量が，活量係数と濃度比（濃度/標準濃度）の積で記されることを述べた．それでは，活量係数が実際にどのような値になるのかが気になるところである．ここでは，デバイ－ヒュッケル（Debye-Hückel）によるイオンの活量係数の計算方法を紹介しよう．この導出には，静電磁気学のポアソンの方程式と統計力学のボルツマン分布則が用いられるが，その詳細は省く．

今，塩を溶媒に溶かして電解質溶液を調製する．この溶液中にある一つの陽イオンに着目すると，そのまわりにどのような状態が予想されるだろうか．図4.3は，その状態を模式的に示したものである．中心に陽イオンがある．この陽イオンは溶媒和している[*3]．溶媒和した陽イオンのまわりには，静電的な力（クーロン力）によって，やはり溶媒和した陰イオンが引き寄せられる．一方，陰イオンは熱運動により，できるだけ均一に分布しようとする．その結果，静電的な力と熱的な力による効果が釣り合い，定常的な状態に落ち着き，陰イオンは球殻状の負の電荷分布を形成する．この電荷分布をイオン雰囲気といい，その半径 $1/\kappa$ は次式で表される．

$$\frac{1}{\kappa} = \sqrt{\frac{\varepsilon_0 \varepsilon_{\mathrm{r}} RT}{2 N_{\mathrm{A}}{}^2 e^2 I}} \qquad (4.18)$$

ここで，ε_0は真空の誘電率，ε_{r} は溶媒の比誘電率，N_{A} はアボガドロ定数，e は電気素量である．I はイオン強度とよばれる物理量で，

$$I = \frac{1}{2}\sum_{\mathrm{j}} c_{\mathrm{j}} z_{\mathrm{j}}{}^2 \qquad (4.19)$$

＊3　溶媒中では，イオンは真空中のように裸のままでは存在しない．イオンの周りでは溶媒分子は特定の配向をもってイオンを取り囲む．これが溶媒和である．水中では水和とよぶ．おもに静電的な力によって配向するが，化学結合ほど強い相互作用ではない．

と表される．総和の記号は，溶液に含まれるすべてのイオンに対する総和を意味する．ここでは，一種類の電解質溶液だけを考えたが，一般的な電解質溶液には他の電解質も含まれるので，イオン強度を計算するときは溶液に含まれるすべてのイオンに対して総和をとらなければならない．

例題4. 2　0.01 mol L^{-1}の硫酸ナトリウム（Na_2SO_4）水溶液のイオン強度を求めよ．

解答

硫酸ナトリウムは水溶液中では完全に解離する．したがって，

$[Na^+] = 2 \times 0.01\ \mathrm{mol\ L^{-1}} = 0.02\ \mathrm{mol\ L^{-1}}$，$[SO_4^{2-}] = 0.01\ \mathrm{mol\ L^{-1}}$である．

式(4. 19)より，

$$I = \frac{1}{2}\left\{0.02 \times (+1)^2 + 0.01 \times (-2)^2\right\} = 0.03\ \mathrm{mol\ L^{-1}}$$

例題4. 3　0.01 mol L^{-1}の 酢 酸（CH_3COOH）と0.02 mol L^{-1}の 酢 酸 ナ ト リ ウ ム（CH_3COONa）を含む水溶液のイオン強度を求めよ．

解答

酢酸の解離が，イオン強度に影響する可能性があるが，この水溶液では酢酸はほとんど解離しない(第 5 章参照)．一方，酢酸ナトリウムは水溶液中では完全に解離するので，$[Na^+] = 0.02\ \mathrm{mol\ L^{-1}}$，$[CH_3COO^-] = 0.02\ \mathrm{mol\ L^{-1}}$である．式(4. 19)より，

$$I = \frac{1}{2}\left\{0.02 \times (+1)^2 + 0.02 \times (-1)^2\right\} = 0.02\ \mathrm{mol\ L^{-1}}$$

式(4. 14)からわかるように，活量係数γは過剰化学ポテンシャルμ^Eから導くことができる．したがって，過剰化学ポテンシャルを考えれば，活量係数が求められる．電解質溶液では，過剰化学ポテンシャルのおもな原因はイオンとイオンの間にはたらく静電的な相互作用である．過剰化学ポテンシャルを，電荷$z_i e$をもつ 1 個のイオン i を無限希釈水溶液からある濃度の水溶液に移すための静電的エネルギーにアボガドロ定数を掛けたものと考えると，

$$\mu_i^E = -N_A \frac{z_i^2 e^2 \kappa}{8\pi\varepsilon_0\varepsilon_r} \tag{4. 20}$$

となる．したがって，式(4. 14)と(4. 20)から，

$$\log \gamma_i = \frac{\ln \gamma_i}{\ln 10} = -\frac{1}{2.303} \times \frac{z_i^2 e^2 \kappa}{8\pi\varepsilon_0\varepsilon_r kT} = -Az_i^2\sqrt{I} \tag{4.21}$$

が導かれる．ただし，

$$A = \frac{e^3(2N_A)^{\frac{1}{2}}}{2.303 \times 8\pi(\varepsilon_0\varepsilon_r kT)^{\frac{3}{2}}} \tag{4.22}$$

である．これまで述べてきた活量や活量係数は個々のイオンに関するもので，現在のところ実験によって正確に決定できないものである．なぜなら，陽イオンあるいは陰イオンだけを水に溶かすことはできないからである．一方，それらのイオンの組合せによって構成される電気的に中性な塩の活量や活量係数は，現実的な意味をもつ．したがって，塩の活量を個々のイオンの活量と関係づけることは意味がある．今，$(A^{m+})_x\ (B^{n-})_y$（m，$n>0$）で表される塩の1 molが完全に解離すると，A^{m+}がx mol，B^{n-}がy mol生じる．溶液は電気的に中性でなければならないため，

$$mx - ny = 0 \tag{4.23}$$

の関係が成り立つ．一方，塩の化学ポテンシャルは，

$$\mu_{塩} = x\tilde{\mu}_{A^{m+}} + y\tilde{\mu}_{B^{n-}} = x\mu_{A^{m+}} + y\mu_{B^{n-}} \tag{4.24}$$

と表される．ここで，電気化学ポテンシャルの静電的な項は式(4.23)を用いると打ち消しあって消えることに注意して欲しい．したがって，
$\mu^\circ_{塩} = x\mu^\circ_{A^{m+}} + y\mu^\circ_{B^{n-}}$とすれば，

$$\mu_{塩} = \mu^\circ_{塩} + RT\ln a_{塩} \tag{4.25}$$

ただし，$a_{塩} = (a_{A^{m+}})^x \times (a_{B^{n-}})^y$である．平均イオン活量$a_\pm$，平均イオン活量係数$\gamma_\pm$，平均イオンモル濃度$c_\pm$，を

$$\left.\begin{aligned} a_{\pm}{}^{v} &= (a_{\mathrm{A}^{m+}})^{x} \times (a_{\mathrm{B}^{n-}})^{y} = a_{塩} \\ \gamma_{\pm}{}^{v} &= (\gamma_{\mathrm{A}^{m+}})^{x} \times (\gamma_{\mathrm{B}^{n-}})^{y} \\ c_{\pm}{}^{v} &= (c_{\mathrm{A}^{m+}})^{x} \times (c_{\mathrm{B}^{n-}})^{y} \\ v &= x + y \end{aligned}\right\} \tag{4.26}$$

と定義すれば，$a_{\pm} = \gamma_{\pm}(c_{\pm}/c^{\circ})$ となり，塩$(\mathrm{A}^{m+})_x(\mathrm{B}^{n-})_y$の平均イオン活量係数$\gamma_{\pm}$は式(4.23)より，

$$\log \gamma_{\pm} = -A\,|mn|\sqrt{I} \tag{4.27}$$

と導ける．式(4.21)，(4.27)は**デバイ－ヒュッケルの極限則**とよばれるものである．この式からの計算値は，イオン強度が0.01 mol L^{-1}以下の希薄溶液においてのみ実測値とよくあう．これらの式をより高いイオン強度にまで適用できるようにするには，イオン雰囲気がつくる静電場をより正確にする必要がある．現在，よく用いられるデバイ－ヒュッケルの式は，陽イオンと陰イオンの電荷数をそれぞれz_1，z_2とすると，

$$\log \gamma_{\mathrm{i}} = -\frac{Az_{\mathrm{i}}^{2}\sqrt{I}}{1 + B\alpha_{\mathrm{i}}\sqrt{I}} \tag{4.28}$$

$$\log \gamma_{\pm} = -\frac{A\,|z_1 z_2|\sqrt{I}}{1 + B\alpha_{塩}\sqrt{I}} \tag{4.29}$$

$$B = \left(\frac{2e^{2}N_{\mathrm{A}}}{k\varepsilon_0}\right)^{\frac{1}{2}} \times \frac{1}{(\varepsilon_{\mathrm{r}}T)^{1/2}} \tag{4.30}$$

である．α_{i}と$\alpha_{塩}$は**イオンサイズパラメーター**とよばれ，Å（オングストローム）単位で記されたイオンの実効的な直径である．ちなみに，1 Å＝0.1 nm である．イオンサイズパラメーターは本来イオンに固有の値をもつが，実際に活量係数を計算するときは，その値がわからなければ，1価のイオンに対し3 Å，2価のイオンに対し5 Åをとる．詳しくは表4.1を参考にして欲しい[*4]．

AとBは，25℃の水溶液では，$\varepsilon_{\mathrm{r}} = 78.3$を用いて，

$A = 0.5114\ (\mathrm{mol\ L^{-1}})^{-\frac{1}{2}}$

＊4　$\alpha_{塩}$には明確な値はない．

$$B = 0.3291\ (\mathrm{mol\,L^{-1}})^{-\frac{1}{2}}\ \mathrm{Å}^{-1}$$

となる．したがって，25℃の水溶液中のイオンに対して，式(4.28)は，

$$\log \gamma_i = -\frac{0.51 z_i^2 \sqrt{I}}{1 + 0.33\alpha_i \sqrt{I}} \tag{4.31}$$

となる．式(4.31)からわかるように，イオン強度が0.01 mol L^{-1}以下のとき，イオンサイズパラメーターの値を3 Åにとると，分母の第2項は1より小さくなり，イオンサイズパラメーターの影響は小さいことがわかる．式(4.31)は，イオ

表4.1 各種イオンのイオンサイズパラメーター α_i

イオン	α_i(Å)	イオン	α_i(Å)
H^+	9	Mg^{2+}, Be^{2+}	8
$(C_6H_5)_2CHCO_2^-$, $(C_3H_7)_4N^+$	8	$CH_2(CH_2CH_2CO_2^-)_2$, $(CH_2CH_2CH_2CO_2^-)_2$	7
$(O_2N)_3C_6H_2O^-$, $(C_3H_7)_3NH^+$, $CH_3OC_6H_4CO_2^-$	7	Ca^{2+}, Cu^{2+}, Zn^{2+}, Sn^{2+}, Mn^{2+}, Fe^{2+}, Ni^{2+}, Co^{2+}, $C_6H_4(CO_2^-)_2$, $H_2C(CH_2CO_2^-)_2$, $(CH_2CH_2CO_2^-)_2$	6
Li^+, $C_6H_5CO_2^-$, $HOC_6H_4CO_2^-$, $ClC_6H_4CO_2^-$, $C_6H_5CH_2CO_2^-$, $CH_2{=}CHCH_2CO_2^-$, $(CH_3)_2CHCH_2CO_2^-$, $(CH_3CH_2)_4N^+$, $(C_3H_7)_2NH_2^+$	6	Sr^{2+}, Ba^{2+}, Cd^{2+}, Hg^{2+}, S^{2-}, $S_2O_4^{2-}$, WO_4^{2-}, $H_2C(CO_2^-)_2$, $(CH_2CO_2^-)_2$, $(CHOHCO_2^-)_2$	5
$Cl_2CHCO_2^-$, $Cl_3CCO_2^-$, $(CH_3CH_2)_3NH^+$, $(C_3H_7)NH_3^+$	5	Pb^{2+}, CO_3^{2-}, SO_3^{2-}, MoO_4^{2-}, $Co(NH_3)_5Cl^{2+}$, $Fe(CN)_5NO^{2-}$, $C_2O_4^{2-}$, $\mathrm{Hcitrate}^{2-}$	4.5
Na^+, $CdCl^+$, ClO_2^-, IO_3^-, HCO_3^-, $H_2PO_4^-$, HSO_3^-, $H_2AsO_4^-$, $Co(NH_3)_4(NO_2)_2^+$, $CH_3CO_2^-$, $ClCH_2CO_2^-$, $(CH_3)_4N^+$, $(CH_3CH_2)_2NH_2^+$, $H_2NCH_2CO_2^-$	4.5	Hg_2^{2+}, SO_4^{2-}, $S_2O_3^{2-}$, $S_2O_6^{2-}$, $S_2O_8^{2-}$, SeO_4^{2-}, CrO_4^{2-}, HPO_4^{2-}	4
$^+H_3NCH_2CO_2H$, $(CH_3)_3NH^+$, $CH_3CH_2NH_3^+$	4	Al^{3+}, Fe^{3+}, Cr^{3+}, Sc^{3+}, Y^{3+}, In^{3+}, ランタノイドイオン	9
OH^-, F^-, SCN^-, OCN^-, HS^-, ClO_3^-, ClO_4^-, BrO_3^-, IO_4^-, MnO_4^-, HCO_2^-, $H_2\mathrm{citrate}^-$, $CH_3NH_3^+$, $(CH_3)_2NH_2^+$	3.5	$\mathrm{citrate}^{3-}$	5
K^+, Cl^-, Br^-, I^-, CN^-, NO_2^-, NO_3^-	3	PO_4^{3-}, $Fe(CN)_6^{3+}$, $Cr(NH_3)^{3+}$, $Co(NH_3)_6^{3+}$, $Co(NH_3)_5H_2O^{3+}$	4
Rb^+, Cs^+, NH_4^+, Tl^+, Ag^+	2.5	Th^{4+}, Zr^{4+}, Ce^{4+}, Sn^{4+}	1.1
		$[Fe(CN)_6]^{4-}$	5

ン強度が約0.2 mol L^{-1}まで成り立つとされている．

より高いイオン強度まで活量係数を求め得る式として，デービス（C. W. Davies）の修正式

$$\log \gamma_i = -\frac{Az_i^2\sqrt{I}}{1+\sqrt{I}} + bI$$

$$b = 0.1\,z_i^2\ \mathrm{mol^{-1}\,L} \tag{4.32}$$

$$\log \gamma_{\pm} = -\frac{A\,|\,z_1z_2\sqrt{I}\,|}{1+\sqrt{I}} + bI$$

$$b = 0.1\,|\,z_1z_2\,|\ \mathrm{mol^{-1}\,L} \tag{4.33}$$

がある．この式は，イオン強度が約0.5 mol L^{-1}まで有効である．

例題4. 4　0.010 mol L^{-1}の硫酸カリウム（K_2SO_4）水溶液中のカリウムイオンと硫酸イオンの活量係数を求めよ．温度は25℃とする．

解答

まず，イオン強度を求める．

[K^+] = 2 × 0.010 mol L^{-1} = 0.020 mol L^{-1}，[SO_4^{2-}] = 0.010 mol L^{-1}であるから，式(4. 19)より，

$$I = \frac{1}{2}\left\{0.020 \times (+1)^2 + 0.010 \times (-2)^2\right\} = 0.030\ \mathrm{mol\,L^{-1}}$$

式(4. 31)を用い，α_{K^+} = 3 Å，$\alpha_{SO_4^{2-}}$ = 4 Å（表4. 1参照）とすると，

$$\log \gamma_{K^+} = -\frac{0.51 \times (+1)^2\sqrt{0.030}}{1 + 0.33 \times 3 \times \sqrt{0.030}} = -0.0754$$

したがって　γ_{K^+} = 0.84

$$\log \gamma_{SO_4^{2-}} = -\frac{0.51 \times (-2)^2\sqrt{0.030}}{1 + 0.33 \times 4 \times \sqrt{0.030}} = -0.288$$

したがって　$\gamma_{SO_4^{2-}}$ = 0. 52

この結果は注目すべきである．K^+の濃度は0.020 mol L^{-1}であるが，実際には，活量（実効濃度）は，0.84 × 0.020 = 0.017である．また，SO_4^{2-}では濃度は0.010 mol L^{-1}であるが，活量は0.0052と半分程度まで下がっている．1価のイオンよ

り2価のイオンのほうが活量の減少の程度は大きい.

4.3 ギブズエネルギー

式(4.1)に示す可逆な化学反応を再び考えよう.

$$aA + bB \rightleftarrows cC + dD \tag{4.1}$$

この反応が，自発的に正反応するか逆反応するかを考えるとき，(A+B)や(C+D)という系を何らかの定量的な物理量で特徴付けると便利である．このような物理量として，**ギブズエネルギー**が用いられる．ギブズエネルギーは**ギブズの自由エネルギー**ともよばれる．ギブズエネルギーは，ギブズ(J. W. Gibbs)によって1876年に導入された物理量で，二つの寄与が含まれる．一つはエネルギー(熱)の寄与である．これは，系が，いつもエネルギーがより低い状態に進もうとすることによる．他方は乱雑さの寄与である．これは，系が，いつも乱雑さがより大きな状態に進もうとすることによる．前者は，水が高いところから低いところに流れることを想像すればよく，後者は，2種類の気体が自然に乱雑に混じりあってしまうことを想像すればよい．したがって，ギブズエネルギーはエネルギーと乱雑さの寄与の和として表される．エネルギーの寄与を**エンタルピー**(enthalpy) H，乱雑さの寄与を**エントロピー**(entropy) S と絶対温度 T の積で表すと，ギブズエネルギーは，

$$G = H - TS \tag{4.34}$$

となる．

式(4.1)の反応において，左辺(aA + bB)を系 i，右辺(cC + dD)を系 f とすれば，系 i から系 f への一定温度でのギブズエネルギー変化 ΔG は，

$$\Delta G = G_{\mathrm{f}} - G_{\mathrm{i}} \tag{4.35}$$

と表される．式(4.34)を式(4.35)に代入し，$\Delta H = H_{\mathrm{f}} - H_{\mathrm{i}}$ と $\Delta S = S_{\mathrm{f}} - S_{\mathrm{i}}$ を用いれば，

$$\Delta G = \Delta H - T\Delta S \tag{4.36}$$

となる．式(4.1)の反応の自発的に進む方向が，正反応か逆反応かは，ギブズエネルギー変化の符号によって決まる．負（$\Delta G < 0$）であれば正反応，正（$\Delta G > 0$）なら逆方向である．0（$\Delta G = 0$）ならどちらの方向にも進まず，そのままの状態に留まるので平衡状態である．上で述べたように，Hはエネルギーの寄与，Sは乱雑さの寄与である．具体的には，Hは反応熱に，Sは反応前後でのイオンや分子の数の増減に関する量とみなせば理解しやすい．定圧下での発熱反応では，系のエネルギーが減少するのでΔHは負で，このΔHが反応熱として放出される．逆に吸熱反応では，系のエネルギーが増加するのでΔHは正であり，反応は熱の吸収をともなう．反応前後でイオンや分子が増えれば，ΔSは正，減れば負である．式(4.36)から明らかなように，ΔHが負で，ΔSが正なら，ΔGは負となり，反応は自発的に正反応となる．すなわち，発熱反応で反応後分子やイオンの数が増える反応は左辺から右辺に自発的に進む．ΔHとΔSの組合せはさまざまであるが，自発的に正反応へ進むがどうかはΔGの符号によることを強調しておこう．

4.3.1　平衡定数とギブズエネルギー

式(4.1)の反応において，系 i（aA + bB）と系 f（cC + dD）のギブズエネルギーG_iとG_fはA，B，C，Dの化学ポテンシャルを用いて，次式のように表すことができる．

$$\begin{aligned} G_\mathrm{i} &= a\mu_\mathrm{A} + b\mu_\mathrm{B} \\ &= a(\mu_\mathrm{A}^\circ + RT\ln a_\mathrm{A}) + b(\mu_\mathrm{B}^\circ + RT\ln a_\mathrm{B}) \\ &= (a\mu_\mathrm{A}^\circ + b\mu_\mathrm{B}^\circ) + RT\ln({a_\mathrm{A}}^a {a_\mathrm{B}}^b) \end{aligned}$$

$$G_\mathrm{f} = (c\mu_\mathrm{C}^\circ + d\mu_\mathrm{D}^\circ) + RT\ln({a_\mathrm{C}}^c {a_\mathrm{D}}^d) \tag{4.37}$$

式(4.35)より，

$$\begin{aligned} \Delta G &= G_\mathrm{f} - G_\mathrm{i} \\ &= \left\{(c\mu_\mathrm{C}^\circ + d\mu_\mathrm{D}^\circ) + RT\ln({a_\mathrm{C}}^c {a_\mathrm{D}}^d)\right\} - \left\{(a\mu_\mathrm{A}^\circ + b\mu_\mathrm{B}^\circ) + RT\ln({a_\mathrm{A}}^a {a_\mathrm{B}}^b)\right\} \end{aligned}$$

$$= \left\{(c\mu_C^\circ + d\mu_D^\circ) - (a\mu_A^\circ + b\mu_B^\circ)\right\} + \left\{RT\ln(a_C{}^c a_D{}^d) - RT\ln(a_A{}^a a_B{}^b)\right\}$$
$$= \Delta G^\circ + RT\ln\frac{a_C{}^c a_D{}^d}{a_A{}^a a_B{}^b} \qquad (4.38)$$

である．ここで，ΔG° は，標準ギブズエネルギー変化である．平衡では，$\Delta G = 0$ であるから，式(4.38)より，

$$\Delta G^\circ = -RT\ln\frac{(a_C)_{eq}^c (a_D)_{eq}^d}{(a_A)_{eq}^a (a_B)_{eq}^b} \qquad (4.39)$$

また，式(4.7)より，熱力学的平衡定数は活量によって，

$$K_{eq}^\circ = \frac{(a_C)_{eq}^c (a_D)_{eq}^d}{(a_A)_{eq}^a (a_B)_{eq}^b}$$

と表せるので，

$$\Delta G^\circ = -RT\ln K_{eq}^\circ \qquad (4.40)$$

あるいは，

$$K_{eq}^\circ = e^{-\frac{\Delta G^\circ}{RT}} = \exp\left(-\frac{\Delta G^\circ}{RT}\right) \qquad (4.41)$$

の関係式が得られる．平衡定数がわかれば反応の標準ギブズエネルギー変化が求められる．反対に標準ギブズエネルギー変化がわかれば平衡定数を計算できることがわかる．

例題4.5　可逆な化学反応 $A_2B \rightleftarrows 2A^+ + B^{2-}$ の濃度平衡定数と熱力学的平衡定数の関係を導け．

解答

濃度平衡定数は

$$K_{eq} = \frac{[A^+]^2 \times [B^{2-}]}{[A_2B]}$$

である．一方，熱力学的平衡定数から，

$$K^\circ_{eq} = \frac{(a_{A^+})^2(a_{B^{2-}})}{a_{A_2B}} = \frac{(\gamma_{A^+}[A^+])^2(\gamma_{B^{2-}}[B^{2-}])}{\gamma_{A_2B}[A_2B]} = \frac{\gamma_{A^+}{}^2 \times \gamma_{B^{2-}}}{\gamma_{A_2B}} \times \frac{[A^+]^2[B^{2-}]}{[A_2B]}$$

$$= \frac{\gamma_{A^+}{}^2 \times \gamma_{B^{2-}}}{\gamma_{A_2B}} \times K_{eq}$$

電気的に中性な分子 A_2B の活量係数は 1 であるため,

$$K^\circ_{eq} = \gamma_{A^+}{}^2 \times \gamma_{B^{2-}} \times K_{eq}$$

となる．この式から，イオン強度が 0 mol L^{-1}のとき，A^+や B^{2-}の活量係数が 1 となり，熱力学的平衡定数と濃度平衡定数の値が等しくなることがわかる．

例題4. 6　酢酸は水溶液中で酢酸イオンと水素イオンに解離する．その熱力学的解離定数 K°_{eq}は25℃において，1.75×10^{-5}である．(a) 無限希釈，すなわち，イオン強度 0 mol L^{-1}のときと，イオン強度が0.10 mol L^{-1}のときの濃度平衡定数 K_{eq} を求めよ．(b) 酢酸の濃度が1.00×10^{-4} mol L^{-1}のとき，無限希釈のときとイオン強度が0.10 mol L^{-1}のときの酢酸の解離度を求めよ．

解答

(a) 酢酸の解離平衡は，$CH_3COOH \rightleftarrows H^+ + CH_3COO^-$で表される．また，

$$K_{eq} = \frac{[H^+] \times [CH_3COO^-]}{[CH_3COOH]}$$

$$K^\circ_{eq} = \frac{a_{H^+} \times a_{CH_3COO^-}}{a_{CH_3COOH}} = \frac{\gamma_{H^+} \times \gamma_{CH_3COO^-}}{\gamma_{CH_3COOH}} \times \frac{[H^+] \times [CH_3COO^-]}{[CH_3COOH]}$$

酢酸は電気的に中性分子であり，活量係数が 1 であることを考慮すると，

$$K^\circ_{eq} = \gamma_{H^+} \times \gamma_{CH_3COO^-} \times K_{eq}$$

となる．無限希釈では熱力学的平衡定数と濃度平衡定数は等しいので，

$$K_{eq} = 1.75 \times 10^{-5}\ \mathrm{mol\ L^{-1}}$$

となる．一方，イオン強度が0.10 mol L^{-1}のとき，$a_{H^+} = 9$ Å（表4. 1を参照）とすると，

$$\log \gamma_{H^+} = -\frac{0.51 \times (+1)^2\sqrt{0.10}}{1 + 0.33 \times 9 \times \sqrt{0.10}} = -0.0832$$

したがって，$\gamma_{H^+} = 0.826$である．酢酸イオンの活量係数も $a_{CH_3COO^-} = 4.5$Å とすると，

$$\log \gamma_{CH_3COO^-} = -\frac{0.51 \times (-1)^2\sqrt{0.10}}{1 + 0.33 \times 4.5 \times \sqrt{0.10}} = -0.110$$

したがって，$\gamma_{CH_3COO^-} = 0.776$

$$K_{eq} = \frac{K^{\circ}_{eq}}{\gamma_{H^+} \times \gamma_{CH_3COO^-}}$$

$$K_{eq} = \frac{K^{\circ}_{eq}}{\gamma_{H^+} \times \gamma_{CH_3COO^-}} = \frac{1.75 \times 10^{-5}}{0.826 \times 0.776} = 2.7_3 \times 10^{-5}\ \mathrm{mol\ L^{-1}}$$

である．この濃度平衡定数は無限希釈のときの$1.75\times10^{-5}\ \mathrm{mol\ L^{-1}}$より大きい．これは，解離に無関係な電解質を加えてイオン強度を高くすると，弱酸の解離がより進むことを意味する．

(b) 無限希釈では，解離した酢酸の濃度を$x(\mathrm{mol\ L^{-1}})$とすると，

$$K_{eq} = \frac{[H^+] \times [CH_3COO^-]}{[CH_3COOH]} = \frac{x \times x}{(1.00 \times 10^{-4} - x)} = 1.75 \times 10^{-5}\ \mathrm{mol\ L^{-1}}$$

より，$[H^+] = [CH_3COO^-] = 3.40 \times 10^{-5}\ \mathrm{mol\ L^{-1}}$が求まる．

したがって，酢酸の電離度αは，

$$\alpha = \frac{3.40 \times 10^{-5}\ \mathrm{mol\ L^{-1}}}{1.00 \times 10^{-4}\ \mathrm{mol\ L^{-1}}} = 0.340 = 34.0\%$$

となる．一方，イオン強度が$0.10\ \mathrm{mol\ L^{-1}}$のときは，

$$K_{eq} = \frac{[H^+] \times [CH_3COO^-]}{[CH_3COOH]} = \frac{x \times x}{(1.00 \times 10^{-4} - x)} = 2.73 \times 10^{-5}\ \mathrm{mol\ L^{-1}}$$

より，$[H^+] = [CH_3COO^-] = 4.04 \times 10^{-5}\ \mathrm{mol\ L^{-1}}$が求まる．

したがって，酢酸の電離度αは，

$$\alpha = \frac{4.04 \times 10^{-5}\ \mathrm{mol\ L^{-1}}}{1.00 \times 10^{-4}\ \mathrm{mol\ L^{-1}}} = 0.404 = 40.4\%$$

となり，確かにイオン強度が高いとき，酢酸の解離がより進む．

4.3.2　ルシャトリエの法則

ルシャトリエの法則は，化学反応が平衡にあるとき，温度や圧力あるいは反応に関わる物質の量を変化させると，反応が，正反応か逆反応のどちらに進むかを教えてくれる．反応がどう進むか．それは，その変化を打ち消す方向に反応が進むのである．

まず，温度の効果を考えよう．平衡定数が温度の関数であることは式(4.40)や(4.41)から明らかである．もう少し詳しく考えてみよう．式(4.40)を変形して，式(4.36)を適用すれば，

$$R \ln K_{\mathrm{eq}}^{\circ} = -\frac{\Delta H^{\circ}}{T} + \Delta S^{\circ} \tag{4.42}$$

が得られる．この式は，反応が発熱反応（$\Delta H^{\circ} < 0$）のとき，温度を低くすれば，平衡定数は大きくなることを意味する．つまり，反応は正反応へ進みやすくなる．同様に考えれば，反応が吸熱反応（$\Delta H^{\circ} > 0$）であれば，温度を高くすれば，反応は正反応に進みやすくなる．次に圧力の効果であるが，特別な場合を除いて，溶液中の反応ではあまり圧力の変化はない．我々の住む地上は約１気圧（1013 hPa）でほぼ一定しているからである．気相の反応では，圧力を上げると反応は圧力を減らす方向，すなわち，反応において分子の数が減る方向に進み，反対に圧力を下げると，反応は分子の数は増える方向に進む．反応に関わる物質の増減では，平衡定数には変化はないが，物質を増やせば，それを減らす方向に反応は進み，減らせば増やす方向に進む．例えば，アンモニアの水中での加水分解反応

$$NH_3 + H_2O \rightleftharpoons NH_4^+ + OH^-$$

では，酸を加えて水酸化物イオンの濃度を減らすと反応は正反応に進み，反対に，塩基を加えて水酸化物イオンの濃度を増やすと，化学反応は逆反応に進んでアンモニアが発生する．このように，ルシャトリエの法則は反応が外界からの影響によって，系がどちらに動くかをおおよそ知るために都合のよい法則である．

Column 4.2

ルシャトリエの法則

ルシャトリエの法則は1884年フランスの化学者アンリ・ルシャトリエ（Henry Louis Le Chatelier）によって提案された．私の学生時代，ルシャトリエの法則は「暖簾（のれん）に腕押し」と覚えておくとよいといわれた．なるほど，この法則をうまく言い当てた言葉で，暖簾を腕で押すと，暖簾は腕の力をかわしてしまう．この法則は物理現象にも適用できる．電磁誘導でコイルに磁石を突っ込むと磁界を打ち消すようにコイルに電流が流れる．生物界でこの法則が成り立つかどうか知らないが，人の社会ではこの法則が当てはまることがある．押せば引く，引けば押す．相手が主張してきたときにはそれを聞き，反対に相手が聞いてくれるなら主張する．こんなにうまく行けばいいのだが….社会のバランスをうまくとるためにも「暖簾に腕押し」のルシャトリエの法則は有効かもしれない．

4.3.3 化学平衡の種類

本書で取り扱う代表的な化学平衡の種類と平衡定数を濃度平衡定数としてまとめておこう．他にも吸着，イオン交換など，多くの平衡がある．溶液は水溶液を念頭に置いているが，化学平衡には均一反応に関するものと不均一反応に関するものがある．酸塩基解離平衡，錯生成平衡，酸化還元平衡は均一反応を，溶解平衡や分配平衡は，不均一反応を伴う．実際の溶液ではこれらの化学平衡が複雑に組み合わさって平衡状態にあると考えてよい．

近年，環境中の水，例えば，河川水，湖沼水，海水，工場廃水などの水質が問題となることが多い．ともすれば，それらの水に含まれる汚染物質の濃度だけが注目されるが，環境中の水に対する本当の理解は，ここに示すような化学平衡や反応速度を通して考えなければならない．

1）酸塩基解離平衡

$HA \rightleftharpoons H^+ + A^-$　　$K_a = [H^+][A^-]/[HA]$

（K_a は酸解離定数）

$BOH \rightleftharpoons B^+ + OH^-$　　$K_b = [B^+][OH^-]/[BOH]$

〔K_b は塩基解離定数（加水分解定数，K_h ということもある）〕

2）溶解平衡（K_{sp} は溶解度積）

$M_aA_b(s) \rightleftharpoons aM^{m+} + bA^{n-}$　　$K_{sp} = [M^{m+}]^a[A^{n-}]^b$

3）錯生成平衡（K_f は生成定数または安定度定数）

$M^{n+} + aL^{b-} \rightleftharpoons ML_a^{(n-ab)}$　　$K_f = [ML_a^{(n-ab)}]/[M^{n+}][L^{b-}]^a$

4）酸化・還元平衡

$A_{red} + B_{ox} \rightleftharpoons A_{ox} + B_{red}$　　$K_{eq} = [A_{ox}][B_{red}]/[A_{red}][B_{ox}]$

※酸化還元平衡の平衡定数には特別な名称はない．第7章で述べるように，平衡定数は標準電極電位として扱われる．

5）分配平衡（K_D は分配定数）

$A_{aq} \rightleftharpoons A_{org}$　　$K_D = [A]_{org}/[A]_{aq}$

※下付きの aq は aqueous phase（水相），org は organic phase（有機相）を示す．

章末問題

4-1 次の水溶液のイオン強度を求めよ．

(a) 0.30 mol L^{-1} NaCl　(b) 0.40 mol L^{-1} $MgCl_2$

(c) 0.30 mol L^{-1} NaCl ＋ 0.20 mol L^{-1} K_2SO_4

(d) 0.20 mol L^{-1} $Al_2(SO_4)_3$ + 0.10 mol L^{-1} Na_2SO_4　(e) 0.40 mol L^{-1} $K_2Cr_2O_7$

4-2 式(4.31)を用いてナトリウムイオンに対する $-\log \gamma_{Na^+}$ と $\sqrt{I}$ の関係を図示し，その図から何がいえるか考察せよ．イオンサイズパラメーターは表4.1の値を使うこと．

4-3 0.00200 mol L^{-1} NaCl水溶液中のナトリウムイオンと塩化物イオンの活量係数を求めよ．

4-4 0.0040 mol L^{-1} NaCl と 0.0010 mol L^{-1} K_2SO_4を含む水溶液中の各イオンの活量係数を求めよ．

4-5 0.0030 mol L^{-1} KNO_3水溶液中の硝酸イオンの活量と活量係数を求めよ．

4-6 2.0×10^{-3} mol L^{-1}安息香酸の水溶液のpHは次の条件においていくらか．

i) 水溶液に安息香酸以外の電解質が含まれていないとき

ii) 水溶液に0.050 mol L^{-1}の K_2SO_4が含まれるとき

4-7 次の化学平衡に対する濃度平衡定数 K_{eq} と熱力学的平衡定数 K°_{eq}を記し，両者の関係式を示せ．

i) $NH_3 + H_2O \rightleftharpoons NH_4^+ + OH^-$（ただし，水の活量は1とする）

ii) $MnO_4^- + 5\,Fe^{2+} + 8\,H^+ \rightleftharpoons Mn^{2+} + 5\,Fe^{3+} + 4\,H_2O$

iii) AgCl（固体）$\rightleftharpoons Ag^+ + Cl^-$（ただし，固体の活量は1とする）

4-8 $A + B \rightleftharpoons C + D$の可逆な化学反応の濃度平衡定数は10である．1.0 Lの容器中にAを0.30 molとBを0.60 mol加えて反応させたとき，平衡時でのA，B，C，Dの濃度を求めよ．また，平衡定数が1.0×10^6であった場合はどうか．

4-9 $A + B \rightleftharpoons 2\,C$の可逆な化学反応の濃度平衡定数は$3.0 \times 10^5$である．1.0 Lの容器中にAを0.40 molとBを0.20 mol加えて反応させたとき，平衡時でのA，B，Cの濃度を求めよ．

4-10 AgCl（固体）$\rightleftharpoons Ag^+ + Cl^-$の熱力学的溶解度積は，25℃においてイオン強度が0 mol L^{-1}のとき，1.0×10^{-10}である．イオン強度が0.010 mol L^{-1}での熱力学的溶解度積はいくらか．また，イオン強度が0 mol L^{-1}と0.010 mol L^{-1}での濃度溶解度積を求め，熱力学溶解度積と比べよ．

Basics of Analytical Chemistry

第5章

酸塩基平衡とpH滴定

酸と塩基は古くからよく研究され，現代では，化学をはじめ物質に関するあらゆる分野で必須の基本概念となっている．実際，本章で学ぶ酸塩基平衡は，後の章で学ぶ錯形成，酸化還元，沈殿，分配，吸着などすべての溶液内化学平衡に含まれる．本章では，酸・塩基・塩溶液の pH 計算の理論を通じて，水溶液中の化学平衡の基本的な取り扱い方を修得しよう．さらに，pH 緩衝作用のしくみを学び，滴定中の pH 変化と終点決定の原理を理解するとともに，pH 滴定の具体的な応用と，化学分析におけるその重要性を学んでほしい．

5.1　酸と塩基

酸（acid）と**塩基**（base）は一つの物質群で，エジプトが栄えた昔から知られている．現代においてよく使われる酸と塩基の概念を以下に示そう．

i ）**アレニウスの概念**（1884年）　「酸は水溶液中で電離して水素イオン（H^+）を与える物質で，塩基は水酸化物イオン（OH^-）を与える物質」とする．この概念では水溶液中での酸塩基を説明することはできたが，塩基であるアンモニアが直接には水酸化物イオンを与えない矛盾や，水以外の溶媒中での酸塩基反応をうまく説明できなかった．

ii ）**ブレンステッド-ローリーの概念**（1923年）　「酸は水素イオン（プロトン）を与える物質（プロトン供与体），塩基は水素イオンを受け取る物質（プロトン受容体）」と考える．この概念は，現在，最も広く用いられている．水素イオンは，水中ではオキソニウムイオン H_3O^+ として存在するので，例え

ば HCl は，

$$\underset{\text{酸1}}{HCl} + \underset{\text{塩基2}}{H_2O} \rightleftharpoons \underset{\text{酸2}}{H_3O^+} + \underset{\text{塩基1}}{Cl^-} \tag{5.1}$$

のように，H_2O と反応して H_3O^+ と Cl^- に解離する．したがって，プロトンは HCl（酸1）から H_2O（塩基2）に供与されている．また，逆反応を考えると，プロトンは H_3O^+（酸2）から Cl^-（塩基1）に供与されている．酸1と塩基1，酸2と塩基2は，それぞれ共役の関係にあり，これらを**共役酸塩基対**とよぶ．

NH_3 の場合には，次のように H_2O と反応して OH^- と NH_4^+ を生じる．

$$\underset{\text{塩基1}}{NH_3} + \underset{\text{酸2}}{H_2O} \rightleftharpoons \underset{\text{塩基2}}{OH^-} + \underset{\text{酸1}}{NH_4^+} \tag{5.2}$$

プロトンは H_2O（酸2）から NH_3（塩基1），および NH_4^+（酸1）から OH^-（塩基2）に供与されている．このように溶媒である水は，相手によって酸，塩基のいずれにもなれる．

iii）**ルイスの概念**（1923年）　「酸は非共有電子対（孤立電子対）を受け取る物質（電子対受容体）で，塩基は非共有電子対を与える物質（電子対供与体）である」とする（1.3.1項も参照）．非共有電子対とは，共有結合に関与しない電子対である．下の電子式(5.3)，(5.4)を見ればわかるように，酸素原子には二つの，窒素原子には一つの非共有電子対がある．このような原子を含む物質はルイス塩基となることができる．例えば，下記の反応では，水素イオンは酸，水やアンモニアは塩基と考えられる．

$$H^+ + :\ddot{O}H_2 \rightleftharpoons H:\ddot{O}H_2^+ \tag{5.3}$$

$$H^+ + :NH_3 \rightleftharpoons H:NH_3^+ \tag{5.4}$$

他に，非共有電子対をもつ化合物 OH^-，CH_3OH などはルイス塩基とみなせる．また，多くの金属イオンはルイス酸であり，BF_3，$AlCl_3$ などの非共有電子対を受け取ることができる化合物もルイス酸である．

5.2　溶媒の自己解離と水平化効果

水のように，溶媒分子がブレンステッド－ローリーの酸と塩基の両方の性質をもつとき，溶媒分子自身が互いに水素イオンを取り合って，酸と塩基を生成する．これを**自己解離**（autoprotolysis）という．例えば水の場合は，

$$\underset{\text{酸 1}}{H_2O} + \underset{\text{塩基 2}}{H_2O} \rightleftharpoons \underset{\text{酸 2}}{H_3O^+} + \underset{\text{塩基 1}}{OH^-} \tag{5.5}$$

となる．同様に，液体アンモニアやエタノールでは，

$$2\,NH_3 \rightleftharpoons NH_4^+ + NH_2^- \tag{5.6}$$

$$2\,C_2H_5OH \rightleftharpoons C_2H_5OH_2^+ + C_2H_5O^- \tag{5.7}$$

と書ける．この反応を一般的に表すと，溶媒分子を Hsol で表して

$$2\,Hsol \rightleftharpoons H_2sol^+ + sol^- \tag{5.8}$$

と書ける．つまり，溶媒中で最も強い酸はプロトン化した溶媒分子 H_2sol^+ であり，最も強い塩基は水素イオンを失った溶媒分子 sol^- となる．なぜなら，もし，H_2sol^+ よりも強い酸 HX が共存すれば，HX は溶媒分子に水素イオンを与えて塩基 X^- となり，もはや HX は存在しないからである．同様に，もし，sol^- より強い塩基が共存すれば，その塩基は溶媒分子から水素イオンを奪う，あるいは，溶媒から水素イオンを与えられる．この効果を**水平化効果**（leveling effect）という．塩化水素，硝酸，過塩素酸はすべて，水中では水分子に水素イオンを与えて，どの酸も同じ強さの強酸となる．

一方，水より強い酸を溶媒として用いると，水平化効果によって水中では強さの区別が付かない酸の強さを比較できる．例えば氷酢酸（水をほとんど含まない酢酸）を溶媒にすると，過塩素酸は酢酸分子にプロトンを与え，氷酢酸中で最も強い酸である $CH_3COOH_2^+$ を生成するが，塩化水素は一部しか解離しない．つまり，水中では塩酸も過塩素酸も強酸として振る舞うが，氷酢酸中では過塩素酸は強酸，塩化水素は弱酸として振る舞う．このため，酸（プロトン供与体）としては，過塩素酸の方が塩酸より強いといえる．同様に液体アンモニアを溶媒として用いれば，強塩基の強さを区別することができる．氷酢酸や液体アンモニアのような溶媒を**示差溶媒**という．

5.2.1　水の自己解離

上で述べたように，水は，わずかではあるが解離する．

$$H_2O \rightleftharpoons H^+ + OH^- \tag{5.9}$$

$$（あるいは\quad 2H_2O \rightleftharpoons H_3O^+ + OH^-） \tag{5.10}$$

この自己解離反応の濃度平衡定数は，水のイオン積 K_w とよばれ，

$$K_w = [H^+][OH^-] \tag{5.11}$$

で表す．水のイオン積 K_w を $K_w = ([H^+][OH^-]) / [H_2O]$ と記したい読者もいるかもしれないが，通常，解離する水素イオンや水酸化物イオンの濃度に比べて水の濃度は高く（約55.5 mol L^{-1}），一定と考えてもよい．したがって水を純溶媒として取り扱い，活量を1として，式(5.11)のように表す(活量については4.2節を参照)．

水のイオン積の値は，温度に依存する．1気圧（1013 hPa）でイオン強度が0 mol L^{-1}において，0℃では 0.114×10^{-14}，25℃では 1.008×10^{-14}，37℃では 2.5×10^{-14}，50℃では 5.476×10^{-14} $(\text{mol L}^{-1})^2$である．

例題5.1　濃度が0.0100 mol L^{-1}の塩酸中の水酸化物イオンの濃度はいくらか．気圧は1気圧，温度は25℃とする．

補足　今後，特に断らない限り，気圧は1気圧（1013 hPa），温度は25℃とする．

解答

$[H^+] = 0.0100$ mol L^{-1}であるから，

$$[OH^-] = \frac{K_w}{(0.0100\ \text{mol L}^{-1})} = 1.01 \times 10^{-12}\ \text{mol L}^{-1}$$

である．

5.3　水溶液中の酸塩基平衡

5.3.1　酸の解離平衡

水溶液中での酸（HA）の解離反応は次式で表される．

$$HA \rightleftharpoons H^+ + A^- \tag{5.12}$$

あるいは，$HA + H_2O \rightleftharpoons H_3O^+ + A^-$ (5.13)

したがって，式(5.12)および(5.13)に対する濃度平衡定数は次式で定義される．

$$K_a = \frac{[H^+][A^-]}{[HA]} \tag{5.14}$$

K_a は**酸解離定数**とよばれる重要な定数である．水中で完全に解離する強酸は K_a が非常に大きく，水中で完全には解離しない弱酸は K_a が小さい．代表的な強酸としては，塩酸（HCl），過塩素酸（$HClO_4$），硫酸（H_2SO_4）[*1]，硝酸（HNO_3）がある．弱酸は有機酸を含め無数にあるが，その一部を巻末の付表1に示す．

例題5.2 電気化学ポテンシャルを用いて，式(5.12)の酸解離反応に対する熱力学的平衡定数と標準ギブズエネルギー変化の関係を示せ．

解答

左辺の電気化学ポテンシャル $\tilde{\mu}_{左辺}$ は，

$$\tilde{\mu}_{左辺} = \tilde{\mu}_{HA} = \mu_{HA} = \mu^\circ_{HA} + RT\ln a_{HA}$$

右辺の電気化学ポテンシャル $\tilde{\mu}_{右辺}$ は，

$$\begin{aligned}\tilde{\mu}_{右辺} &= \tilde{\mu}_{H^+} + \tilde{\mu}_{A^-}\\ &= (\mu^\circ_{H^+} + RT\ln a_{H^+} + F\phi_s) + (\mu^\circ_{A^-} + RT\ln a_{A^-} - F\phi_s)\\ &= (\mu^\circ_{H^+} + \mu^\circ_{A^-}) + RT\ln(a_{H^+}a_{A^-})\end{aligned}$$

解答のコツ　ϕ_s は溶液中の内部電位である．酸塩基反応は同じ溶液中で起きるため，内部電位を含む項が消えることに注意すること．

平衡では $\tilde{\mu}_{左辺} = \tilde{\mu}_{右辺}$ であるので，

$$\mu^\circ_{HA} + RT\ln(a_{HA})_{eq} = (\mu^\circ_{H^+} + \mu^\circ_{A^-}) + RT\ln\left\{(a_{H^+})_{eq}(a_{A^-})_{eq}\right\}$$

$$\begin{aligned}\mu^\circ_{HA} - (\mu^\circ_{H^+} + \mu^\circ_{A^-}) &= RT\ln\left\{(a_{H^+})_{eq}(a_{A^-})_{eq}\right\} - RT\ln(a_{HA})_{eq}\\ &= RT\ln\frac{(a_{H^+})_{eq}\,(a_{A^-})_{eq}}{(a_{HA})_{eq}}\end{aligned}$$

*1　硫酸は一つ目の水素イオンの解離に関しては強酸であるが，二つ目の水素イオンの解離では弱酸として作用する．

$$\ln K_a^\circ = \ln\frac{(a_{H^+})_{eq}\,(a_{A^-})_{eq}}{(a_{HA})_{eq}} = \frac{\mu_{HA}^\circ - (\mu_{H^+}^\circ + \mu_{A^-}^\circ)}{RT} = -\frac{\Delta G^\circ}{RT}$$

すなわち，

$$K_a^\circ = \frac{(a_{H^+})_{eq}\,(a_{A^-})_{eq}}{(a_{HA})_{eq}} = \exp\left(-\frac{\Delta G^\circ}{RT}\right)$$

となる．

この関係は，第4章の式(4.41)が示す熱力学的平衡定数と標準ギブズエネルギー変化の関係と同様であることを確かめよ．

5.3.2　塩基の解離平衡

強塩基としては水酸化ナトリウム（NaOH）や水酸化カリウム（KOH）があり，水中では完全に解離する．

次に代表的な弱塩基であるアンモニアの解離平衡について考えてみよう．

$$NH_3 + H_2O \rightleftharpoons NH_4^+ + OH^- \tag{5.15}$$

この平衡の濃度平衡定数は，塩基解離定数 K_b とよばれる（加水分解定数 K_H ともいう）．

$$K_b = \frac{[NH_4^+][OH^-]}{[NH_3]} \tag{5.16}$$

水のイオン積 K_w を用いて書き直すと，

$$K_b = \frac{[NH_4^+]\,K_w}{[NH_3][H^+]} \tag{5.17}$$

となる．この式の$[NH_4^+/([NH_3][H^+])$に注目すると，これはアンモニアの共役酸であるアンモニウムイオンの酸解離定数 K_a の逆数である．アンモニウムイオンの解離反応，$NH_4^+ \rightleftharpoons H^+ + NH_3$を見れば，このことが理解できるであろう．したがって，式(5.17)は，

$$K_b = \frac{[NH_4^+]\,K_w}{[NH_3][H^+]} = \frac{K_w}{K_a} \tag{5.18}$$

となる．一般に共役関係にある酸と塩基の解離定数には

$$K_a \times K_b = K_w \qquad (5.19)$$

の関係がある．

例題5.3　アニリニウムイオン（$C_6H_5NH_3^+$）の酸解離定数 K_a を求めよ．

解答

アニリニウムイオンの共役塩基はアニリンである．アニリンの塩基解離定数 K_b は付表2より，4.0×10^{-10} mol L^{-1}であるから，

$$K_a = \frac{[H^+][C_6H_5NH_2]}{[C_6H_5NH_3^+]} = \frac{1.0 \times 10^{-14}\ (\text{mol L}^{-1})^2}{4.0 \times 10^{-10}\ \text{mol L}^{-1}}$$

$$= 2.5 \times 10^{-5}\ \text{mol L}^{-1}$$

5.4 pH

5.4.1 pH の定義

水素イオン濃度の指標として，pH（ピーエイチ）がよく使われる．pH は，1909 年にセーレンセン（S. Sørensen）によって

$$\text{pH} = -\log([H^+]/c^\circ) \quad (c^\circ = 1\ \text{mol L}^{-1}) \qquad (5.20)$$

と定義されたが，現在は，水素イオンの活量を用いて，

$$\text{pH} = -\log a_{H^+} \qquad (5.21)$$

と表す．イオン強度が小さく，実質的に活量係数が 1 であるとき，活量と濃度の値は一致するため，pH は式(5.20)で計算できる．pOH も同様に，

$$\text{pOH} = -\log([OH^-]/c^\circ) \qquad (5.22)$$

活量を用いれば，

$$\text{pOH} = -\log a_{OH^-} \qquad (5.23)$$

と定義される．式(5.11)，(5.20)，(5.22)より，

$$\mathrm{p}K_\mathrm{w} = \mathrm{pH} + \mathrm{pOH} \tag{5.24}$$

であり，25℃では，$\mathrm{p}K_\mathrm{w} = 14.0$である．

例題5.4　次の水溶液のpHとpOHを求めよ．(a) 純水，(b) 1.0×10^{-4} mol L^{-1}の塩酸，(c) 1.0×10^{-2} mol L^{-1}の硝酸．ただし $K_\mathrm{w} = 1.0 \times 10^{-14}$ (mol L^{-1})^{2}とする．

解答

(a) 純水中では $[\mathrm{H}^+] = [\mathrm{OH}^-] = 1.0 \times 10^{-7}$ mol L^{-1}である．

したがって pH = pOH = 7.00である．

(b) 塩酸は強酸で完全に解離するため，$[\mathrm{H}^+] = 1.0 \times 10^{-4}$ mol L^{-1}，$[\mathrm{OH}^-] = 1.0 \times 10^{-10}$ mol L^{-1}である．イオン強度も 0 mol L^{-1}と近似してよい．

したがって，pH = 4.00，pOH = 10.00である．

(c) $[\mathrm{H}^+] = 1.0 \times 10^{-2}$ mol L^{-1}，$[\mathrm{OH}^-] = 1.0 \times 10^{-12}$ mol L^{-1}より，pH = 2.00, pOH = 12.00である．

補足　(c) の問題について，基本的には上記の値でよい．しかし，pHやpOHの定義として式(5.21)や(5.23)を用いるときは，下記のように活量係数γを求める必要がある．

イオン強度Iは1.0×10^{-2} mol L^{-1}であるため，第4章の式(4.31)を用いると，

$$\log\gamma_{\mathrm{H}^+} = -\frac{0.51 \times (+1)^2\sqrt{0.01}}{1 + 0.33 \times 9 \times \sqrt{0.01}} = -0.0393,\quad \gamma_{\mathrm{H}^+} = 0.913 \text{より，}$$

$$\mathrm{pH} = -\log(0.913 \times 0.01) = 2.04$$

OH^-に対しては，

$$\log\gamma_{\mathrm{OH}^-} = -\frac{0.51 \times (-1)^2\sqrt{0.01}}{1 + 0.33 \times 3.5 \times \sqrt{0.01}} = -0.0457,\quad \gamma_{\mathrm{OH}^-} = 0.900 \text{より，}$$

$$\mathrm{pOH} = -\log(0.900 \times 1.00 \times 10^{-12}) = 12.05$$

問題の$I = 1.00 \times 10^{-2}$ mol L^{-1}程度では，活量係数を考慮してもそれほど大きな違いはない．実際，小数点以下2桁目までのpHを正確に測ることは簡単なことではない．

例題5.5　0.100 mol L^{-1}の酢酸水溶液のpHを求めよ．酢酸の酸解離定数$K_\mathrm{a} = 1.75 \times 10^{-5}$ mol L^{-1}とする．

解答 1

酢酸（HOAc）の酸解離反応は，HOAc $\rightleftarrows$ H^+ + OAc^-と書ける．まず，混合直後，酢酸が解離反応を起していない状態（仕込み状態）と，酢酸の解離反応が平衡になった状態のそれぞれにおける溶液中の化学種の濃度を書きだしてみる（水の自己解離は無視する）．

	HOAc	H^+	OAc^-
仕込み濃度（$mol\ L^{-1}$）	0.100	0	0
平衡濃度（$mol\ L^{-1}$）	$0.100 - x$	x	x

$$K_a = \frac{[H^+][OAc^-]}{[HOAc]} = \frac{x \times x}{(0.100 - x)} = 1.75 \times 10^{-5}\ mol\ L^{-1} \text{より，}$$

$x = 1.31 \times 10^{-3}\ mol\ L^{-1}$，したがって，$pH = -\log(1.31 \times 10^{-3}) = 2.88$

上記の解法では二次方程式を解いたが，酸解離定数が小さいので$0.100 - x \approx 0.100$と近似すれば，計算はもっと簡単になる．すなわち，

$$K_a = \frac{[H^+][OAc^-]}{[HOAc]} \approx \frac{x \times x}{0.100} = 1.75 \times 10^{-5}\ mol\ L^{-1} \text{より，}$$

$x = 1.32 \times 10^{-3}\ mol\ L^{-1}$，したがって，$pH = -\log(1.32 \times 10^{-3}) = 2.88$ となり，小数2桁目まで同じ結果となる．このことから，弱酸の解離反応では，一般的に，

$$[H^+] \approx \sqrt{C_a K_a} \qquad (5.25)$$

が成り立つ．ここで，C_aは弱酸の仕込み濃度である．

次に，この問題を，酸解離定数，水のイオン積，物質収支，電荷収支を用いる方法で解いてみよう．

解答 2

まず，酢酸の解離定数は，

$$K_a = \frac{[H^+][OAc^-]}{[HOAc]} = 1.75 \times 10^{-5}\ mol\ L^{-1} \qquad (i)$$

水の解離定数（水のイオン積）は，

$$K_w = [H^+][OH^-] = 1.00 \times 10^{-14}\ (\text{mol L}^{-1})^2 \tag{ii}$$

である．次に，物質収支について考えると，

$$C_{HOAc} = [HOAc] + [OAc^-] = 0.100\ \text{mol L}^{-1} \tag{iii}$$

が成り立つ．C_{HOAc} は酢酸の仕込み濃度である．一方，電荷収支は，水の自己解離も考慮して，溶液が電気的に中性であることから，

$$[H^+] = [OAc^-] + [OH^-] \tag{iv}$$

となる．式(iii)と(iv)を式(i)に代入すると，

$$K_a = \frac{[H^+] \times ([H^+] - [OH^-])}{C_{HOAc} - [H^+] + [OH^-]}$$

となる．この式は弱酸の水素イオン濃度を算出する基本式である．式(ii)の K_w を用いると，$[H^+]$ に関する三次方程式が得られ，表計算ソフトで容易に解が得られる．三次方程式を解いて得られた解から，$[H^+] = 1.314 \times 10^{-3}\ \text{mol L}^{-1}$，$\text{pH} = 2.88$ となり，解答 1 の答えと小数 2 桁まで一致する．

また，溶液が酸性であれば，$[H^+] \gg [OH^-]$ であり，上の式は，

$$K_a = \frac{[H^+]^2}{C_{HOAc} - [H^+]}$$

と近似でき，解答 1 で用いた式と一致する．

例題5.6　0.200 mol L^{-1} のアンモニア水の pH を求めよ．アンモニアの塩基解離定数 $K_b = 1.75 \times 10^{-5}\ \text{mol L}^{-1}$ とする．

解答

アンモニアの塩基解離反応は，$NH_3 + H_2O \rightleftarrows NH_4^+ + OH^-$ である．仕込み状態と平衡状態における，溶液中の化学種の濃度を次の表に示す．

	NH_3	NH_4^+	OH^-
仕込み濃度 (mol L^{-1})	0.200	0	0
平衡濃度 (mol L^{-1})	$0.200 - x$	x	x

$$K_b = \frac{[NH_4^+][OH^-]}{[NH_3]} = \frac{x \times x}{(0.200 - x)} = 1.75 \times 10^{-5}\ \text{mol L}^{-1} \text{ より，}$$

$x = 1.86 \times 10^{-3}\ \text{mol L}^{-1}$，したがって，$\text{pOH} = -\log(1.86 \times 10^{-3}) = 2.73$

$\text{pH} = \text{p}K_w - \text{pOH} = 14.00 - 2.73 = 11.27$

こちらも塩基解離定数が小さいので，例題5.5と同様に $0.200 - x \approx 0.200$ と近似すれば，計算はより簡単になる．すなわち，

$$K_b = \frac{[NH_4^+][OH^-]}{[NH_3]} \approx \frac{x \times x}{0.200} = 1.75 \times 10^{-5}\ \mathrm{mol\ L^{-1}}$$ より，

$x = 1.87 \times 10^{-3}\ \mathrm{mol\ L^{-1}}$，したがって，$\mathrm{pOH} = -\log(1.87 \times 10^{-3}) = 2.73$ となり，小数2桁目まで同じ結果となる．このことから，弱塩基の解離反応では，一般的に，

$$[OH^-] \approx \sqrt{C_b K_b} = \sqrt{C_b \frac{K_w}{K_a}} \qquad (5.26)$$

が成り立つ．C_b は，弱塩基の仕込み濃度である．また，K_a は，弱塩基の共役酸（上の例ではアンモニウムイオン）の酸解離定数である．

5.4.2 ヘンダーソン-ハッセルバルヒの式

ヘンダーソン－ハッセルバルヒの式は，本来，弱酸とそのアルカリ金属塩の仕込み濃度から pH を求めるための近似式であるが，平衡濃度を含む酸解離定数から，同様の形の式を導くことができる[*2]．すなわち，式(5.14)の両辺の対数をとり，$\mathrm{p}K_a = -\log K_a$ とすると，

$$\mathrm{pH} = \mathrm{p}K_a + \log\frac{[A^-]}{[HA]} \qquad (5.27)$$

が導ける．この式を利用すれば，溶液の pH と弱酸の $\mathrm{p}K_a$ から，弱酸の解離の程度を簡単に見積もることができる．逆に，弱酸の解離の程度がわかれば pH を計算できるため，緩衝液の pH や滴定曲線の pH を計算するときに便利である．弱塩基Bの解離，$B + H_2O \rightleftharpoons BH^+ + OH^-$ に対する同様の式も示しておく．

$$\mathrm{pOH} = \mathrm{p}K_b + \log\frac{[BH^+]}{[B]} \qquad (5.28)$$

＊2　本来のヘンダーソン・ハッセルバルヒの式は，$\mathrm{pH} = \mathrm{p}K_a + \log\frac{C_{A^-}}{C_{HA}}$ である．

5.5　緩衝液

5.5.1　緩衝液の性質

緩衝液（buffer）は「酸や塩基の添加あるいは希釈によって，pH が大きく変化しない溶液」である．溶液中の化学反応では，水素イオンや水酸化物イオンが生成することは珍しくないため，溶液の pH を一定に保つために緩衝液が用いられる．

Column 5.1

pH メーター

pH を測定する際には pH メーターがよく用いられる．化学や生物の研究室なら，1 台や 2 台はあると思う．下図に典型的な pH メーターとガラス電極の拡大図を示す．

pH メーターは，ガラス電極と比較電極（参照電極）の電位差を測定し，これを pH 目盛に変換する機器といえる．ガラス電極の先端は，厚さが0.1mm ほどの薄い特殊なガラス膜で覆われており，この部分を試料溶液に浸すと，pH に応じてガラス膜の外側と内側に電位差が発生する．一方，比較電極はガラス電極で発生した電位差を測定するための基準となる電極である．pH は温度に依存するので，温度補正用の電極が付いている pH メーターもある．現在では，それらの電極を一つにまとめた複合電極を用いるものや，小型で野外でも使えるハンディタイプのものなど，さまざまな種類の pH メーターが市販されている．

pH メーターは，pH の標準（緩衝）液で校正してから使用する．筆者が留学していた時には，朝一番の仕事が pH メーターの校正であった．また，pH メーターで安定に測ることのできる pH は小数点以下 2 桁目までと考えておいた方がよい．最近は，塩橋部にイオン液体を用いることによって安定して小数 2 桁目まで正確に pH を測ることのできる比較電極が開発されている．

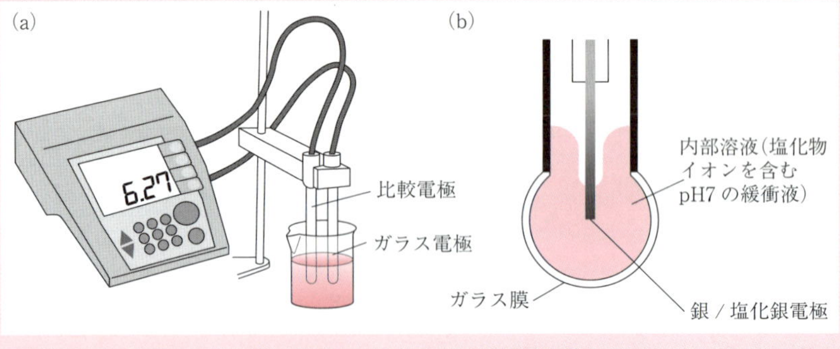

pH メーター（a）とガラス電極（b）

自然界においても緩衝液は大きな役割を果たしている．血液や海水はその代表例で，その緩衝作用はおもに炭酸水素イオン／炭酸の酸塩基平衡が担うが，しくみの詳細は複雑である．血液の pH は通常7.35～7.45である．表層の海水の pH は7.9～8.3に保たれているが，近年では，二酸化炭素による海洋酸性化が問題となっている．

緩衝液は一般に，弱酸あるいは弱塩基とその塩を含む溶液で，酸性領域（pH 3.6～5.6）での緩衝液としては酢酸／酢酸ナトリウム水溶液，アルカリ性領域（pH 8.3～10.8）ではアンモニア／塩化アンモニウム水溶液が代表的である．酢酸／酢酸ナトリウム緩衝液には，酢酸（HOAc）と酢酸イオン（OAc^-）が存在する．酢酸の解離反応は，

$$HOAc \rightleftharpoons H^+ + OAc^-$$

であるので，ここに酸を加えると，ルシャトリエの法則（4. 3. 2項を参照）により逆反応が進行し，塩基を加えれば正反応が進行する．もし，加えた酸や塩基が少量で，それらに比べて酢酸や酢酸イオンが十分過剰に存在すれば，$[OAc^-]/[HOAc]$ の比はほとんど変化しない．式（5. 27）からわかるように，比が変化しなければ，その溶液の pH もあまり変化しない．一方，緩衝液を希釈しても

表5. 1 緩衝液とその性質

名　称	緩衝領域(pH)	性質，用途など
HCl／KCl 緩衝液	1.00～1.60	
グリシン／HCl 緩衝液	2.2～3.6	
ギ酸／ギ酸ナトリウム緩衝液	2.6～4.8	
酢酸／酢酸ナトリウム緩衝液	3.6～5.6	一般
リン酸緩衝液	5.8～8.0	一般
HEPES 緩衝液	6.8～8.2	生理学，生化学
Tris／HCl 緩衝液	7.0～9.0	生理学，生化学
アンモニア／塩化アンモニウム緩衝液	8.25～10.82	一般
炭酸ナトリウム／炭酸水素ナトリウム緩衝液	9.16～10.83	
ホウ酸／NaOH 緩衝液	8.00～10.20	
ブリトン／ロビンソン緩衝液（リン酸＋酢酸＋ホウ酸＋NaOH）	2.6～12	広域緩衝液

HEPES：2-[4-(2-hydroxyethyl)-1-piperazinyl] ethanesulfonic acid]
Tris：tris(hydroxymethyl)aminomethane, THAM

［OAc^-］／［HOAc］の比にほとんど変化はなく，やはり pH は変化しない．これが緩衝液の緩衝作用のしくみである．酢酸／酢酸ナトリウム，アンモニア／塩化アンモニウム，リン酸系緩衝液のほか，生理学や臨床学の研究でよく使われる緩衝液を表5.1に示しておこう．実際は，用途に応じた緩衝液を選択することが必要である．

例題5.7　0.100 mol L^{-1}の酢酸水溶液10.0 mL と0.100 mol L^{-1}の酢酸ナトリウム水溶液10.0 mL を混合した溶液の pH を求めよ．活量係数は 1 とする．

解答 1

酢酸（HOAc）の解離反応は，$HOAc \rightleftarrows H^+ + OAc^-$なので，式(5.27)より

$$\mathrm{pH} = \mathrm{p}K_a + \log\frac{[\mathrm{OAc^-}]}{[\mathrm{HOAC}]}$$

$$= -\log(1.75 \times 10^{-5}) + \log\left(\frac{\dfrac{0.100\ \mathrm{mol\,L^{-1}} \times 0.0100\ \mathrm{L}}{0.0200\ \mathrm{L}}}{\dfrac{0.100\ \mathrm{mol\,L^{-1}} \times 0.0100\ \mathrm{L}}{0.0200\ \mathrm{L}}}\right) = 4.76$$

解答 2

この問題を酸解離定数，水のイオン積，物質収支，電荷収支をもとにして解いてみよう．まず，酸解離定数と水のイオン積は，それぞれ，

$$K_a = \frac{[\mathrm{H^+}] \times [\mathrm{OAc^-}]}{[\mathrm{HOAc}]}\ (= 1.75 \times 10^{-5}\ \mathrm{mol\,L^{-1}}) \qquad \text{(i)}$$

$$K_w = [\mathrm{H^+}] \times [\mathrm{OH^-}]\ [= 1.00 \times 10^{-14}\ (\mathrm{mol\,L^{-1}})^2] \qquad \text{(ii)}$$

緩衝液中の酢酸の濃度を C_a(= 0.0500 mol L^{-1})，酢酸ナトリウムの濃度を C_b(= 0.0500 mol L^{-1}) とすると，物質収支は，

$$C_a + C_b = [\mathrm{HOAc}] + [\mathrm{OAc^-}] \qquad \text{(iii)}$$

である．一方，電荷収支は，

$$[\mathrm{Na^+}] + [\mathrm{H^+}] = [\mathrm{OAc^-}] + [\mathrm{OH^-}] \qquad \text{(iv)}$$

である．ただし，酢酸ナトリウムは完全解離するので，［Na^+］= C_b が成り立つ．式(iii)と(iv)を式(i)に代入すると，

$$K_a = \frac{[\mathrm{H^+}] \times [\mathrm{OAc^-}]}{C_a + C_b - [\mathrm{OAc^-}]} = \frac{[\mathrm{H^+}] \times (C_b + [\mathrm{H^+}] - [\mathrm{OH^-}])}{C_a - [\mathrm{H^+}] + [\mathrm{OH^-}]} \qquad \text{(v)}$$

酸性では，［H^+］≫［OH^-］であるから，式(v)は

$$K_a = \frac{[H^+] \times (C_b + [H^+])}{C_a - [H^+]} \qquad \text{(vi)}$$

と近似できる．さらに，酢酸や酢酸ナトリウムの濃度が高ければ，

$$K_a = \frac{[H^+] \times C_b}{C_a} \qquad \text{(vii)}$$

と近似でき，

$$\mathrm{pH} = \mathrm{p}K_a + \log \frac{C_b}{C_a} \qquad \text{(viii)}$$

となる．したがって，pH ＝ 4.76

例題5.8　例題5.7の溶液に0.100 mol L^{-1}の塩酸を1.00 mL 加えたときの pH を求めよ．

解答

塩酸が解離した直後の状態を仕込み状態とよび，解離して平衡に達したときを平衡状態とよぶ．初期状態と平衡状態での各化学種の濃度は，

	HOAc	H^+	OAc^-
仕込み濃度 (mol L^{-1})	0.0476	0.00476	0.0476
平衡状態 (mol L^{-1})	≈ 0.0476 ＋ 0.00476 ＝ 0.05236	≈ 0	≈ 0.0476 － 0.00476 ＝ 0.04284

式(5.27)より，

$$\mathrm{pH} = \mathrm{p}K_a + \log\frac{[OAc^-]}{[HOAc]} = 4.76 + \log\left(\frac{0.04284\ \mathrm{mol\ L^{-1}}}{0.05236\ \mathrm{mol\ L^{-1}}}\right) = 4.67$$

もとの pH は4.76であったから，0.09だけしか pH が変化しなかったことになる．もし純水（pH7.00）20.0 mL に0.100 mol L^{-1}の塩酸を1.00 mL 加えたとすれば，pH は2.32となり，pH の変化は4.68にもなる．

5.5.2　緩衝能

1 L の緩衝液の pH を 1 変化させるのに必要な強酸や強塩基の物質量を**緩衝能** β という．微分記号を用いて表すと，

$$\beta = \frac{dC_{塩基}}{d\mathrm{pH}} = -\frac{dC_{強酸}}{d\mathrm{pH}} \qquad (5.29)$$

である．緩衝能は正の値なので，式(5.29)の最右辺のマイナス符号は，pH を下げるために必要な強酸の物質量を示している．1 L あたりの物質量であるため，C の単位はモル濃度である．今，1 L の純水に，弱酸の濃度が C_{HA} (mol L^{-1})，その塩の濃度が C_{A^-} となるように，弱酸とその塩を加える．さらに，この緩衝液に濃度が C_{H^+} となるように強酸を加えたとしてみよう．弱酸の解離反応を HA $\rightleftarrows$ H^+ + A^- として，仕込み状態と平衡状態の各化学種の濃度を表にまとめると，

	HA	H^+	A^-
仕込み濃度 (mol L^{-1})	C_{HA}	C_{H^+}	C_{A^-}
平衡状態 (mol L^{-1})	$(C_{HA} + C_{H^+} - x) \approx (C_{HA} + C_{H^+})$	$C_{H^+} - (C_{H^+} - x) = x$	$\{C_{A^-} - (C_{H^+} - x)\} = (C_{A^-} - C_{H^+} + x) \approx (C_{A^-} - C_{H^+})$

したがって，

$$K_a = \frac{x \times (C_{A^-} - C_{H^+})}{C_{HA} + C_{H^+}} \tag{5.30}$$

$$\begin{aligned} \mathrm{pH} &= -\log(x) = -\log\left\{\frac{K_a \times (C_{HA} + C_{H^+})}{(C_{A^-} - C_{H^+})}\right\} \\ &= \mathrm{p}K_a - \log\left(\frac{C_{HA} + C_{H^+}}{C_{A^-} - C_{H^+}}\right) \end{aligned} \tag{5.31}$$

このようにして，pH を強酸の濃度 C_{H^+} の関数として表すことができた．この式を C_{H^+} で微分すると，$C_{HA} \gg x$，$C_A^- \gg x$，つまり，緩衝液が十分に緩衝作用をもつ状態では，

$$|\beta| = \left| -\frac{dC_{H^+}}{d\mathrm{pH}} \right| = 2.303 \times \frac{C_{HA}\, C_{A^-}}{C_{HA} + C_{A^-}} \tag{5.32}$$

が導かれる．例えば0.1 mol L^{-1}の酢酸と0.1 mol L^{-1}の酢酸ナトリウムの緩衝液は，

$$|\beta| = 2.303 \times \frac{0.1\ \mathrm{mol\ L^{-1}} \times 0.1\ \mathrm{mol\ L^{-1}}}{0.1\ \mathrm{mol\ L^{-1}} + 0.1\ \mathrm{mol\ L^{-1}}} = 0.1\ \mathrm{mol\ L^{-1}\ pH^{-1}}$$

の緩衝能をもつ．すなわち，この緩衝液に濃度が0.1 mol $\mathrm{L^{-1}}$となるように強酸（強塩基）を加えたとき，pH が 1 変化する．式(5. 32)から，最大の緩衝能は，$C_{\mathrm{HA}} = C_{\mathrm{A^-}}$ のときであることがわかる．式(5. 27)や(5. 28)を考えると，pH が，緩衝液に用いられる弱酸の pK_{a} と等しいとき，緩衝能が最大になる．また，緩衝作用がはたらく pH 範囲は，ほぼ pK_{a} ± 1 である．

5.6　pH 滴定

5.6.1　中和滴定

巻末の付表 1 と付表 2 からわかるように，私たちの生活に関連する多くの物質は，水に溶けやすい酸か塩基であり，したがって，これらの物質を定量することが重要となる．水溶液中の酸や塩基の定量では，中和反応，すなわち

$$\mathrm{H^+ + OH^- \longrightarrow H_2O} \tag{5.33}$$

を用いて滴定する．また，滴定時に作成する滴定曲線から，酸や塩基の解離定数を知ることができ，この意味においても pH 滴定は重要である．

pH 滴定には代表的な二通りの組合せがある．一つ目は強酸（強塩基）を強塩基（強酸）で滴定する組合せ，二つ目は弱酸（弱塩基）を強塩基（強酸）で滴定する組合せである．まず，強酸である塩酸を強塩基である水酸化ナトリウムによって滴定する場合と弱酸の酢酸を強塩基の水酸化ナトリウムで滴定する場合を取り上げ，その滴定曲線を見てみよう．

1）強酸の強塩基による滴定曲線

三つの別べつの三角フラスコに，0.001，0.01，0.1 mol $\mathrm{L^{-1}}$の塩酸を100 mL 加え，溶液を撹拌しながら，それぞれ，0.001，0.01，0.1 mol $\mathrm{L^{-1}}$の水酸化ナトリウム水溶液で滴定して得られる滴定曲線を，図5. 1(a)に示す．塩酸と水酸化ナトリウムの反応は，$\mathrm{HCl + NaOH \longrightarrow NaCl + H_2O}$ と表せるので，塩酸に含まれる水素イオンと同量の水酸化物イオンを含む水酸化ナトリウム水溶液を滴下した

とき**当量点**（equivalent point）に達する．当量点から遠いところではpHの変化が小さいが，当量点付近ではpHの大きなジャンプが見られる．そのジャンプ幅は，塩酸の濃度が低くなるに従って狭くなる．当量点後では，水酸化ナトリウム水溶液を加えてもpHはあまり変化しない．強酸と強塩基の中和滴定では，当量点のpHは7（図の点線）で，滴定曲線はこの点を中心とした点対称の形になる．

2）弱酸の強塩基による滴定曲線

図5. 1(b)は100 mLの0.001，0.01，0.1 mol L^{-1}の酢酸をそれぞれ同じ濃度の水酸化ナトリウム水溶液で滴定したときの滴定曲線を示す．酢酸と水酸化ナトリウムの反応は，HOAc ＋ NaOH ⟶ NaOAc ＋ H_2Oであるので，この滴定の当量点は，酢酸に含まれる水素イオンと同量の水酸化物イオンを含む水酸化ナトリウム水溶液を滴下した点である．しかし，当量点のpHは7以上になる（アルカリ性）．一方，強酸による弱塩基の滴定では，当量点のpHは7以下になる（酸性）．また，当量点前ではpHはほとんど変化しないだけでなく，どの酢酸の濃度でも同様なpHを示す．このpHの変化は強塩基による強酸の滴定〔図5. 1(a)〕

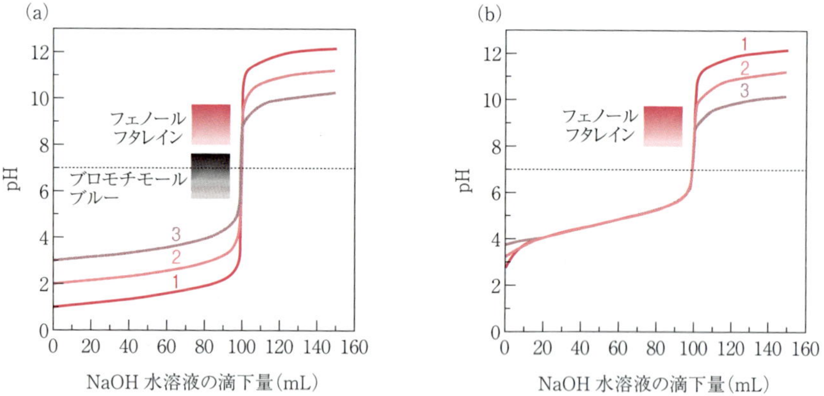

図5. 1　滴定曲線の比較

(a)水酸化ナトリウム水溶液（強塩基）による塩酸（強酸）の滴定曲線．1，2，3はそれぞれ，100 mLの0.1，0.01，0.001 mol L^{-1}の塩酸を同じ濃度の水酸化ナトリウム溶液で滴定した場合．(b)水酸化ナトリウム水溶液（強塩基）による酢酸水溶液（弱酸）の滴定曲線．1，2，3はそれぞれ，100 mLの0.1，0.01，0.001 mol L^{-1}の酢酸を同じ濃度の水酸化ナトリウム水溶液で滴定した場合．酸塩基指示薬の色調変化については図5. 2を参照．

とは著しく異なり，この領域で，被滴定溶液が緩衝液となることを示している．すなわち，酢酸に水酸化ナトリウム水溶液を加えると，中和反応によって生成した酢酸ナトリウムのために，溶液は酢酸／酢酸ナトリウムの緩衝液となる．当量点に近づくにつれて緩衝能が低下し，当量点では酢酸ナトリウム溶液となって緩衝能を失い，pH ジャンプが起こる．

例題5.9　50.00 mL の 0.0500 mol L^{-1} の酢酸を，0.100 mol L^{-1} の水酸化ナトリウム水溶液で滴定する．次の量の水酸化ナトリウム水溶液を加えたときの溶液の pH を求めよ．(a) 滴定前（0 mL），(b) 12.50 mL，(c) 25.00 mL，(d) 30.00 mL．

解答

(a)　0 mL のとき

被滴定溶液は 0.0500 mol L^{-1} の酢酸である．酢酸の解離反応は，

$HOAc \rightleftarrows H^+ + OAc^-$，$K_a = 1.75 \times 10^{-5}$ mol L^{-1} であるから，式(5.25)より，

$$[H^+] \approx \sqrt{C_a K_a} = \sqrt{0.0500 \text{ mol L}^{-1} \times 1.75 \times 10^{-5} \text{ mol L}^{-1}}$$
$$= 9.35 \times 10^{-4} \text{ mol L}^{-1}$$

したがって，$pH = -\log(9.35 \times 10^{-4}) = 3.03$

(b)　12.50 mL のとき

滴定反応は，$HOAc + NaOH \longrightarrow NaOAc + H_2O$ である．したがって，当量点は 25.00 mL であるから，12.50 mL は半当量点となる．このとき，$[HOAc] = [OAc^-]$ なので，式(5.27)より，

$$pH = pK_a + \log\frac{[OAc^-]}{[HOAc]} = 4.76$$

(c)　25.00 mL のとき

当量点であり，被滴定溶液は 0.0333 mol L^{-1} の酢酸ナトリウム水溶液である．酢酸イオンの加水分解反応 $OAc^- + H_2O \rightleftarrows HOAc + OH^-$ を考えると，

$$[OH^-] = \sqrt{C_b K_b} = \sqrt{0.0333 \text{ mol L}^{-1} \times 5.71 \times 10^{-10} \text{ mol L}^{-1}}$$
$$= 4.36 \times 10^{-6} \text{ mol L}^{-1}$$

したがって，$pOH = 5.36$，$pH = 14.00 - 5.36 = 8.64$

強塩基による弱酸の滴定では，当量点の pH がアルカリ性になることが確かめられた．

（d）30.00 mL のとき

30.00 mL − 25.00 mL ＝ 5.00 mL の過剰の 0.100 mol L^{-1} の水酸化ナトリウム水溶液が存在する．この過剰の水酸化ナトリウム水溶液が被滴定溶液の pH を決める．すなわち，

$$[OH^-] = \frac{0.100\ \mathrm{mol\ L^{-1}} \times 0.00500\ \mathrm{L}}{0.0500\ \mathrm{L} + 0.0300\ \mathrm{L}} = 0.00625\ \mathrm{mol\ L^{-1}}$$

したがって，pOH ＝ 2.20，pH ＝ 11.80

5.6.2　酸塩基指示薬

現在の pH 滴定では，pH メーターを用いて滴定曲線を作成し，pH ジャンプから当量点を求めることが多い．しかし，滴定の終点を知るだけでよいとき，例えば多数の試料溶液を滴定するときには，**指示薬**（indicator）を用いることで滴定を能率的に行える[*3]．

弱酸性の指示薬は，

$$\mathrm{HIn} \rightleftharpoons \mathrm{H^+} + \mathrm{In^-} \tag{5.34}$$

のように解離する．ここで，HIn を酸型，In^- を塩基型とよぶ．例えばメチルオレンジの解離では，

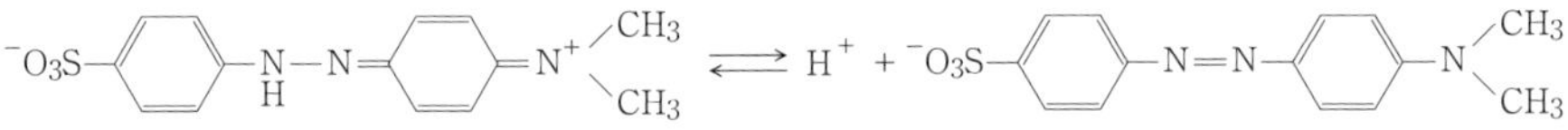

酸型（赤色）　　塩基型（橙色）

である．

ルシャトリエの法則から，溶液の pH が低いときは HIn の存在率が大きく，pH が高いときは In^- の存在率が大きい．HIn と In^- の色が異なれば，滴定によって pH が大きくジャンプすると被滴定溶液の色が変わり，滴定の終点を知ることができる．もちろん，どの pH で変色するかはその指示薬によって異なる．指示薬の変色は，塩基型と酸型の比 $[In^-]/[HIn]$ が 1 ： 3 あるいは 3 ： 1 となれば，存在率が大きい型の色が被滴定溶液の色となる．このことから指示薬の変色域は，式(5.27)を適用して

＊3　ただし，指示薬は，それ自体が弱酸や弱塩基であり，場合によってはこれを変色させるために滴定剤の 1 〜 2 滴分（0.02〜0.04 mL）が余分に必要となる．その場合，終点は当量点をわずかに過ぎる．正しい当量点を求めるためには，空滴定を行って，補正する必要がある．

指示薬	pK_a	酸塩基指示薬とその色調変化と変色域
アリザリンイエロー	11	黄　紫
チモールフタレイン	9.7	無色　青
フェノールフタレイン	9.20	無色　赤紫
チモールブルー	9.23	黄　青
クレゾールパープル	8.32	黄　紫
ニュートラルレッド	7.4	赤　橙
フェノールレッド	8.04	黄　赤
ブロモチモールブルー	7.20	黄　青
クロロフェノールレッド	6.25	黄　赤
メチルレッド	5.0	赤　黄
ブロモクレゾールグリーン	4.7	黄　青
メチルオレンジ	3.5	赤　橙
ブロモフェノールブルー	3.8	黄　青
メチルイエロー	3.2	赤　黄
トロペオリン00	2.0	赤　黄
チモールブルー	1.5	赤　黄
		1　2　3　4　5　6　7　8　9　10　11　12

図5.2　おもな酸塩基指示薬とその色調変化および変色域

$$\mathrm{pH} = \mathrm{p}K_a + \log\frac{[\mathrm{In}^-]}{[\mathrm{HIn}]} \quad (5.35)$$

より，$\mathrm{p}K_a \pm 0.5$と考えられる．

終点での pH が中性付近であれば，フェノールフタレインやブロモチモールブルー，アルカリ性であればフェノールフタレイン，酸性であればメチルオレンジなどが使用できる（図5.2）．これらの指示薬を適切に利用すれば，リン酸のような複数の水素イオンをもつ酸の溶液や複数の酸を含む溶液などを，滴定によって定量できる．

5.6.3　二塩基酸の中和滴定

1 分子の酸が 2 個以上の水素イオンを塩基に与えることができる酸を**多塩基酸**（polyprotic acid）という．多塩基酸には，硫酸 H_2SO_4，炭酸 H_2CO_3，リン酸 H_3PO_4 など多くの酸がある．ここでは，一般的な二塩基酸，H_2A について，その溶存化学種と強塩基（水酸化ナトリウム）による中和滴定を考えてみよう．

H_2A の解離は次の二段階で起きる．すなわち，

$$H_2A \rightleftarrows H^+ + HA^- \qquad K_{a1} = \frac{[H^+][HA^-]}{[H_2A]} \tag{5.36}$$

$$HA^- \rightleftarrows H^+ + A^{2-} \qquad K_{a2} = \frac{[H^+][A^{2-}]}{[HA^-]} \tag{5.37}$$

これらの式をまとめると，

$$H_2A \rightleftarrows 2H^+ + A^{2-} \qquad K_a = \frac{[H^+]^2[A^{2-}]}{[H_2A]} \tag{5.38}$$

となる（K_a は全酸解離定数）．二塩基酸の溶液中には H_2A，HA^-，A^{2-} が存在し，それらの存在率が溶液の pH に依存することも容易に想像できる．強い酸性溶液では，H_2A が多く存在し，強い塩基性溶液では A^{2-} がおもに存在するであろう．それらの化学種の存在率の水素イオン濃度（pH）依存性を調べてみよう．全二塩基酸濃度 C_T は，

$$C_T = [H_2A] + [HA^-] + [A^{2-}] \tag{5.39}$$

と表される．次に，各化学種の存在率を $\alpha_0 = [H_2A]/C_T$，$\alpha_1 = [HA^-]/C_T$，$\alpha_2 = [A^{2-}]/C_T$ と定義する（当然，$\alpha_0 + \alpha_1 + \alpha_2 = 1$）．一方，式（5.36）と（5.37）の酸解離定数を用いると，

$$C_T = [H_2A] + \frac{K_{a1}[H_2A]}{[H^+]} + \frac{K_{a1}K_{a2}[H_2A]}{[H^+]^2} \tag{5.40}$$

となり，

$$\frac{C_T}{[H_2A]} = \frac{1}{\alpha_0} = 1 + \frac{K_{a1}}{[H^+]} + \frac{K_{a1}K_{a2}}{[H^+]^2} \tag{5.41}$$

が導ける．よって，

$$\alpha_0 = \frac{[H^+]^2}{[H^+]^2 + K_{a1}[H^+] + K_{a1}K_{a2}} \tag{5.42}$$

以下同様にして，

$$\alpha_1 = \frac{K_{a1}[H^+]}{[H^+]^2 + K_{a1}[H^+] + K_{a1}K_{a2}} \tag{5.43}$$

$$\alpha_2 = \frac{K_{a1}K_{a2}}{[H^+]^2 + K_{a1}[H^+] + K_{a1}K_{a2}} \tag{5.44}$$

となる．式(5.42)～(5.44)は特定の pH における化学種の存在率を求めるときに便利な式であり，他の多塩基酸にも同様の式を導くことができる．

次に，強塩基による H_2A の滴定曲線（図5.3）を考えてみよう．

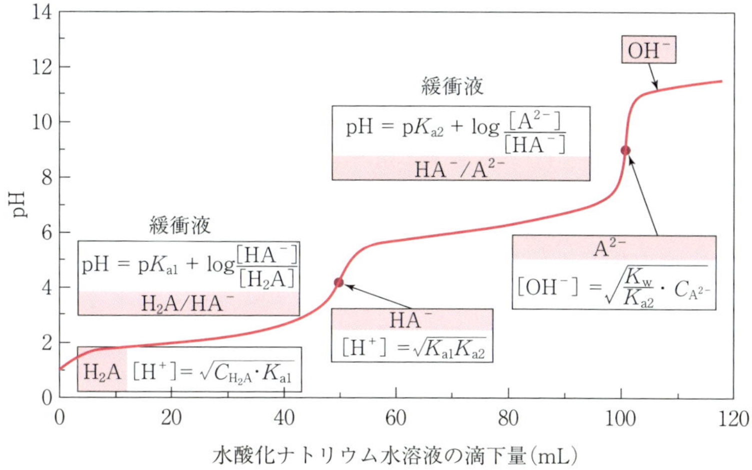

図5.3 二塩基酸 H_2A の中和滴定曲線

(G. D. Christian, "Analytical Chemistry", 6 th ed. p.282, John Wiley & Sons, Inc., 2004, より転載)

当量点は二つあり，一つは式(5. 36)に，他方は式(5. 37)に対応する中和反応である．明確な二つの当量点を見いだすためには，K_{a1}がK_{a2}の少なくとも10^4倍以上でなければならない．滴定の進行にともなうpH変化を調べてみよう．

滴定前は $[H^+] = \sqrt{C_{H_2A}K_{a1}}$ より，式(5. 25)を用いて，

$$pH = -\log[H^+] = -\frac{1}{2}\log(C_{H_2A}K_{a1}) \qquad (5.45)$$

滴定開始から最初の当量点までは，式(5. 27)により，

$$pH = pK_{a1} + \log([HA^-]/[H_2A]) \qquad (5.46)$$

最初の当量点での被滴定溶液は，事実上，NaHA の溶液である．HA^-は，式(5. 37)からわかるようにブレンスレッドの酸であると同時に，式(5. 36)ではブレンステッドの塩基でもある．このような物質を両性であるという．したがって，HA^-は式(5. 37)で示す酸解離反応と次式で示す加水分解反応を起こす．

$$HA^- + H_2O \rightleftarrows OH^- + H_2A \quad K_b = \frac{K_w}{K_{a1}} \qquad (5.47)$$

全水素イオン濃度 $[H^+]$ は，水の自己解離による水素イオンの寄与，式(5.37)の酸解離による水素イオンの寄与，式(5.47)の加水分解による水酸化物イオンの寄与からなる．したがって，

$$
\begin{aligned}
[H^+] &= [H^+]_{\text{自己解離}} + [H^+]_{\text{式(5.37)}} - [OH^-]_{\text{式(5.47)}} \\
&= [OH^-] + [A^{2-}] - [H_2A] \\
&= \frac{K_w}{[H^+]} + \frac{K_{a2}[HA^-]}{[H^+]} - \frac{[HA^-][H^+]}{K_{a1}}
\end{aligned}
\tag{5.48}
$$

となる．これを $[H^+]$ に対して解くと，

$$
[H^+] = \sqrt{\frac{K_{a1}K_w + K_{a1}K_{a2}[HA^-]}{K_{a1} + [HA^-]}} \tag{5.49}
$$

が導ける．多くの場合でそうであるように，$[HA^-] \gg K_{a1}$, $K_{a1}K_{a2}[HA^-] \gg K_{a1}K_w$ のとき，式(5.49)は，

$$
[H^+] \approx \sqrt{K_{a1}K_{a2}} \tag{5.50}
$$

と近似できる．よって最初の当量点のpHは

$$
\mathrm{pH} \approx -\frac{1}{2}\log(K_{a1}K_{a2}) \tag{5.51}
$$

である．最初の当量点から第二の当量点までのpHは式(5.27)より，

$$
\mathrm{pH} = \mathrm{p}K_{a2} + \log\frac{[A^{2-}]}{[HA^-]} \tag{5.52}
$$

第二の当量点における被滴定溶液は Na_2A 溶液であるので，pHは，式(5.26)を用いて，

$$
\begin{aligned}
\mathrm{pH} \approx 14 - \mathrm{pOH} &= 14 + \log\left(\sqrt{C_{A^{2-}}\frac{K_w}{K_{a2}}}\right) \\
&= 14 + \frac{1}{2}\log(C_{A^{2-}}K_{b1})
\end{aligned}
\tag{5.53}
$$

となる．第二当量点以上の滴定では，pHは過剰の水酸化物イオンによって決まる．

5.6.4 炭酸ナトリウムの滴定

炭酸ナトリウム（Na_2CO_3）は，ブレンスレッド塩基であり，強酸を標定するための一次標準物質である．炭酸イオンは次のように，二段階の加水分解反応を起こす．

$$CO_3^{2-} + H_2O \rightleftharpoons HCO_3^- + OH^- \quad K_{b1} = \frac{K_w}{K_{a2}} = 2.1 \times 10^{-4}\ mol\ L^{-1} \tag{5.54}$$

$$HCO_3^- + H_2O \rightleftharpoons H_2CO_3 + OH^- \quad K_{b2} = \frac{K_w}{K_{a1}} = 2.2 \times 10^{-8}\ mol\ L^{-1} \tag{5.55}$$

炭酸 H_2CO_3 は $H_2O + CO_2$ とも書けるため，炭酸は，水和した二酸化炭素と解釈するとよい．図5.4は，0.100 mol L^{-1} 炭酸ナトリウム水溶液50 mL を0.100 mol L^{-1} 塩酸で中和滴定したときの滴定曲線である．最初の当量点は，式(5.54)の炭酸イオンの加水分解反応によって生成する水酸化物イオンに対する当量点，第二の当量点は式(5.55)の炭酸水素イオンの加水分解反応によって生成する水酸化物イオンに対する当量点である．

指示薬として，最初の当量点ではフェノールフタレインを用い，第二当量点付近ではメチルレッドを用いる．しかし，その変色はあまり鋭敏ではないため，第二当量点付近での滴定は，被滴定溶液を煮沸し放冷したのち，滴定する操作を繰

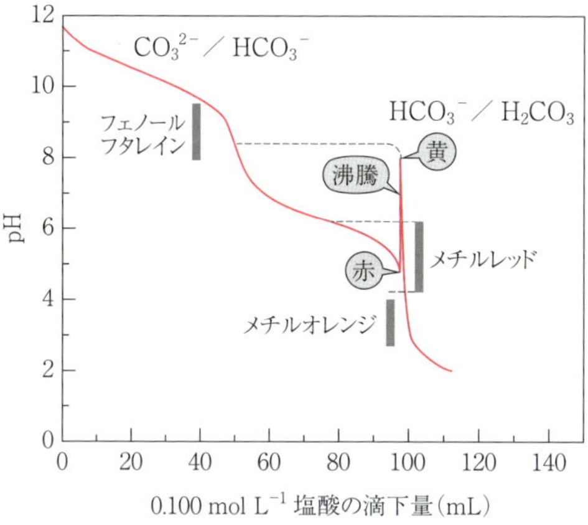

図5.4 炭酸ナトリウムの滴定曲線

0.100 mol L^{-1} の炭酸ナトリウム水溶液50.0 mL を0.100 mol L^{-1} 塩酸で滴定．（G. D. Christian, "Analytical Chemistry", 6 th ed., John Wiley & Sons, Inc., 2004, p.281より転載）

り返す必要がある．煮沸により，生成する炭酸（二酸化炭素）を溶液から除くことによって，変色をわかりやすくするためである．

章末問題

5-1 次の水溶液の pH を求めよ．温度は25℃，化学種の活量係数はすべて1とする．
a）純水，b）0.0100 mol L^{-1}塩酸，c）0.0200 mol L^{-1}水酸化カリウム溶液，d）0.0200 mol L^{-1}アンモニア水，e）0.100 mol L^{-1}酢酸ナトリウム溶液，f）0.300 mol L^{-1}塩化アンモニウム溶液，g）1.00×10^{-6} mol L^{-1}HCl（水の自己解離を考慮せよ．），h）体温（37℃）における純水〔37℃において，$K_W = 2.50 \times 10^{-14}$ $(\mathrm{mol\,L^{-1}})^2$〕

5-2 活量係数を考慮して，次の水溶液の pH を求めよ．活量係数を1とした場合と比べよ．
a）0.0100 mol L^{-1}塩酸＋0.0200 mol L^{-1}水酸化カリウム＋0.0200 mol L^{-1}塩化カリウム溶液，b）0.0200 mol L^{-1}アンモニア水

5-3 次の水溶液の pH を求めよ．温度は25℃，化学種の活量係数はすべて1とする．
a）0.0500 mol L^{-1}安息香酸ナトリウム溶液，b）0.0100 mol L^{-1}シアン化カリウム溶液，c）0.100 mol L^{-1}リン酸ナトリウム溶液，d）0.250 mol L^{-1}炭酸水素ナトリウム溶液

5-4 100 mL の0.100 mol L^{-1}塩酸を0.100 mol L^{-1}水酸化ナトリウム水溶液で中和滴定する．この滴定の滴定曲線を描き，その微分曲線も描け．

5-5 100 mL の0.100 mol L^{-1}の炭酸ナトリウム水溶液を0.100 mol L^{-1}の塩酸で中和滴定する．次の量の塩酸を滴下したときの pH を求めよ．
a）滴定前，b）50 mL，c）100 mL（第一当量点），d）150 mL，e）200 mL（第二当量点），f）250 mL

5-6 pH5.00の緩衝液100 mL を調製するために必要な酢酸と酢酸ナトリウムの質量を計算せよ．調製後の酢酸ナトリウムの濃度を0.100 mol L^{-1}とせよ．

5-7 0.10 mol L^{-1}アンモニア水と0.20 mol L^{-1}塩化アンモニウムから調製される緩衝液の緩衝能を求めよ．また，この緩衝液の pH とこの緩衝液100 mL に0.0100 mol L^{-1}塩酸10 mL を加えたときの pH を計算せよ．

5-8 リン酸の各化学種の存在率を pH の関数として計算し，それを図示せよ．

5-9 EDTA（H_4Y）の各化学種の存在率を pH の関数として計算し，それを図示せよ．ただし，EDTA の酸解離定数は，$K_{a1} = 1.0 \times 10^{-2}$ mol L^{-1}，$K_{a2} = 2.2 \times 10^{-3}$ mol L^{-1}，$K_{a3} = 6.9 \times 10^{-7}$ mol L^{-1}，$K_{a4} = 5.5 \times 10^{-11}$ mol L^{-1}とする．

5-10 アミノ酸などのケルダール法では次の反応が起きる．

$$C_aH_bN_c \longrightarrow a\mathrm{CO_2} + \left(\frac{1}{2}\right) \times b\mathrm{H_2O} + c\mathrm{NH_4HSO_4} \quad \text{（硫酸と触媒存在下）}$$

$$c\mathrm{NH_4^+} + c\mathrm{OH^-} \longrightarrow c\mathrm{NH_3} + c\mathrm{H_2O} \quad \text{（気体のアンモニアの発生）}$$

$$c\mathrm{NH_3} + d\,\mathrm{H^+} \longrightarrow c\,\mathrm{NH_4^+} + (d - c)\,\mathrm{H^+} \quad \text{（気体のアンモニアの回収）}$$

$$(d - c)\,\mathrm{H^+} + (d - c)\,\mathrm{OH^-} \longrightarrow (d - c)\,\mathrm{H_2O} \quad \text{（逆滴定）}$$

尿素（CH_4ON_2）を含む試料1.00 gをケルダール分解して，50.0 mLの0.0500 mol L^{-1} H_2SO_4に回収した．0.100 mol L^{-1}水酸化ナトリウム水溶液で逆滴定したところ，2.20 mLを要した．試料中に含まれていた尿素の含有率（%）を求めよ．

5-11 炭酸ナトリウムと炭酸水素ナトリウムの混合試料0.748 gを水に溶かして0.210 mol L^{-1}の塩酸で滴定したところ，フェノールフタレインによる終点までに24.2 mL，メチルレッドによる終点までに，全体として60.3 mLを要した．炭酸ナトリウムと炭酸水素ナトリウムの含有率を求めよ．

Column 5.2

窒素の定量法

ケルダール法（問題5-10）は，食品などに含まれる窒素の中和滴定による定量法である．試料に硫酸を加え，触媒（硫酸銅など）の存在下で加熱すると，

$$C_aH_bN_c \xrightarrow[\text{触媒}]{H_2SO_4} aCO_2\uparrow + (1/2)bH_2O + cNH_4HSO_4 \quad \text{(i)}$$

の反応によって，試料中の窒素を硫酸水素アンモニウムにまで分解する．これに，高濃度の水酸化ナトリウム水溶液を加え，気体のアンモニアを発生させ，すべてのアンモニアを過剰の塩酸の標準溶液に吸収させる．すなわち，

$$cNH_4HSO_4 \xrightarrow{OH^-} cNH_3\uparrow + cSO_4^{2-} \quad \text{(ii)}$$

$$cNH_3 + (c + d)HCl \longrightarrow cNH_4Cl + dHCl \text{（余分な塩酸）} \quad \text{(iii)}$$

ここで，生じた余分な塩酸を水酸化ナトリウム水溶液で逆滴定（back titration）し，試料中の窒素の含有率を求める．

$$dHCl + dNaOH \longrightarrow dH_2O + dNaCl \quad \text{(iv)}$$

試料を分解する際には，専用のフラスコであるケルダールフラスコ（下図）を用いる．このように首の長いフラスコを使用するのは，高濃度の水酸化ナトリウム水溶液を加えて気体のアンモニアを発生させる時に，アンモニアをすべて回収するための時間を稼ぐためである．首が短いと気体のアンモニアは周辺に逃げていく．高濃度の水酸化ナトリウム水溶液をケルダールフラスコに加える際には，溶液がフラスコの口の部分に触れないよう注意しなければならない．ガラスが溶けて，フラスコの本体と栓がくっついてしまう恐れがある．

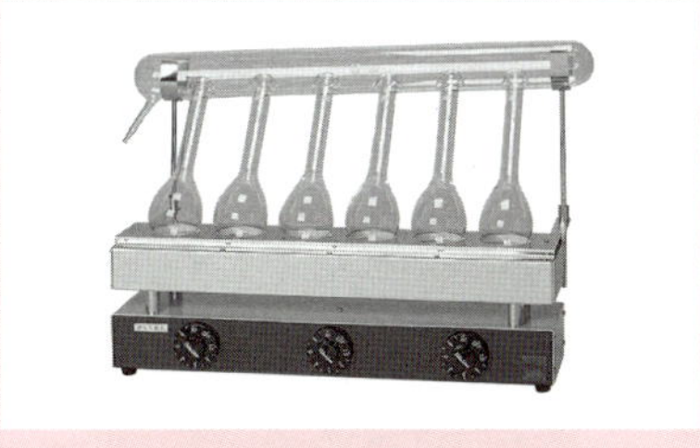

加熱台つきの連立ケルダールフラスコ

（写真提供：柴田科学株式会社）

第6章 錯形成平衡とキレート滴定

本章では，水溶液中において金属イオンが配位子と錯体を形成する錯形成反応の化学とともに，錯形成反応を利用する代表的な分析法であるキレート滴定（chelate titration）について解説する．本章での目標は，水溶液内における錯形成平衡の取り扱い方を修得すること，配位子と金属イオンの親和性に関係する理論を理解すること，配位子の分析化学的な特性を定量的に解析できるようになることである．キレート滴定では，キレート試薬やpH，マスキング剤などの反応条件を適切に設定することにより，さまざまな金属イオンを自在に定量することができる．

6.1　錯形成平衡

6.1.1　錯形成反応

水溶液中において，金属イオンは他の原子やイオンと非共有電子対を介して結合する．例えば，非共有電子対をもつ分子やイオンは下の式のように，外殻電子の軌道に空きのある金属イオンに非共有電子対を供与して結合をつくる．このような結合を**配位結合**とよび，電子対を与える分子やイオンを**配位子**（ligand），金属と配位子の化合物を**金属錯体**（metal complex）あるいは配位化合物とよぶ．

$$\mathrm{M}^{n+} + :\mathrm{L}^{m-} \longrightarrow \mathrm{M}:\mathrm{L}^{(n-m)+} \qquad (6.1)$$

ここで，M^{n+}は金属イオン，L^{m-}は配位子，「：」は非共有電子対を表す．この反応を，電子対のやりとりに注目すると，配位子は非共有電子対を金属イオンに与える**電子対供与体**（つまりルイス塩基；電子対ドナー），金属イオンは配位子からの非共有電子対を受け取る**電子対受容体**（つまりルイス酸，電子対アクセプター）としてはたらいており，錯体とはルイスの酸と塩基からなる化合物と考えることができる.

分析化学で通常取り扱う錯体では, 図6.1に示すように, 金属イオンのまわりに六つの配位子が八面体になるように配置された六配位の八面体錯体や, 四つの配位子が配置された四面体錯体や平面四角形錯体がある. 表6.1に, 各種金属イオンの配位数と立体配置をまとめた*1.

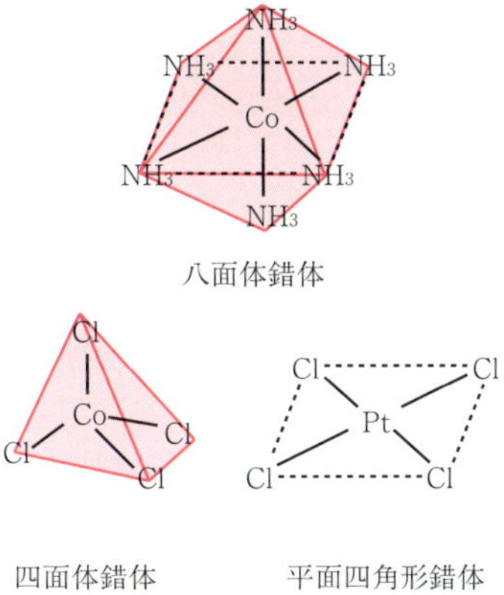

図6.1 金属錯体の立体構造

一方, 配位子については, 1分子中に金属イオンに配位できる原子を一つもつ**単座配位子**, 金属イオンに配位できる原子を二つ以上もつ**多座配位子**がある. 配位子は配位可能な原子数に応じて, 二座配位子, 三座配位子, …と分類される (表6.2). 多座配位子は**キレート配位子** (キレート剤, キレート試薬) ともよばれ, 金属イオンとの錯体は, **キレート錯体**や**金属キレート**〔略してキレート (chelate)〕とよばれる.

水溶液中において, 金属イオンは裸の陽イオンの状態 (**遊離イオン**) では不安定であり, 水分子などの配位子が結合した錯体や錯イオンとして存在する. 六配位錯体の場合, 錯体の生成反応は次式で表すことができる*2.

表6.1 金属イオンの配位数と立体配置

配位数	立体配置	金属イオンの例
2	直線	Cu(Ⅰ), Ag(Ⅰ), Hg(Ⅰ), Hg(Ⅱ)
4	平面四角形	Co(Ⅱ), Ni(Ⅱ), Cu(Ⅱ), Au(Ⅲ), Pd(Ⅱ), Pt(Ⅱ)
4	四面体	Be(Ⅱ), B(Ⅲ), Zn(Ⅱ), Cd(Ⅱ), Hg(Ⅱ), Al(Ⅲ)
6	八面体	Mg(Ⅱ), Ca(Ⅱ), Sr(Ⅱ), Ba(Ⅱ), Ti(Ⅳ), V(Ⅲ), V(Ⅳ), Cr(Ⅲ), Mn(Ⅱ), Fe(Ⅱ), Fe(Ⅲ), Co(Ⅱ), Co(Ⅲ), Ni(Ⅱ), Pd(Ⅳ), Pt(Ⅳ), Cd(Ⅱ), Al(Ⅲ), Sc(Ⅲ), Si(Ⅳ), Sn(Ⅱ), Sn(Ⅳ), Pb(Ⅱ), Pb(Ⅳ), Ru(Ⅲ), Rh(Ⅲ), Os(Ⅲ), Ir(Ⅲ), Zr(Ⅳ), Hf(Ⅳ), Mo(Ⅵ), W(Ⅵ)

＊1 金属イオンが受け取ることのできる電子対の数は配位数とよばれるが, 結晶構造で用いられる配位数とは異なることが多いので混同しないように注意する.
＊2 以降は, 金属イオンと配位子の電荷を省略する.

表6.2 配位座数による配位子の分類

配位座の数	配位子の代表例
単座配位子	H_2O, NH_3, OH^-, Cl^-
二座配位子	エチレンジアミン，ジメチルグリオキシム，1,10-フェナントロリン
三座配位子	ジエチレントリアミン，イミノ二酢酸
四座配位子	ニトリロ三酢酸，トリエチレンテトラミン
五座配位子	テトラエチレンペンタミン
六座配位子	エチレンジアミン四酢酸（EDTA）
その他	クラウンエーテル，ポルフィリン，クリプタンド

$$M(H_2O)_6 + L \rightleftarrows M(H_2O)_5L + H_2O \tag{6.2}$$

水分子は単座配位子なので，式(6.2)の左辺では金属イオンに6個の水分子が配位する．錯体の生成反応は，金属イオンに配位した水分子と配位子Lが交換する反応である．ただし，水溶液中の反応では，錯形成に伴って放出される水分子による溶媒濃度の変化は無視でき，式(6.2)は以下のように簡略化できる．

$$M + L \rightleftarrows ML \tag{6.3}$$

式(6.3)では，金属イオンに配位（水和）した水分子や溶媒としての水が直接には見えないが，実際には，式(6.2)のように錯形成反応が水分子と配位子の交換反応であることを覚えておこう．

6.1.2　逐次反応と全反応

金属イオンMがn個の配位子Lと反応して錯体を形成する場合，Lが段階的に金属イオンに配位する反応を**逐次反応**といい，それぞれの平衡定数K_1, K_2, …, K_nを**逐次生成定数**（または**逐次安定度定数**，stepwise stability constant）という．逐次反応と逐次生成定数は以下のように表される．

$$M + L \rightleftarrows ML \qquad K_1 = \frac{[ML]}{[M][L]}$$

$$ML + L \rightleftarrows ML_2 \qquad K_2 = \frac{[ML_2]}{[ML][L]}$$

$$ML_2 + L \rightleftarrows ML_3 \qquad K_3 = \frac{[ML_3]}{[ML_2][L]}$$

$$ML_{n-1} + L \rightleftarrows ML_n \quad K_n = \frac{[ML_n]}{[ML_{n-1}][L]}$$

K_1からK_nの逐次生成定数の大きさは，一般に，

$$K_1 > K_2 > K_3 > \cdots. > K_n \tag{6.4}$$

のようになる．逐次反応の和を**全反応**，その平衡定数βを**全生成定数**（または**全安定度定数**，overall stability constant）とよぶ．全生成定数は逐次生成定数の積に等しい．

$$M + nL \rightleftarrows ML_n \qquad \beta_n = \frac{[ML_n]}{[M][L]^n} = K_1K_2\cdots K_n \tag{6.5}$$

なお，本章では，平衡定数はすべて濃度平衡定数とする．

6.1.3　金属錯体の安定性に影響する要因

（1）電荷とイオン半径

多くの金属錯体では，正電荷をもつ金属イオンと負電荷をもつ配位子が静電的相互作用により結合している[*3]．したがって，金属イオンの電荷が，＋1価 ＜ ＋2価 ＜ ＋3価 ＜ …と大きくなるほど，金属–配位子間の結合は強くなる．また同じ電荷であれば，イオン半径が小さくなるほど金属イオン表面の単位面積あたりの電荷密度が大きくなるので，イオン半径に反比例して金属–配位子間の結合は強くなる．

例題6.1　マグネシウムおよびアルカリ土類金属イオンの水酸化物錯体について，巻末の付表3で水酸化物錯体の生成定数を調べ，イオン半径と金属–配位子間の結合の強さを比較せよ．

解答　第2族元素のイオン半径は，周期表で上にある元素ほど小さくなるため，水酸化物錯体の生成定数は，$Ba^{2+} < Sr^{2+} < Ca^{2+} < Mg^{2+}$の順で大きくなる．

＊3　金属イオンと配位原子がともにHSAB則の硬い酸・塩基の場合（1.3.1項を参照）．

Column 6.1

アーヴィング-ウィリアムスの系列

一般に，＋2価の第一遷移金属と亜鉛のイオンが同じ配位子と錯形成するとき，1：1錯体の生成定数は，

$$Mn^{2+} < Fe^{2+} < Co^{2+} < Ni^{2+} < Cu^{2+} > Zn^{2+}$$

の順に大きくなることが知られている．これをアーヴィング-ウィリアムス（Irving-Williams）の系列とよぶ．

この系列は，下図のように多くの配位子の生成定数にあてはまる．この系列を決める第一の因子は前述したイオン半径である．第一遷移金属では，イオン半径は，d電子の遮蔽効果が最も小さいMn^{2+}で最も大きく，そこからNi^{2+}まで原子番号とともに減少する．その結果，金属-配位子間の結合はイオン半径が小さくなるに従って強くなる．第二の因子は，d電子の配位子場安定化エネルギーである．配位子場安定化エネルギーが大きいほど，金属-配位子間の結合は強くなる．金属-配位子間の結合における配位子場安定化エネルギーは，Co^{2+} (d^7), Ni^{2+} (d^8)では全結合エネルギーの約10%を占めるが，d電子数が5個，10個に近づくと減少し，Mn^{2+} (d^5)，Zn^{2+} (d^{10})ではゼロになる．Cu^{2+}からZn^{2+}にかけては，配位子場安定化エネルギーの減少分がその他の静電的相互作用の増加分よりも大きくなるため，生成定数の順序が逆転する．

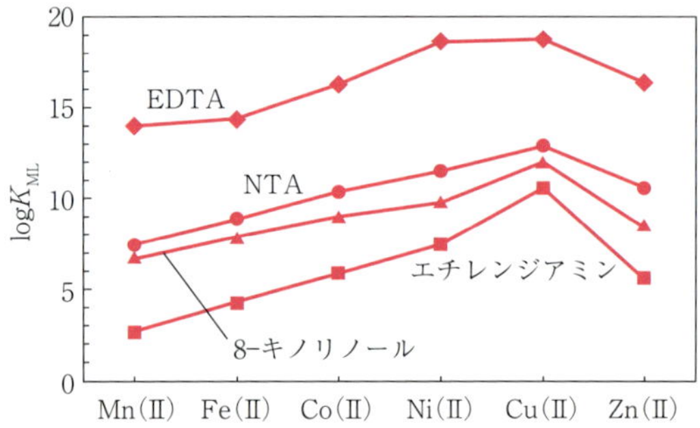

一方，配位子に着目すると，金属錯体では，配位原子が金属イオンの正電荷に結合していることから，金属イオンとの錯形成に影響する尺度として配位子の塩基性があげられる．配位子がブレンステッド-ローリーの塩基である場合，配位子は水素イオン（H^+）を受け取る代わりに金属イオン（M^{n+}）を受け取り，金属イオンと錯形成すると考えることができる．したがって，配位子の塩基性が高いほど，すなわち，配位子が強い塩基であればあるほど，金属イオンとの錯体生

成が容易になる．配位子の塩基性は，配位子の共役酸の酸解離定数に反映され，塩基性が高いほど，配位子の共役酸の酸解離定数は小さくなる．このため，共役酸の pK_a が大きくなるほど，金属錯体の生成定数は大きくなる．この関係を示す例として，8−キノリノールの誘導体について，pK_a と Mg(Ⅱ)錯体との生成定数との関係を図6.2に示す．これを見ると，配位子の pK_a の値と生成定数の対数値が直線関係にあることがわかる．このように，基本構造が似ている配位子群では，配位子の塩基性と金属錯体の生成定数が正の相関を示すことが多い．

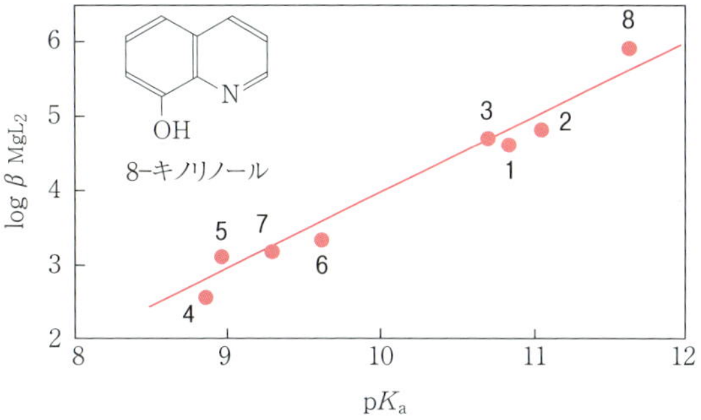

図6.2 配位子の酸解離定数 pK_a と生成定数の相関例
8−キノリノール誘導体（配位子）と Mg(Ⅱ)錯体の生成定数の関係を示す．**1**：8−キノリノール（オキシン），**2**：5−メチルオキシン，**3**：6−メチルオキシン，**4**：8−ヒドロキシシンノリン，**5**：8−ヒドロキシ−4−メチルシンノリン，**6**：8−ヒドロキシキナゾリン，**7**：5−ヒドロキシキノキサリン，**8**：4−メチルオキシン

（2）キレート効果

一般にキレート錯体は，同じような構造の単座配位子の錯体に比べて安定である．表6.3からわかるように，同じ配位原子（官能基：$-NH_2$）をもつ単座配位子〔メチルアミン（CH_3NH_2）〕と二座配位子〔エチレンジアミン（$H_2N\text{-}CH_2CH_2\text{-}NH_2$，en）〕を比較すると，カドミウム錯体の生成定数はエチレンジアミン錯体のほうが大きい．このような現象を**キレート効果**とよぶ．

キレート配位子が安定な錯体を形成する理由は，次のように説明される．まず，

表6.3 カドミウムキレート錯体の生成における熱力学量

錯体	生成定数 $\log\beta$	ΔG° (kJ mol^{-1})	ΔH° (kJ mol^{-1})	ΔS° (J K^{-1} mol^{-1})
$[Cd(en)]^{2+}$	5.84	−33.3	−29.4	13.1
$[Cd(CH_3NH_2)_2]^{2+}$	4.81	−27.4	−29.4	−6.46
$[Cd(en)_2]^{2+}$	10.62	−60.7	−56.5	13.8
$[Cd(CH_3NH_2)_4]^{2+}$	6.55	−37.4	−57.3	−66.9

第4章で学んだ，化学反応の標準ギブズエネルギー変化 ΔG°，標準エンタルピー変化 ΔH°，標準エントロピー変化 ΔS°，絶対温度 T の関係式，

$$\Delta G^\circ = \Delta H^\circ - T\Delta S^\circ \tag{6.6}$$

と，ΔG° と平衡定数 K_{eq} の関係式

$$K_{eq} = \exp(-\Delta G^\circ/RT) \tag{6.7}$$

を思い出しておこう．

さて，水和数6の金属イオンが錯体を形成する場合を考える．単座配位子の錯形成では金属イオンに水和していた水分子6個が配位子6個に置き換わるので，反応の前後で総分子数は変わらない．一方，二座配位子および六座配位子のキレート配位子がキレート錯体を形成する場合は，水分子6個が二座配位子3個，あるいは六座配位子1個に置き換わるので，反応の前後で総分子数が増えることになる．すなわち，

【単座配位子の場合】

$$\underbrace{M(H_2O)_6 + 6\,L}_{7\text{分子}} \longrightarrow \underbrace{ML_6 + 6\,H_2O}_{7\text{分子}} \tag{6.8}$$

【キレート（多座）配位子の場合】

$$\underbrace{M(H_2O)_6 + 3\,(L-L)}_{4\text{分子}} \longrightarrow \underbrace{M(L-L)_3 + 6\,H_2O}_{7\text{分子}} \tag{6.9}$$

$$\underbrace{M(H_2O)_6 + (L-L-L-L-L-L)}_{2\text{分子}} \longrightarrow \underbrace{M\,(L-L-L-L-L-L) + 6\,H_2O}_{7\text{分子}} \tag{6.10}$$

である．エントロピーを乱雑さの尺度と考えると，反応前後の分子数の増加によりエントロピーは増加する．したがって式(6.6)から，反応前後の分子数の増加が大きいほど，ΔG° はより減少し，さらに式(6.7)より，K_{eq} が大きくなることがわかる．錯形成反応の場合，K_{eq} はキレート錯体の生成定数に相当するので，最終的には，反応前後の分子数の増加が大きいほど，すなわち配位座の数が多い配位子ほど，錯形成（キレート形成）の生成定数が大きくなる．

より直感的にキレート効果を説明すると，単座配位子が水分子と置き換わる場合，配位子と金属原子は6回衝突しなければならない．しかし，六座配位子の場

合は，配位原子同士が炭素鎖でつながっているため，1回衝突するだけで，残り5個の配位原子と接触する確率が高くなる，と考えることができる．

図6.3に，EDTAのキレート錯体の立体構造を示す．キレート錯体では，金属イオンとキレート配位子が配位原子を介して環構造（**キレート環**）を形成する*4．キレート環は，環を構成する原子の数に応じて五員環（原子数5），六員環（原子数6）などとよぶ．キレート配位子内に配位可能な原子が多いほどキレート環の数は増え，エントロピーの増加によりキレート錯体の生成定数は大きくなる．

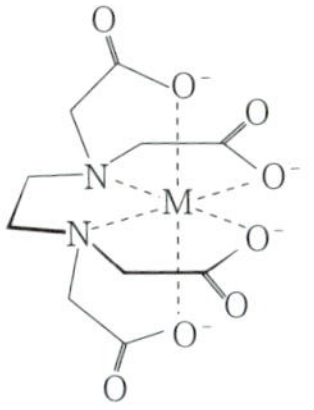

図6.3 EDTAキレート錯体の立体構造
（M：金属イオン）

さらに，キレート環の歪みもキレート錯体の安定性に影響する．例えば，一般的な六配位八面体錯体では五員環か六員環が安定である．これは，キレート環を構成する各原子の結合角，結合長が理想に近くなり，立体反発が小さくなるからである．

（3）大環状効果

クラウンエーテルに代表される大環状配位子は，環の内径と大きさが適合する金属イオンと錯体を形成する．図6.4に示すように，クラウンエーテルのポリエーテル環の大きさが変わると，特定のサイズのアルカリ金属イオンが選択的に配位する．このような現象は，環状でない同じ炭素数の鎖状配位子には見られないことから，**大環状効果**とよばれる．

大環状効果は，エンタルピーとエントロピーの両方の寄与によると考えられ

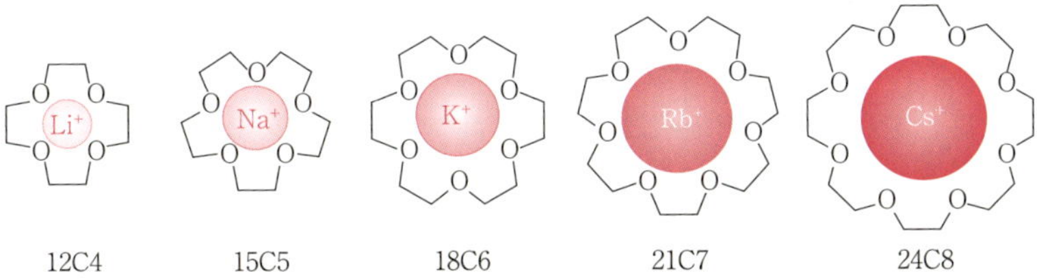

図6.4 クラウンエーテルの環サイズとアルカリ金属イオンのイオン半径

*4 キレートの語源は，「(エビやカニの) はさみ」を意味するギリシャ語のchelaに由来している．キレート錯体の構造が「カニがはさみで金属イオンをつかむ様子」に似ているからである．

る．大環状配位子の金属錯体は，キレート錯体に特有の複数の配位原子からなる環構造をもち，大環状効果にキレート効果が含まれることは明らかである．それ以外にも，複数の結合（配位結合，水素結合など）が秩序だってはたらく多点相互作用により，単なるキレート配位子には見られないような，金属イオンに対する選択性が生じる．

クラウンエーテルやその類縁体の研究成果は，超分子化学の基礎になっている．超分子化学では，特定の分子を選択的に認識できる空間を提供する分子を**ホスト**，そこに受け入れられる分子を**ゲスト**とよぶ．金属イオンに限らずさまざまな化合物のホスト－ゲスト化学を軸に，新たな分子認識能を示す物質やその相互作用が研究されている．

（4）HSAB則

第1章で学んだHSABの概念は，金属錯体の生成反応を直感的に理解する際に有用である．表1.1のHSAB則を利用すると，未知のキレート反応についてもある程度の結果を予測できる．ここでは二座配位子について考えよう．キレート配位子において，キレート生成に寄与するおもな配位原子はO，N，Sである．二座配位子において，この三原子による配位型はO，O配位，O，N配位，N，N配位，S，N配位，S，S配位，S，O配位の6種類に分類して考えられる．O，O配位，O，N配位のキレート試薬はほとんどの金属イオンとキレート錯体を形成するが，HSAB則より，硬い酸に属する金属イオンに特に親和性がある．逆に，S，N配位，S，S配位のキレート試薬は硬い酸に属する金属イオンとは錯体を形成しにくく，周期表の右側の金属（Cu^+，Ag^+など）に強く配位する．

6.2　キレート滴定と理論

錯形成反応を利用した滴定法は，金属イオンや陰イオンの容量分析に利用される．キレート滴定は滴定剤にキレート配位子を用いる滴定法で，一般に用いられるキレート配位子は六座配位のエチレンジアミン四酢酸（EDTA）である．

補足　HSAB則の根拠は明確ではないが，いくつかの理論的考察がなされている．硬い酸・塩基は，表面電荷密度や電気陰性度が大きく，分極しにくく，π結合をつくりにくい性質をもち，静電的相互作用が強くイオン結合性が高いと考えることができ（6.1.3項を参照），軟らかい酸・塩基は，表面電荷密度や電気陰性度が小さく，分極しやすくπ結合をつくりやすい性質から共有結合性が高いと考えることができる．

Column 6.2

天然の大環状物質におけるイオン認識

キレート剤のなかでも大環状効果をもつ物質が，自然界において重要な役割を果たしていることがある．大環状物質の一つであるポルフィリンは，ピロール環状構造をもつ化合物の総称である．代表的な天然物として，植物のクロロフィルや血液中のヘモグロビンがあげられ，その他にも自然界に広く存在する．ポルフィリン誘導体はモル吸光係数が著しく高いため（10^5 mol^{-1} L cm^{-1}の桁），分析化学の分野では吸光分析試薬として利用されている．

また，クラウンエーテルの仲間であるバリノマイシンやノナクチンは，生体膜（細胞を包む膜）においてK^+，Na^+などのアルカリ金属イオンを輸送するイオノフォアとして機能している．バリノマイシンはK^+に対して高い選択性をもつ．その理由はバリノマイシンの以下の化学構造に起因している．

1）空孔がK^+のイオンサイズに適合する
2）配位子の酸素原子が陽イオンの水和水分子と容易に置換する
3）構造が柔軟性に富むため，錯形成速度が大きい

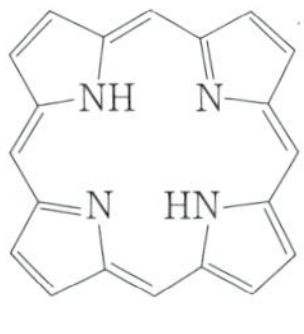

ポルフィリン

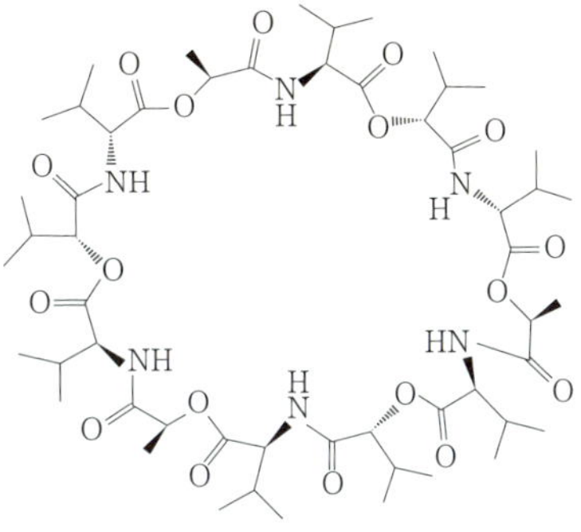

バリノマイシン

6.2.1 キレート滴定の基礎

図6.5にEDTAとその類縁体の構造を示す．EDTAは，四つのカルボキシ基上の酸素原子4個と窒素原子2個が金属イオンに配位する六座配位子（酸素原子のみが配位する場合は四座配位子）としてはたらき，ほとんどの金属イオンと1：1錯体を形成する（図6.3を参照）．

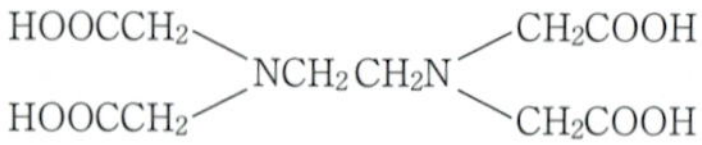

EDTA
(ethylenediaminetetraacetic acid)

EDTA-OH
〔N-(2-hydroxyethyl) ethylenediamine-N, N′, N′-triacetic acid〕

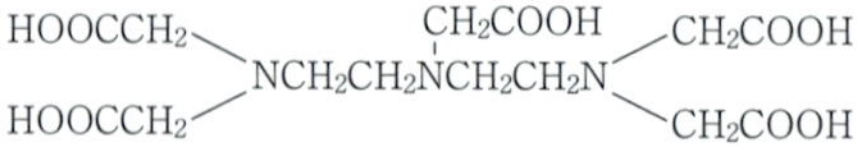

DTPA
(diethylenetriaminepentaacetic acid)

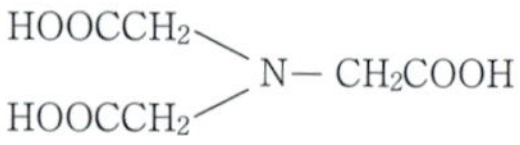

NTA
(nitrilotriacetic acid)

図6.5 EDTA 類縁体

EDTA は4塩基酸であり，中性の化学種を H_4Y で表すと，次の四段階の酸解離平衡を示す．

$$
\left.
\begin{array}{llll}
H_4Y \rightleftharpoons H_3Y^- + H^+ & pK_{a1} & = & 1.99 \\
H_3Y^- \rightleftharpoons H_2Y^{2-} + H^+ & pK_{a2} & = & 2.67 \\
H_2Y^{2-} \rightleftharpoons HY^{3-} + H^+ & pK_{a3} & = & 6.16 \\
HY^{3-} \rightleftharpoons Y^{4-} + H^+ & pK_{a4} & = & 10.26
\end{array}
\right\} \quad (6.11)
$$

第5章で学んだように，EDTA の化学種組成は pH に依存する．各化学種のモル分率の pH 依存性を図6.6に示す（5.6.3項を参照）．金属イオンとキレート錯体を形成するのは，おもに Y^{4-} の化学種である．したがって，EDTA の金属イオンに対する錯形成は pH の影響を受ける．

次に，金属イオン M^{n+} は Y^{4-} としか錯形成しないとして，EDTA と金属イオンを含む水溶液の化学平衡を考えてみよう．M^{n+} と Y^{4-} の錯平衡は，

$$
M^{n+} + Y^{4-} \rightleftharpoons MY^{(4-n)-} \qquad K_{MY} = \frac{[MY^{(4-n)-}]}{[M^{n+}][Y^{4-}]} \quad (6.12)
$$

で表される．K_{MY} はキレート錯体 $MY^{(4-n)-}$ の生成定数である．EDTA と金属イオンの全濃度をそれぞれ，C_Y，C_M とすると，物質収支より以下の式が成り立つ．

$$
\begin{aligned}
C_Y &= [H_4Y] + [H_3Y^-] + [H_2Y^{2-}] + [HY^{3-}] + [Y^{4-}] + [MY^{(4-n)-}] \\
&= [Y'] + [MY^{(4-n)-}] \qquad (6.13)
\end{aligned}
$$

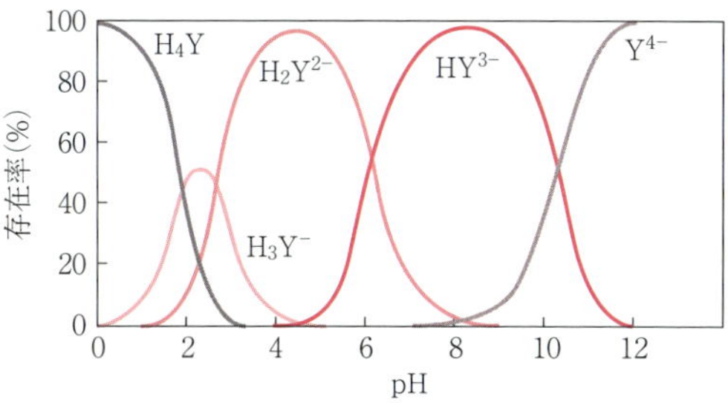

図6.6 水溶液中における EDTA のモル分率と pH の関係

$$C_M = [M^{n+}] + [MY^{(4-n)-}] \tag{6.14}$$

ここで，Y^{4-}やM^{n+}がなぜ存在するのかと疑問に思う読者がいるかもしれない．しかし平衡である以上，わずかかもしれないが錯形成していないY^{4-}やM^{n+}が存在することを忘れてはならない．

金属イオンに配位していない EDTA の総濃度［Y′］は，式(6.11)に示した各化学種の酸解離定数と［Y^{4-}］を用いて次のように表せる．

$$\begin{aligned}[Y'] &= [H_4Y] + [H_3Y^-] + [H_2Y^{2-}] + [HY^{3-}] + [Y^{4-}] \\ &= [Y^{4-}]([H^+]^4/K_{a4}K_{a3}K_{a2}K_{a1} + [H^+]^3/K_{a4}K_{a3}K_{a2} + [H^+]^2/K_{a4}K_{a3} \\ &\quad + [H^+]/K_{a4} + 1) \\ &= [Y^{4-}] \times \{\alpha_Y([H^+])\} \end{aligned} \tag{6.15}$$

$\alpha_Y([H^+])$(以後，$\alpha_Y(H)$とする）の逆数はY^{4-}の存在割合を表しており，ある水素イオン濃度［H^+］における**副反応係数**（α係数）とよばれ，水素イオン濃度（pH）にのみに依存し，金属イオンには無関係に決まる．この副反応を考慮した［Y′］を用いると，式(6.12)の生成定数K_{MY}は次のように書き換えられる．

$$K'_{MY} = \frac{[MY^{(4-n)-}]}{[M^{n+}][Y']} \tag{6.16}$$

$$K'_{MY} = K_{MY}/\alpha_Y(H) \tag{6.17}$$

式(6.16)のK'_{MY}を**条件生成定数**あるいは**条件安定度定数**（conditional stability constant）とよぶ．生成定数K_{MY}は金属錯体に固有な値であるのに対して，条

件生成定数 K'_{MY} は pH などの反応条件（副反応）に依存する値である．

条件生成定数 K'_{MY} を用いると，キレート滴定における化学種を計算したり，異なる条件の錯形成反応を比較したりする場合に便利である．例えば，キレート滴定における化学種の濃度を計算したいとき，式(6. 12)の生成定数 K_{MY} を用いると，ある pH における ［Y^{4-}］ を得るために式(6. 15)のような複雑な式を毎回計算しなければならない．このような場合，水溶液の条件生成定数 K'_{MY} をあらかじめ計算しておくと，式(6. 16)の単純な式で錯形成を議論できる．

例題6. 2　pH 2.00および8.50における EDTA の副反応係数 α_Y(H) を求めよ．

解答

式(6. 15)に EDTA の酸解離定数を代入し，pH 2.00，8.50における水素イオン濃度をそれぞれ代入すると，

pH 2.00のとき $\alpha_Y(\mathrm{H}) = 2.7_0 \times 10^{13}$

pH 8.50のとき $\alpha_Y(\mathrm{H}) = 58._8$

例題6. 3　0.0010 mol L^{-1}の EDTA と0.0010 mol L^{-1}の Ca^{2+}を含む溶液がある．pH 2.00および8.50における Ca^{2+}の平衡濃度を求めよ．ただし，CaY^{2-}の生成定数 K_{CaY} は，4.47×10^{10} mol^{-1} L である．

解答

例題6. 2で求めた副反応係数を式(6. 17)に代入して，pH 2.00，8.50における CaY^{2-}の条件生成定数を求め，式(6. 16)で化学平衡を考えると，

$K'_{CaY} = K_{CaY}/\alpha_Y(\mathrm{H})$ より，

pH 2.00のとき　$K'_{CaY} = 1.66 \times 10^{-3}\ \mathrm{mol^{-1}\ L}$

pH 8.50のとき　$K'_{CaY} = 7.60 \times 10^{8}\ \mathrm{mol^{-1}\ L}$

［Ca^{2+}］を x とすると，［Y′］= x，［CaY^{2-}］ = 0.0010 − x になる．式(6. 16)より，

$$K'_{CaY} = \frac{[\mathrm{CaY^{2-}}]}{[\mathrm{Ca^{2+}}][\mathrm{Y'}]} = \frac{0.0010 - x}{x^2} \simeq \frac{0.0010}{x^2}$$

ただし，近似式は pH 8.50のみ成り立つ．なぜなら，pH 2.00では ［Y^{4-}］ は低く，Ca^{2+}はすべて CaY^{2-}とはならないが，pH 8.50では Ca^{2+}のほとんどは CaY^{2-}として存在する．したがって，pH 2.00のとき ［Ca^{2+}］ = 1.0×10^{-3} mol L^{-1}，pH 8.50のとき ［Ca^{2+}］ = 1.2×10^{-6} mol L^{-1}となる．

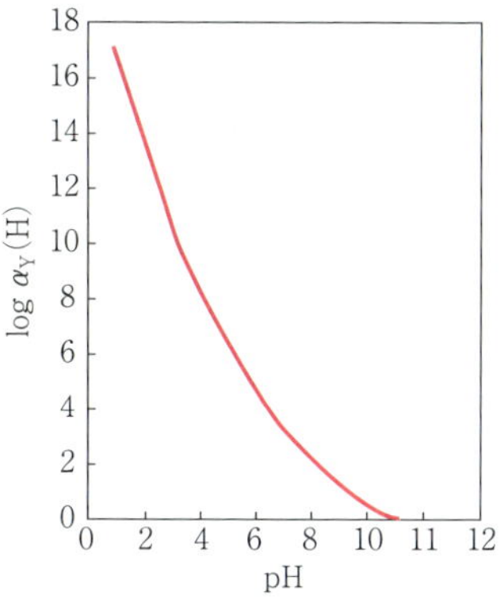

図6.7 EDTA の副反応係数

図6.7に pH 2～12における EDTA の副反応係数を示す．副反応係数は酸性の pH 領域で著しく大きく，pH 11以上ではほぼ1に等しくなる．したがって，式(6.17)より，酸性では EDTA の条件生成定数は小さくなり，錯形成能力が弱くなることがわかる．

実際の水溶液において副反応として生じるのは，配位子に対するプロトン付加だけではない．さまざまな成分が共存する場合は，複雑な副反応を想定する必要がある．例えば以下にあげるように，金属イオンの加水分解(6.18)や他の共存イオンとの錯形成(6.19)，配位子と他の共存金属イオンとの錯形成(6.20)，生成した錯体の加水分解(6.21)やプロトン付加（6.22）なども考慮しなければならない．

$$[M'] = [M^{n+}] + [MOH^{(n-1)+}] + \cdots + [M(OH)_n] = [M^{n+}]\alpha_M(OH) \quad (6.18)$$

$$[M'] = [M^{n+}] + [MX^{(n-1)+}] + [MX_2{}^{(n-2)+}] + \cdots + [MX_n] = [M^{n+}]\alpha_M(X) \quad (6.19)$$

$$[Y'] = [Y^{4-}] + [AY^{3-}] + [A_2Y^{2-}] + \cdots = [Y^{4-}]\alpha_L(A) \quad (6.20)$$

$$[MY'] = [MY^{(4-n)-}] + [MYOH^{(5-n)-}] + [MY(OH)_2{}^{(6-n)-}] + \cdots = [MY^{(4-n)-}]\alpha_{ML}(OH) \quad (6.21)$$

$$[MY'] = [MY^{(4-n)-}] + [MYH^{(3-n)-}] + [MYH_2{}^{(2-n)-}] + \cdots = [MY^{(4-n)-}]\alpha_{ML}(H) \quad (6.22)$$

図6.8にいくつかの金属イオンと EDTA の条件生成定数を示す．この図では，EDTA に対するプロトン付加と金属イオンの加水分解を副反応として考慮している．カルシウムやバリウムはおもに EDTA のプロトン付加の影響により，条

件生成定数の値は酸性では低く，pH 10以上ではほぼ一定になっている．一方，その他の金属イオンでは，アルカリ性において条件生成定数の値が減少している．加水分解反応により $[MOH^{(n-1)+}]$ 等の化学種生成が優勢になり，$[M^{n+}]$ が減少するためである．アルカリ性では，金属イオンに対してEDTAと水酸化物イオンが競争的に配位すると考えてもよい．

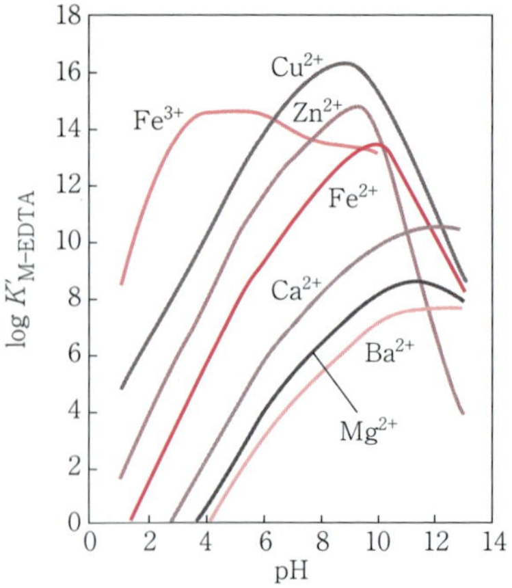

図6.8 EDTA金属キレート錯体の条件生成定数

ここまでにあげたすべての副反応を取り上げると，計算が複雑になり解析そのものが困難になる．金属イオンの錯形成を解析する際には，主要な副反応を見きわめて適切な近似を用い，計算に取り組んでほしい．

6.2.2　キレート滴定法の種類と滴定曲線

キレート滴定では，緩衝液により水溶液のpHを一定にした条件下で，キレート配位子を含む滴定剤を試料水に滴下して滴定曲線を求める．横軸には滴定剤の滴下量や滴定率，縦軸には遊離金属イオンの濃度をpM（$= -\log[M^{n+}]$）の値として表すことが多い．図6.9に，1.0×10^{-2} mol L^{-1} の金属イオン溶液10 mLに対して，条件生成定数の対数 $\log K'_{ML}$ が4から14までの範囲のキレート配位子を滴下した際の滴定曲線を示す．

キレート滴定曲線の形はpH滴定とよく似ており，当量点付近でpMが急激に変化する．当量点を明確に判別するには，$\log K'_{ML}$ が8より大きい必要がある．当量点に達するまでに要した滴定剤

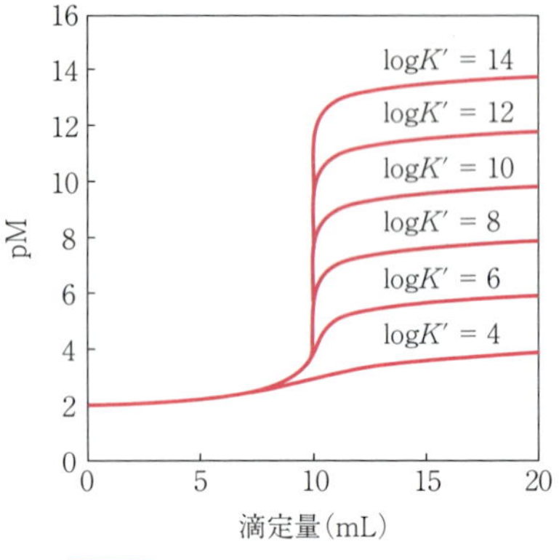

図6.9 キレート滴定の滴定曲線

の量から，試料溶液中の目的金属イオンの量を求めることができる．

図6.9において金属イオン濃度が高くなると，pM の変化は大きくなる．また，$\log K'_{ML}$ の値は pH などによって変化する．したがって，滴定曲線の明瞭な変化から当量点を判別するためには，あらかじめ試料溶液中の金属イオンの濃度や pH などの反応条件を適切に設定することが重要である．

例題6.4　pH 8.50において0.0010 mol L^{-1}の Ca^{2+} 溶液10 mL を0.0010 mol L^{-1}の EDTA 溶液で滴定した．EDTA 溶液の滴定量が以下の場合の p[Ca^{2+}] を求めよ．

(a) 0 mL（滴定前），(b) 5 mL（半当量点），(c) 10 mL（当量点），(d) 20 mL

考え方のコツ　滴定量とともに全濃度が変わることに注意すること．(c)，(d) では，例題6.3と同様に条件生成定数を利用しよう．[Ca^{2+}]，[Y′]，[CaY^{2-}] を求めて，式(6.16)に代入する．

解答

pH 8.50における CaY^{2-} の条件生成定数は，$K'_{CaY} = 10^{8.88} = 7.6_0 \times 10^8$ mol L^{-1}

(a) 0 mL（滴定前）

$$p[Ca^{2+}] = -\log(0.0010) = 3.00$$

(b) 5 mL（半当量点）

条件生成定数 K'_{CaY} が十分大きいので，滴下した EDTA はほぼすべてが CaY^{2-} となる．

$$p[Ca^{2+}] = -\log\left\{\frac{C_{Ca} - C_Y}{溶液(L)}\right\}$$

$$= -\log\left\{\frac{0.0010\text{mol L}^{-1} \times 0.010\text{L} - 0.0010\text{mol L}^{-1} \times 0.005\text{L}}{0.010\text{L} + 0.005\text{L}}\right\} = 3.48$$

(c) 10 mL（当量点）

[Ca^{2+}] を x とすると，式(6.16)より，

$$K'_{CaY} = \frac{[CaY^{2-}]}{[Ca^{2+}][Y']} = \frac{(C_Y - x)}{x \times x} = \frac{0.00050 - x}{x^2} \simeq \frac{0.00050}{x^2}$$

したがって，p[Ca^{2+}] = 6.09

(d) 20 mL

[Ca^{2+}] を x とすると，式(6.16)より，

$$K'_{CaY} = \frac{[CaY^{2-}]}{[Ca^{2+}][Y']} = \frac{(C_{Ca} - x)}{x(C_Y - C_{Ca} + x)} \simeq \frac{C_{Ca}}{x(C_Y - C_{Ca})} = \frac{1}{x}$$

したがって，p[Ca^{2+}] = 8.88

キレート滴定法として，以下のような方法が知られている．

（1）直接滴定

EDTA等のキレートの滴定剤をビュレットに入れて試料水中の金属イオンを直接滴定する最も一般的な方法である．キレート錯体の生成定数が大きく，生成速度も大きい場合に用いられる．沈殿生成を抑制する補助錯化剤や定量目的以外の金属イオンとEDTAの反応を抑えるマスキング剤を試料溶液に加え，適当な金属指示薬を用いて滴定する．

（2）逆滴定

試料溶液に対して，定量目的の金属イオンM^{n+}よりも過剰量のEDTAを加えて十分な反応条件（加熱，促進剤等）でキレート形成させた後，未反応のEDTA量を適切な金属イオン（Mg^{2+}，Zn^{2+}等）の標準溶液で滴定（逆滴定）する．

$$Y^{4-} \xrightarrow{M^{n+}} MY^{(4-n)-} + Y^{4-}\text{(未反応の EDTA)} \xrightarrow{Mg^{2+}} MY^{(4-n)-} + MgY^{2-} \tag{6.23}$$

Al^{3+}やCr^{3+}などでは，定量目的の錯体$MY^{(4-n)-}$は解離反応が十分に遅いので，逆滴定中にキレート錯体から解離するEDTA量は無視できる．初めに加えたEDTA量と逆滴定で求めた未反応のEDTA量の差から，目的の金属イオンの量を求めることができる．

逆滴定は，金属イオンとEDTAとの錯形成反応が遅い場合や滴定中のpHにおいて目的の金属イオンが沈殿してしまう場合，適当な指示薬がない場合に有効である．ただし，EDTAとの生成定数について，定量目的の金属イオンと逆滴定に使用する金属イオンの間に十分な差がないと，測定値の誤差が大きくなる．

その他に，置換滴定，間接滴定などの滴定法がある．

6.2.3　終点の決定と金属指示薬

キレート滴定では，当量点における急激なpMの変化から滴定の終点を決定する．この際，pH滴定において水素イオン濃度に応じて色調が変化するpH指示薬を用いるのと同じように，遊離金属イオンM^{n+}の濃度に応じて色調が変化する**金属指示薬**（表6.4，図6.10）を用いる．金属指示薬In^{m-}は，M^{n+}と錯形成して鋭敏に変色するキレート配位子でもある．

$$M^{n+} + In^{m-} \rightleftarrows MIn^{(n-m)+} \tag{6.24}$$

EDTA を用いたキレート滴定では，六座配位子の EDTA よりも配位座が少なく，有色のキレート配位子が金属指示薬として用いられる．滴定前に試料溶液に少量の金属指示薬を添加すると，金属指示薬は定量しようとする金属イオンの一部と反応して錯体 $MIn^{(n-m)+}$ を形成する．滴定の終点では，溶液中の M^{n+} 濃度の急激な減少に伴い，より生成定数が大きいキレート錯体を形成する EDTA に置換されて In^{m-} が遊離し，溶液の色調が変化する．

表6.4　キレート滴定における金属指示薬と色調変化

金属指示薬	色調変化	定量目的金属と pH
エリオクロムブラック T（EBT）	赤→青	Ca，Mg（pH 10） Zn，Cd（pH 7 ～10）
NN 指示薬	赤→青	Ca（pH 12～13）
キシレノールオレンジ（XO）	赤紫→黄	Bi（pH 1 ～ 3 ） Zn，Pb，Cd，Hg（pH 5 ～ 6 ）
メチルチモールブルー（MTB）	青→黄	Bi，Th（pH 1 ～ 3 ） Co，Cd，Pb（pH 11～13）

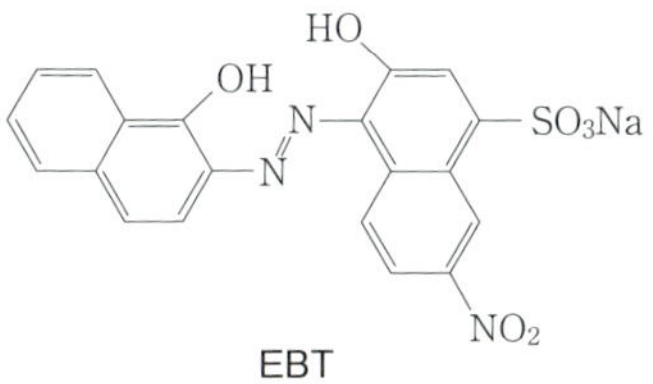

EBT
（eriochrome black T）

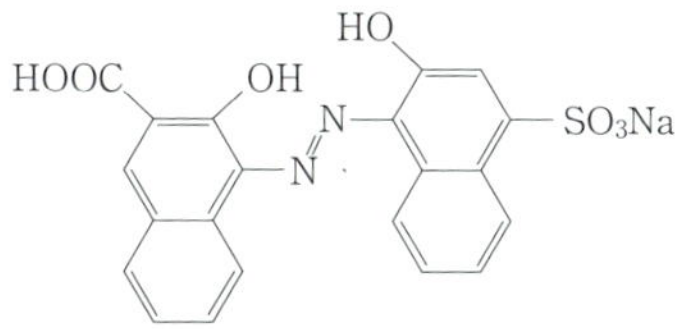

NN
（naphthylazo-naphthoic acid）

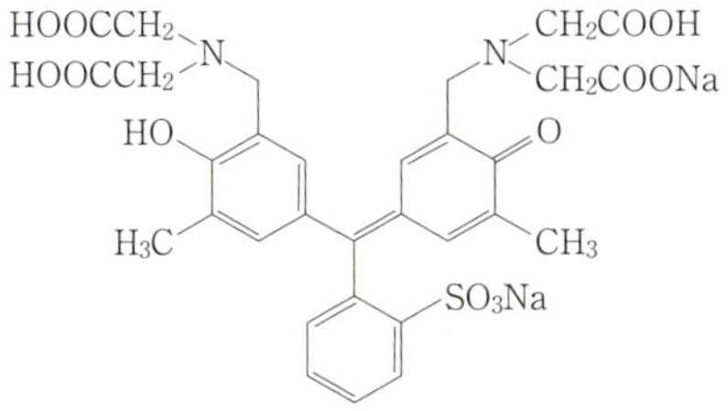

XO
（xylenol orange）

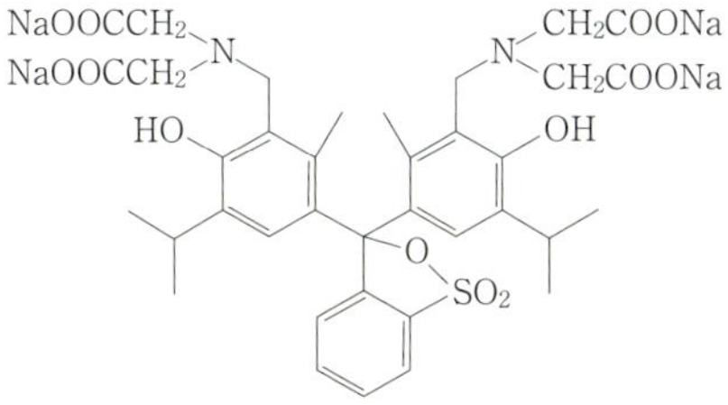

MTB
（methylthymol blue）

図6.10　キレート滴定で用いる代表的な金属指示薬の化学式

$$\underset{\text{色調A}}{MIn^{(n-m)+}} + Y^{4-} \longrightarrow MY^{(n-4)+} + \underset{\text{色調B}}{In^{m-}} \qquad (6.25)$$

その他，金属指示薬以外にキレート滴定における終点を求める検出法として，いくつかの金属イオンについては pM^{n+} を直接測定できるイオン選択性電極が開発されている．

6.3　マスキングと補助錯化剤

6.3.1　マスキング剤

溶液において特定の成分と分析試薬が反応する場合，あらかじめ別の試薬を加えることによりその反応が起こらないようにすることを**マスキング**（masking）という．キレート滴定では，妨害金属イオンと安定な錯体をつくる**マスキング剤**（錯化剤）が，妨害金属イオンと滴定試薬や指示薬とが反応するのを防ぐ目的で加えられている．

例えばキレート滴定において，アルカリ金属イオンのように，定量しようとする金属イオンよりもキレート錯体の生成定数が低い金属イオンは，共存しても定量を妨げない．キレート剤と目的金属イオンのキレート生成反応に影響しないからである．しかし，キレート錯体の生成定数が高い金属イオンが共存すると，目的金属イオンの定量が妨げられる．このような場合，妨害金属イオンのみと安定な錯体を形成するマスキング剤を加えて金属錯体とし，滴定で用いるキレート剤と目的金属イオンの反応に影響しないようにする．表6.5に，代表的なマスキング剤を示す．マスキングの効果は，マスキング剤と金属イオンとの生成定数と関

表6.5 代表的なマスキング剤

マスキング剤	マスキングされる金属
KCN	Ag，Cd，Co，Cu，Fe，Hg，Ni，Zn
チオ尿素	Cu，Pb
トリエタノールアミン	Al，Mn，Fe，Bi
S^{2-}（H_2S，Na_2S，チオアセトアミド）	Cu，Ni，Co，Zn，Hg
ジメルカプトプロパノール（BAL）	Hg，Cd，Zn，As，Sb，Pb，Bi

連しており，目的金属イオンと妨害金属イオンの副反応係数を計算すると定量的に評価することができる．

6.3.2　補助錯化剤

キレート滴定は，キレート剤の錯形成能力が高いアルカリ性条件で行われることが多いが，定量目的の金属イオンが加水分解により水酸化物として沈殿することがある（6.2.1項，図6.8を参照）．このような場合に沈殿の生成を防ぐために，キレート剤よりも錯形成能力が弱い錯化剤（**補助錯化剤**）を加えて金属イオンを安定度の低い錯イオンとして保護することができる．アンモニウム塩や酒石酸，クエン酸，炭酸の各塩が用いられる．

6.4　錯形成平衡の応用

6.4.1　硬度滴定

水質分析では，硬度（Ca^{2+}とMg^{2+}の含有量を当量の炭酸カルシウムの質量濃度 mg L^{-1}に換算した値）が，環境水の基本的な項目の一つとして用いられる．飲料用水道水の硬度の水質基準は300 mg L^{-1}以下である．水の硬度が高いと石けんの洗浄力が低下したり，ボイラー中に湛石（かんせき）が生じやすくなったりする．

公定法（JIS K0101）の硬度分析には，EDTA を用いたキレート滴定法が採用されている．図6.3に示したように，EDTA はCa^{2+}，Mg^{2+}と五員環のキレート環をもつ水溶性の 1 : 1 錯体を定量的に形成する．このキレート生成反応に基づいて，EDTA 標準溶液で滴定して両イオンの濃度を求める．具体的には，pH 10 においてエリオクロムブラック T（EBT）を金属指示薬とする滴定によりCa^{2+}とMg^{2+}の合計濃度を求め，pH 12～13においてMg^{2+}を$Mg(OH)_2$として沈殿させてマスキングしたうえで NN 指示薬を用いる滴定によってCa^{2+}のみを定量し，その差からMg^{2+}の濃度を計算する．

EDTA は多くの金属イオンと錯形成する汎用的なキレート剤であることから，試料水中に多量の金属イオンが存在するとキレート錯体を形成して誤差の原因になる．そのような場合は，試料水に KCN を加えて，他の金属イオンをマスキングするとよい．

例題6.5　pH 10.0およびpH 12.0におけるCa-EDTA，pH 10.0におけるMg-EDTAの条件生成定数を求めよ．

考え方のコツ　pH 10.0における$\alpha_Y(H)$係数を求めて式(6.17)を利用しよう．

解答

下記の表に結果を示す．EDTA錯体は金属指示薬の錯体よりも条件生成定数が高いことを確認しよう．

イオン	pH	$\log K'_{M\text{-}EDTA}$	$\log K'_{M\text{-}EBT}$	$\log K'_{M\text{-}NN}$
Ca^{2+}	10.0	10.2	3.8	—注)
	12.0	10.6	5.3	4.2
Mg^{2+}	10.0	8.4	5.4	—注)

注：非常に小さい

6.4.2　逆滴定による銅及び銅合金中のアルミニウム定量

銅は，産業や暮らしを支えるベースメタルの一つで，亜鉛，スズ，ニッケル，アルミニウム等と銅合金をつくる．身近な金属製品のなかでは，純銅だけでなく真鍮（しんちゅう），青銅，白銅等の銅合金が多く利用されている．

銅および銅合金中のアルミニウム定量法（JIS K1057）では，安息香酸による沈殿分離と組み合わせたEDTA亜鉛逆滴定法が採用されている．＋3価のアルミニウムイオンは，弱酸性から弱アルカリ性のpH領域では水和酸化物として沈殿するので，直接，EDTAでキレート滴定することができない。そこで，試料水に過剰量のEDTAを加え，亜鉛を用いて逆滴定することでアルミニウム濃度を求める．

試験法では，銅または銅合金試料を硝酸で分解し，pH 4.0〜4.2の条件で塩化ヒドロキシルアンモニウムおよび安息香酸アンモニウムを加えて安息香酸アルミニウムを沈殿させて，主要成分の銅からアルミニウムを分離する．次に，沈殿を分離し，塩酸に溶解する．この試料水に過剰量のEDTAを加えた後，pH 2.0〜2.2で煮沸加熱してアルミニウムとEDTAの1：1錯体のキレート形成反応を完結させる．最後に，pH 5.0〜5.5においてキシレノールオレンジ（XO）指示薬を用いて，未反応のEDTAを亜鉛標準溶液で逆滴定する．アルミニウム濃度は，添加したEDTA量から逆滴定で求めた未反応のEDTA量を差し引いて計算する．

6.4.3 金属イオンのスペシエーション（1.1項も参照）

錯形成平衡における化学種組成は動的な平衡状態にある．ある化学種の濃度が変化すると他の化学種の濃度も変化するため，個々の化学種を定量することは難しい．溶液中における金属イオンのスペシエーション（化学種組成）とその分布は，金属と配位子の全濃度と，錯体の生成定数から計算できる．ここでは，水溶液中の銅(Ⅱ)アンミン錯体を例として取り上げ，錯形成平衡におけるスペシエーションを説明しよう．

Cu(Ⅱ）の全濃度を C_M，銅（Ⅱ）アンミン錯体の逐次生成定数を K_n，全生成定数を β_n とすると，

$$C_M = [Cu^{2+}] + [Cu(NH_3)^{2+}] + [Cu(NH_3)_2{}^{2+}] + [Cu(NH_3)_3{}^{2+}] + [Cu(NH_3)_4{}^{2+}] + [Cu(NH_3)_5{}^{2+}] \quad (6.26)$$

$$K_n = \frac{[Cu(NH_3)_n{}^{2+}]}{[Cu(NH_3)_{n-1}{}^{2+}][NH_3]} \quad (n = 1 \sim 5) \quad (6.27)$$

$$\beta_n = \frac{[Cu(NH_3)_n{}^{2+}]}{[Cu^{2+}][NH_3]^n} \quad (n = 1 \sim 5) \quad (6.28)$$

式(6.26)に式(6.28)を代入して整理すると，

$$C_M = [Cu^{2+}] + \beta_1[Cu^{2+}][NH_3] + \beta_2[Cu^{2+}][NH_3]^2 + \beta_3[Cu^{2+}][NH_3]^3 + \beta_4[Cu^{2+}][NH_3]^4 + \beta_5[Cu^{2+}][NH_3]^5 \quad (6.29)$$

式(6.29)は，以下のように整理できる．

$$\frac{[Cu^{2+}]}{C_M} = \frac{1}{1 + \beta_1[NH_3] + \beta_2[NH_3]^2 + \cdots + \beta_5[NH_3]^5} \quad (6.30)$$

$$\frac{[Cu(NH_3)_n^{2+}]}{C_M} = \frac{\beta_n[NH_3]^n}{1 + \beta_1[NH_3] + \beta_2[NH_3]^2 + \cdots + \beta_5[NH_3]^5} \quad (6.31)$$

式(6.30)と(6.31)の左辺，すなわち，Cu(Ⅱ)の各化学種のモル分率を $[NH_3]$ の対数に対してプロットすると図6.11が得られる．図6.11は，水溶液中における $[NH_3]$ に伴う銅(Ⅱ)アンミン錯体のスペシエーション変化を表している．さら

に pH に伴うスペシエーション変化を求めるときは，NH_3 の全濃度を一定にして，NH_4^+ の酸解離定数から得られる ［NH_3］と［H^+］の関係式を式(6.30)と(6.31)に代入すればよい．

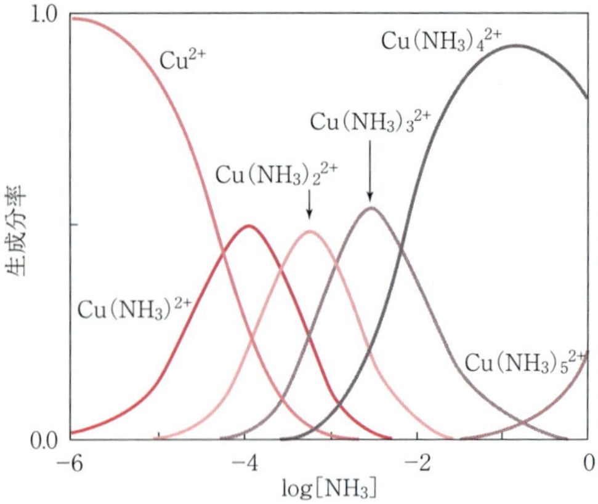

図6.11 水溶液中における銅（Ⅱ）アンミン錯体のスペシエーション変化

章末問題

6-1 次の用語を説明せよ．(a) 配位結合，(b) キレート効果，(c) 条件生成定数，(d) 逆滴定

6-2 次のキレート配位子が Ni^{2+} とキレート錯体を形成する際の配位官能基（配位原子）とキレート環サイズを示せ．(a) 8-キノリノール，(b) エチレンジアミン

6-3 水溶液中において EDTA（Y^{4-}）は Cu^{2+} と 1：1 錯体を形成する．この錯形成反応を水分子の配位を含めて化学式で示せ．

6-4 EDTA が多くの金属イオンと水溶性キレート錯体を形成する理由を述べよ．

6-5 0.20 mol L^{-1} $Ag(CN)_2^-$ 溶液に NaCl を添加した．AgCl が沈殿し始める Cl^- 濃度を計算せよ．ただし，$Ag(CN)_2^-$ の全生成定数 $\beta = 1.0 \times 10^{20}$ $(mol\ L^{-1})^{-2}$，AgCl の溶解度積 $K_{sp} = 1.8 \times 10^{-10}$ $(mol\ L^{-1})^2$ とする．

6-6 アンモニア水溶液に Ni(Ⅱ) を全濃度が C_{Ni} となるように添加した．全 Ni(Ⅱ) に対する $Ni(NH_3)_3^{2+}$ のモル分率を C_{Ni}，[NH_3]，全生成定数 β_n($n = 1 \sim 6$) を用いて表せ．

6-7 pH 10.0における EDTA の副反応係数 $\alpha_L(H)$，及び Ca^{2+} の条件生成定数を求めよ．

6-8 試料水中の Ca^{2+} の濃度を0.10 mol L^{-1} EDTA 溶液を用いて pH 10.0において滴定した．滴定曲線を図示せよ．

6-9 Ca^{2+}，Cu^{2+}，Mn^{2+}，Ni^{2+} の中で，Zn^{2+} で逆滴定できる金属イオンをあげよ．

6-10 Ca^{2+} と Ni^{2+} の混合溶液がある．EDTA 滴定でそれぞれの金属イオンのみを直接定量する条件を示せ．どのようなマスキング剤が適当か，適当な pH はどの程度か．

Basics of Analytical Chemistry

第7章 酸化還元平衡と電位差滴定

酸化還元平衡には電池や起電力といった用語が使われるので，ともすれば，これを物理的な電気や電子の科学と考えて難しく思う人がいる．しかし，この章を学べば，電池は化学反応に，起電力はエネルギーに対応することがよく理解できるだろう．電池をうまく構成すれば，電位差滴定（酸化還元滴定）による物質の分析ができるし，起電力を測れば，酸化還元反応（redox reaction）の平衡定数を求めることができる．また，他の化学と関連して，酸化還元平衡がエネルギーや環境問題とも深く関連すること，バッテリー，腐食，メッキなどの応用研究の基礎であることにも気づくだろう．

7.1　酸化と還元

酸化還元反応は自然界における重要な化学反応で，その考え方は，時代とともに拡張されてきた．当初は，ラボアジェ（A. Lavoisier）の燃焼理論（1772年）の影響から，物質が酸素と結合することを**酸化**（oxidation），酸素を失うことを**還元**（reduction）としていた．これらの考え方は今日でも有効であるが，現代では「酸化は分子やイオンが電子を失うこと，還元は電子を得ること」が一般的である．

酸化還元反応では，酸化と還元は対をなす．例えば，炭素が空気中で燃えて二酸化炭素となる反応 $C + O_2 \longrightarrow CO_2$ では，炭素が酸化されて二酸化炭素となり，酸素は還元されて，二酸化炭素となる．すなわち，酸化されるものがあれば必ず還元されるものがある．相手を酸化するものを**酸化剤**（oxidizing agent），相手を還元するものを**還元剤**（reducing agent）という．酸化剤は相手を酸化し，自分は還元される．同様に還元剤は相手を還元し，自分は酸化される．

7.1.1　酸化数

分子やイオンを構成する各原子に**酸化数**（oxidation number）を割り振ることができる．化学反応式の両辺における原子の酸化数の変化を知ることは，その反応が酸化還元反応であるかどうかを判断する簡単な方法である．酸化数を決める規則を確認しておこう．

（１）単体の酸化数は０である．

（２）一原子からなるイオンの酸化数はイオンの電荷数に等しい．

（３）化合物中の水素原子の酸化数を＋１とする（ただし，CaH_2中では－１）．

（４）化合物中の酸素原子の酸化数を－２とする（ただしH_2O_2中では－１）．

（５）化合物中の各原子の酸化数の和は，電気的に中性な化合物中では０，多原子で構成されたイオンでは，その電荷数に等しい．

この規則を用いて，次の化学反応における各原子の酸化数を調べてみよう．

例１　テルミット法

テルミットは，鉄，クロム，マンガン，バナジウムなどの金属酸化物と当量のアルミニウム粉末の混合物の名称で，これに点火すると，テルミットは強い光と熱を発する（図7.1）．酸化鉄とアルミニウム粉末のテルミット反応の熱化学方程式は，

$$\mathrm{Fe_2O_3} + 2\,\mathrm{Al} = 2\,\mathrm{Fe} + \mathrm{Al_2O_3} + 851.5\,\mathrm{kJ} \qquad (7.1)$$

酸化数　$+3$　-2　　0　　0　$+3$　-2

である．酸化数の変化を見ると，酸化鉄中の鉄原子は還元され，アルミニウム（金属）のアルミニウム原子は酸化されたことになる．この反応では，アルミニウム（金属）が酸化鉄を還元したといえる[*1]．この方法の利点は，溶鉱炉による製鉄とは異なり，製造した鉄に炭素が含まれないことである．また，テルミット法の高温は溶接にも用いられる．

＊1　酸化鉄がアルミニウム（金属）を酸化したともいえるが，通常，酸化鉄がアルミニウム（金属）を酸化したとはいわない．テルミット法は，酸化鉄から鉄（金属）を取り出すための冶金法であるからである．

図7.1 酸化鉄のテルミット反応

$Fe_2O_3 + 2Al \longrightarrow 2Fe + Al_2O_3$

例 2　化学的酸素要求量の測定法

化学的酸素要求量（chemical oxygen demand，COD）は湖沼水，河川水，海水などに含まれる被酸化性物質（おもに有機物）を酸化するために必要な酸素量のことで，直接，被酸化性物質と酸素を反応させるのではなく，過マンガン酸カリウムや二クロム酸カリウムの水溶液を用いて滴定し，その滴定量から酸素要求量を求める．それによって水質の良し悪しがわかるのである．硫酸酸性水溶液中での過マンガン酸イオン（MnO_4^-）とシュウ酸イオン（$C_2O_4^{2-}$）の反応を例にとると，その反応式は，

$$2MnO_4^- + 5C_2O_4^{2-} + 16H^+ \longrightarrow 2Mn^{2+} + 10CO_2 + 8H_2O \quad (7.2)$$

酸化数　+7 −2　+3 −2　+1　+2　+4 −2　+1 −2

となる．酸化数の変化を見ると，過マンガン酸イオン中のマンガン原子は還元され，シュウ酸イオン中の炭素原子は酸化されたことになる．この反応では，過マンガン酸イオンがシュウ酸イオンを酸化したといえる*2．後で述べるように，過マンガン酸カリウムは非常に強い酸化剤である．

7.2　酸化還元平衡

酸化還元反応は，一般的に，

$$Ox_1 + Red_2 \rightleftarrows Red_1 + Ox_2 \quad (7.3)$$

で表される．ここで，Ox_1とRed_1は，それぞれ，1という物質の酸化体と還元体を表し，Red_2とOx_2は，2という物質の還元体と酸化体を表す．一対の酸化体と

*2　シュウ酸イオンが過マンガン酸イオンを還元したともいえるが，私たちの世界は酸素にあふれ，きわめて酸化的であるため，特に還元という言葉を強調しなければならないときを除いて，酸化という言葉を優先して使う慣習がある．

還元体を**酸化還元対**（redox couple）という．式(7.2)では，Ox_1が過マンガン酸イオン，Red_1がマンガン(Ⅱ)イオンで，Red_2がシュウ酸イオン，Ox_2が二酸化炭素に当る．式(7.3)の濃度平衡定数Kと熱力学的平衡定数$K°$は，

$$K = \frac{[\mathrm{Red_1}][\mathrm{O_{X2}}]}{[\mathrm{Ox_1}][\mathrm{Red_2}]} \quad (7.4)$$

$$K° = \frac{(a_{\mathrm{Red1}})(a_{\mathrm{Ox2}})}{(a_{\mathrm{Ox1}})(a_{\mathrm{Red2}})} \quad (7.5)$$

と表される．

7.2.1　半電池と半反応

酸化還元反応の平衡定数は，二つの半電池で構成した電池の起電力から求めることができる．半電池に対する半反応（half reaction）の反応式は，一般的に，

$$\mathrm{Ox}^{z+} + n\mathrm{e}^- \rightleftarrows \mathrm{Red}^{(z-n)+} \quad (7.6)$$

と表される．Ox^{z+}と$Red^{(z-n)+}$は酸化還元対で，zは電荷数，nは反応に関与す

Column 7.1

「もののけ姫」と「たたら製鉄」

宮崎駿監督の映画「もののけ姫」では，サンとエボシが山林破壊をめぐって戦う様子が描かれている．エボシは日本の伝統的な製鉄法「たたら製鉄」で得た富を用いて人びとを救おうとするが，製鉄には砂鉄(酸化鉄）だけでなく，それを還元するための炭素源が必要となる．このため，木炭をつくらなければならず，山の木々を伐採する．当然，山は荒廃し，自然の生態系に異変が生じる．サンとその仲間たちは，この山林破壊に対抗してエボシと戦うことになるのである．

現在，製鉄は溶鉱炉を用いて行われている．溶鉱炉では，鉄鉱石(酸化鉄，Fe_2O_3)をコークス（炭素）から発生する一酸化炭素（CO）で還元して銑鉄（Fe）を得る．コークスを用いるため，銑鉄には炭素が含まれる．コークスは高温で反応して一酸化炭素（CO）を発生する．すなわち，$C + 1/2\,O_2 \longrightarrow CO$が起こる．同時に，$C + O_2 \longrightarrow CO_2$，　$C + CO_2 \longrightarrow 2\,CO$も起こる．一方，鉄鉱石は，発生した一酸化炭素によって還元され，銑鉄が得られる．化学反応式は，$Fe_2O_3 + 3\,CO \longrightarrow 2\,Fe + 3\,CO_2$である．

る電子数，「e^-」は半電池の電極中の電子を示す．半反応では，左辺に酸化体の還元を記すのが決まりである．例えば，鉄(Ⅲ)イオン(Fe^{3+})と鉄(Ⅱ)イオン(Fe^{2+})の酸化還元対(Fe^{3+}/Fe^{2+})の半反応式は，

$$Fe^{3+} + e^- \rightleftarrows Fe^{2+} \tag{7.7}$$

である．MnO_4^-/Mn^{2+}の酸化還元対では，

$$MnO_4^- + 5e^- + 8H^+ \rightleftarrows Mn^{2+} + 4H_2O \tag{7.8}$$

となる．半反応を二つ組み合わせて「e^-」を含まないようにすると，酸化還元反応の化学反応式をつくることができる．例えば，式(7.7)を5倍して，式(7.8)から引くと，

$$(MnO_4^- + 5e^- + 8H^+) - (5Fe^{3+} + 5e^-) \rightleftarrows (Mn^{2+} + 4H_2O) - 5Fe^{2+}$$

$$MnO_4^- + 8H^+ - 5Fe^{3+} \rightleftarrows Mn^{2+} + 4H_2O - 5Fe^{2+}$$

となり，移項して，整理すると

$$MnO_4^- + 5Fe^{2+} + 8H^+ \rightleftarrows Mn^{2+} + 5Fe^{3+} + 4H_2O \tag{7.9}$$

となる．この式は，過マンガン酸イオンによる鉄(Ⅱ)イオンの酸化反応を示し，後で述べるように，電位差滴定（酸化還元滴定）によく使われる．

例題7.1　次の二つの半反応を用いて，水素と酸素が反応して水が生成する化学反応式をつくれ．

$$2H^+ + 2e^- \rightleftarrows H_2\ (気体) \tag{i}$$

$$O_2\ (気体) + 4e^- + 4H^+ \rightleftarrows 2H_2O\ (液体) \tag{ii}$$

解答

（i）を2倍して，（ii）から引いて整理すると，

$$(O_2(気体) + 4e^- + 4H^+) - 2(2H^+ + 2e^-) \rightleftarrows 2H_2O(液体) - 2H_2(気体)$$

$$2H_2\ (気体) + O_2\ (気体) \rightleftarrows 2H_2O\ (液体)$$

7.2.2 電気化学ポテンシャルと電極電位

それぞれの半反応には，対応する半電池が存在し，その半電池は固有の電極電位をもつ．半電池の電極電位は単独では測定することができないが，注目する半反応に対する半電池と適当な参照電極を用いて電池を構成し，その起電力を測定することはできる．後で述べるように，参照電極を**標準水素電極**(standard hydrogen electrode，SHE)[*3]とすれば，各半反応の半電池に対応する電極電位を統一的に記すことができる．ここでは，第4章で述べた電気化学ポテンシャルを用いて，半反応に対する電極電位を導いてみよう．以下には，たくさんの数式が現れるが，一つ一つ追っていけば難しくないので一度は導いて欲しい．

相 α 中の化学種 i に対する電気化学ポテンシャル $\tilde{\mu}_\mathrm{i}^\alpha$ は，

$$\tilde{\mu}_\mathrm{i}^\alpha = \mu_\mathrm{i}^{\alpha,\circ} + RT\ln a_\mathrm{i}^\alpha + zF\phi_\alpha \tag{7.10}$$

であった．この電気化学ポテンシャルを用いて，式(7.6)の半反応を考えてみよう．各物質が存在する相を明らかにして，式(7.6)を書き直すと，

$$\mathrm{Ox}^{z+}\ (\mathrm{I}) + n\mathrm{e}^-\ (\mathrm{II}) \rightleftarrows \mathrm{Red}^{(z-n)+}\ (\mathrm{I}) \tag{7.11}$$

となる．ここで，ⅠとⅡは，それぞれ溶液相と電極相を示す．平衡状態では左辺の電気化学ポテンシャルの和と右辺の電気化学ポテンシャルの和が等しくなるので，

$$\tilde{\mu}^\mathrm{I}_{\mathrm{Ox}^{z+}} + n\tilde{\mu}^\mathrm{II}_{\mathrm{e}^-} = \tilde{\mu}^\mathrm{I}_{\mathrm{Red}^{(z-n)+}}$$

$$\begin{aligned}&\{\mu^{\mathrm{I},\circ}_{\mathrm{Ox}^{z+}} + RT\ln\ (a_{\mathrm{Ox}^{z+}})_\mathrm{eq} + zF\phi_\mathrm{I}\} + n(\mu^{\mathrm{II},\circ}_{\mathrm{e}^-} - F\phi_\mathrm{II})\\&= \mu^{\mathrm{I},\circ}_{\mathrm{Red}^{(z-n)+}} + RT\ln(a_{\mathrm{Red}^{(z-n)+}})_\mathrm{eq} + (z-n)F\phi_\mathrm{I}\end{aligned} \tag{7.12}$$

の関係が成り立つ（電極中の電子の活量は1）．この式を変形して整理すると，

$$\phi_\mathrm{II} - \phi_\mathrm{I} = \frac{\mu^{\mathrm{I},\circ}_{\mathrm{Ox}^{z+}} + n\mu^{\mathrm{II},\circ}_{\mathrm{e}^-} - \mu^{\mathrm{I},\circ}_{\mathrm{Red}^{(z-n)+}}}{nF} - \frac{RT}{nF}\ln\frac{(a_{\mathrm{Red}^{(z-n)+}})_\mathrm{eq}}{(a_{\mathrm{Ox}^{z+}})_\mathrm{eq}} \tag{7.13}$$

＊3：normal hydrogen electrode，NHE ともいう．SHE と NHE は厳密には異なるが，本書ではその違いについては議論しない．

となる．一方，式(7.11)の標準ギブズエネルギー変化 ΔG° が，

$$\Delta G^\circ = \mu^{\mathrm{I},\circ}_{\mathrm{Red}^{(z-n)+}} - \left(\mu^{\mathrm{I},\circ}_{\mathrm{Ox}^{z+}} + n\mu^{\mathrm{II},\circ}_{\mathrm{e}^-}\right) \tag{7.14}$$

であることを用い，$\Delta\phi^{\mathrm{II}}_{\mathrm{I}} = \phi_{\mathrm{II}} - \phi_{\mathrm{I}}$，$\Delta\phi^{\mathrm{II},\circ}_{\mathrm{I}} = \dfrac{-\Delta G^\circ}{nF}$とすれば，

$$\Delta\phi^{\mathrm{II}}_{\mathrm{I}} = \Delta\phi^{\mathrm{II},\circ}_{\mathrm{I}} - \frac{RT}{nF}\ln\frac{(a_{\mathrm{Red}^{(z-n)+}})_{\mathrm{eq}}}{(a_{\mathrm{Ox}^{z+}})_{\mathrm{eq}}} \tag{7.15}$$

の関係が得られる．この式は，半反応に対する半電池の電極電位を表す．半電池一つだけの電極電位を測定することはできないため，二つの半電池を組み合わせて一つの電池を構成し，その起電力を測定することになる．

7.2.3 電池の起電力とネルンスト式

電池は二つの半電池で構成される．例として，図7.2に水素電極と銀/塩化銀電極で構成した電池を示す．それぞれの半反応の反応式は，

$$2\,\mathrm{H}^+ + 2\,\mathrm{e}^- \rightleftharpoons \mathrm{H_2(g)} \tag{7.16}$$

$$\mathrm{AgCl(s)} + \mathrm{e}^- \rightleftharpoons \mathrm{Ag(s)} + \mathrm{Cl}^- \tag{7.17}$$

である．g (gas) は気体を，s (solid) は固体を表す．これらを組み合わせると，

$$\mathrm{H_2(g)} + 2\,\mathrm{AgCl(s)} \rightleftharpoons 2\,\mathrm{H}^+ + 2\,\mathrm{Ag(s)} + 2\,\mathrm{Cl}^- \tag{7.18}$$

となる．この反応式は，水素により塩化銀が還元されて銀（金属）となる反応を示す．電池の表記法にしたがえば，この電池は

$$\underset{\mathrm{I}}{\mathrm{Cu}}\mid\underset{\mathrm{II}}{\mathrm{Pt}}\mid\underset{\mathrm{III}}{\mathrm{H_2}(\text{圧力}\,p)}\;\mid\underset{\mathrm{IV}}{\mathrm{H}^+(a_{\mathrm{H}^+}),\ \mathrm{Cl}^-(a_{\mathrm{Cl}^-})}\;\mid\underset{\mathrm{V}}{\mathrm{AgCl}}\mid\underset{\mathrm{VI}}{\mathrm{Ag}}\mid\underset{\mathrm{I}'}{\mathrm{Cu}} \tag{7.19}$$

と表される．「|」は相の境界を意味する．左右の Cu は電位差計の端子である．この電池の起電力を，前節と同様に，電気化学ポテンシャルを用いて導いてみよう．各半電池は平衡にあるので，左辺と右辺の電気化学ポテンシャルの和は等しい．式(7.16)と式(7.17)から，

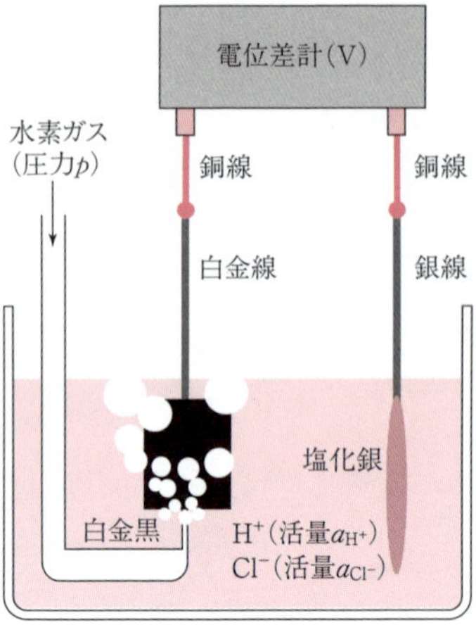

図7.2 水素電極と銀/塩化銀電極で構成した電池

銀/塩化銀電極の銀線は，その一部分を塩化カリウム水溶液中で電解して，表面に塩化銀を析出させてある．一方，水素電極中の白金黒は薄い白金板を白金メッキして作製する．銀線と白金線の先端に電位差計の銅の端子を接続して，電池の起電力を測定する．

$$2\tilde{\mu}^{\mathrm{IV}}_{\mathrm{H^+}} + 2\tilde{\mu}^{\mathrm{I}}_{\mathrm{e^-}} = \mu^{\mathrm{III}}_{\mathrm{H_2}} \tag{7.20}$$

$$\mu^{\mathrm{V}}_{\mathrm{AgCl}} + \tilde{\mu}^{\mathrm{I'}}_{\mathrm{e^-}} = \mu^{\mathrm{VI}}_{\mathrm{Ag}} + \tilde{\mu}^{\mathrm{IV}}_{\mathrm{Cl^-}} \tag{7.21}$$

が得られる．ここで，接している金属中の電子の電気化学ポテンシャルは同じ，すなわち，$\tilde{\mu}^{\mathrm{II}}_{\mathrm{e^-}} = \tilde{\mu}^{\mathrm{I}}_{\mathrm{e^-}}$ および $\tilde{\mu}^{\mathrm{VI}}_{\mathrm{e^-}} = \tilde{\mu}^{\mathrm{I'}}_{\mathrm{e^-}}$ である．式(7.20)に１/２を掛け，式(7.21)から引くと，

$$\begin{aligned}
\tilde{\mu}^{\mathrm{I'}}_{\mathrm{e^-}} - \tilde{\mu}^{\mathrm{I}}_{\mathrm{e^-}} &= \left(\mu^{\mathrm{VI}}_{\mathrm{Ag}} + \tilde{\mu}^{\mathrm{IV}}_{\mathrm{Cl^-}} - \mu^{\mathrm{V}}_{\mathrm{AgCl}}\right) - \left(\frac{1}{2}\mu^{\mathrm{III}}_{\mathrm{H_2}} - \tilde{\mu}^{\mathrm{IV}}_{\mathrm{H^+}}\right) \\
&= \left\{\mu^{\mathrm{VI}\circ}_{\mathrm{Ag}} + \left(\mu^{\mathrm{IV}\circ}_{\mathrm{Cl^-}} + RT\ln a^{\mathrm{IV}}_{\mathrm{Cl^-}} + (-1)F\phi^{\mathrm{IV}}\right) - \mu^{\mathrm{V}\circ}_{\mathrm{AgCl}}\right\} \\
&\quad -\frac{1}{2}\left(\mu^{\mathrm{III}\circ}_{\mathrm{H_2}} + RT\ln p^{\mathrm{III}}_{\mathrm{H_2}}\right) + \left(\mu^{\mathrm{IV}\circ}_{\mathrm{H^+}} + RT\ln a^{\mathrm{IV}}_{\mathrm{H^+}} + (+1)F\phi^{\mathrm{IV}}\right) \\
&= \left\{\left(\mu^{\mathrm{VI}\circ}_{\mathrm{Ag}} + \mu^{\mathrm{IV}\circ}_{\mathrm{Cl^-}} - \mu^{\mathrm{V}\circ}_{\mathrm{AgCl}}\right) - \frac{1}{2}\mu^{\mathrm{III}\circ}_{\mathrm{H_2}} + \mu^{\mathrm{IV}\circ}_{\mathrm{H^+}}\right\} + RT\ln\frac{(a^{\mathrm{IV}}_{\mathrm{Cl^-}})(a^{\mathrm{IV}}_{\mathrm{H^+}})}{(p^{\mathrm{III}}_{\mathrm{H_2}})^{1/2}}
\end{aligned} \tag{7.22}$$

となる．銀や塩化銀など，固体の活量は１であること，気体の活量は圧力で表していることに注意して欲しい．一方，

$$\tilde{\mu}_{e^-}^{I'} - \tilde{\mu}_{e^-}^{I} = \tilde{\mu}_{e^-}^{I'\circ} + (-1)F\phi^{I'} - \left\{\mu_{e^-}^{I\circ} + (-1)F\phi^{I}\right\}$$
$$= \mu_{e^-}^{I'\circ} - \mu_{e^-}^{I'\circ} - F(\phi^{I'} - \phi^{I}) = -F(\phi^{I'} - \phi^{I}) \quad (7.23)$$

であるため，式(7.22)と式(7.23)から，

$$\left\{\left(\mu_{Ag}^{VI\circ} + \mu_{Cl^-}^{IV\circ} - \mu_{AgCl}^{V\circ}\right) - \frac{1}{2}\mu_{H_2}^{III\circ} + \mu_{H^+}^{IV\circ}\right\} + RT\ln\frac{(a_{Cl^-}^{IV})(a_{H^+}^{IV})}{(p_{H_2}^{III})^{1/2}} = -F(\phi^{I'} - \phi^{I})$$

となり，起電力 E を電池の式の左側の電極に対する右側の電極の電位，$E=\phi^{I'}-\phi^{I}$ とすると，

$$E = -\frac{\mu_{Ag}^{VI\circ} + \mu_{Cl^-}^{IV\circ} - \mu_{AgCl}^{V\circ} - 1/2\,\mu_{H_2}^{III\circ} + \mu_{H^+}^{IV\circ}}{F} - \frac{RT}{F}\ln\frac{(a_{Cl^-}^{IV})(a_{H^+}^{IV})}{(p_{H_2}^{III})^{1/2}}$$
$$(7.24)$$

となる．$E^\circ(=-\Delta G^\circ/F)=-(\mu_{Ag}^{VI\circ}+\mu_{Cl^-}^{IV\circ}-\mu_{AgCl}^{V\circ}-1/2\,\mu_{H_2}^{III\circ}+\mu_{H^+}^{IV\circ})/F$ とすれば，

$$E = E^\circ - \frac{RT}{F}\ln\frac{(a_{Cl^-}^{IV})(a_{H^+}^{IV})}{(p_{H_2}^{III})^{1/2}} \quad (7.25)$$

が得られる．この式は，図7.2の電池の起電力が溶液中の塩化物イオンや水素イオンの活量，水素ガスの圧力に依存することを示している．また，E° は電池に含まれる物質の活量がすべて1のときの起電力と解釈でき，$-FE$ は式(7.18)の反応における1個の電子の移動に対するギブズエネルギー変化，$\Delta G=\tilde{\mu}_{H^+}+\mu_{Ag}+\tilde{\mu}_{Cl^-}-(1/2\,\mu_{H_2}+\mu_{AgCl})$ に対応しているといえる．一般に

$$\nu_A A + \nu_B B + \nu_C C + \ldots \rightleftharpoons \nu_\alpha \alpha + \nu_\beta \beta + \nu_\gamma \gamma + \ldots \quad (7.26)$$

（ν_A，ν_B，$\nu_C\cdots$，ν_α，ν_β，ν_γ は反応係数で自然数）

の酸化還元反応が起きるとき，反応において移動する電子数を n，反応のギブズエネルギー変化を ΔG とすれば，

$$E = -\frac{\Delta G}{nF} \quad (7.27)$$

が成り立ち，

$$E = E^{\circ} - \frac{RT}{nF} \ln \frac{(a_{\alpha})^{\nu_{\alpha}}(a_{\beta})^{\nu_{\beta}}(a_{\gamma})^{\nu_{\gamma}}\cdots}{(a_{A})^{\nu_{A}}(a_{B})^{\nu_{B}}(a_{C})^{\nu_{C}}\cdots} \tag{7.28}$$

である（平衡を表す下付きの「eq」は省略した）．この式の活量を活量係数と濃度の積として表し，式を整理すると，

$$E = E^{\circ} - \frac{RT}{nF} \ln \frac{(\gamma_{\alpha})^{\nu_{\alpha}}(\gamma_{\beta})^{\nu_{\beta}}(\gamma_{\gamma})^{\nu_{\gamma}}\ldots}{(\gamma_{A})^{\nu_{A}}(\gamma_{B})^{\nu_{B}}(\gamma_{C})^{\nu_{C}}\ldots} - \frac{RT}{nF} \ln \frac{[\alpha]^{\nu_{\alpha}}[\beta]^{\nu_{\beta}}[\gamma]^{\nu_{\gamma}}\ldots}{[A]^{\nu_{A}}[B]^{\nu_{B}}[C]^{\nu_{C}}\ldots} \tag{7.29}$$

$$E^{\circ\prime} = E^{\circ} - \frac{RT}{nF} \ln \frac{(\gamma_{\alpha})^{\nu_{\alpha}}(\gamma_{\beta})^{\nu_{\beta}}(\gamma_{\gamma})^{\nu_{\gamma}}\ldots}{(\gamma_{A})^{\nu_{A}}(\gamma_{B})^{\nu_{B}}(\gamma_{C})^{\nu_{C}}\ldots} \tag{7.30}$$

とすると，

$$E = E^{\circ\prime} - \frac{RT}{nF} \ln \frac{[\alpha]^{\nu_{\alpha}}[\beta]^{\nu_{\beta}}[\gamma]^{\nu_{\gamma}}\ldots}{[A]^{\nu_{A}}[B]^{\nu_{B}}[C]^{\nu_{C}}\ldots} \tag{7.31}$$

と書くことができる．ここで，$E^{\circ\prime}$は，**式量電位**（formal potential）である．式(7.28)，式(7.31)は**ネルンスト式**（Nernst eqation）とよばれる式で，酸化還元平衡を理解するうえで重要な式である．ちなみに，常用対数を用いると，25℃では，式(7.28)と式(7.31)は，

$$E = E^{\circ} - \frac{0.059}{n} \log \frac{(a_{\alpha})^{\nu_{\alpha}}(a_{\beta})^{\nu_{\beta}}(a_{\gamma})^{\nu_{\gamma}}\ldots}{(a_{A})^{\nu_{A}}(a_{B})^{\nu_{B}}(a_{C})^{\nu_{C}}\ldots} \tag{7.32}$$

$$E = E^{\circ\prime} - \frac{0.059}{n} \log \frac{[\alpha]^{\nu_{\alpha}}[\beta]^{\nu_{\beta}}[\gamma]^{\nu_{\gamma}}\ldots}{[A]^{\nu_{A}}[B]^{\nu_{B}}[C]^{\nu_{C}}\ldots} \tag{7.33}$$

となる．$0.059/n$〔単位はV（ボルト）〕は，ネルンスト式の傾きとして，是非，覚えておいて欲しい値である．

ネルンスト式の例をあげておこう．温度は25℃，活量係数はすべて1とする．

$Fe^{3+} + e^{-} \rightleftarrows Fe^{2+}$の半反応に対しては，

$$E = E^\circ_{Fe^{3+}/Fe^{2+}} - \frac{0.059}{1} \log \frac{[Fe^{2+}]}{[Fe^{3+}]} \qquad (7.34)$$

である．$Cr_2O_7^{2-} + 6\,e^- + 14H^+ \rightleftarrows 2\,Cr^{3+} + 7\,H_2O$ に対しては，

$$E = E^\circ_{Cr_2O_7^{2-}/Cr^{3+}} - \frac{0.059}{6} \log \frac{[Cr^{3+}]^2}{[Cr_2O_7^{2-}] \times [H^+]^{14}}$$

$$= E^\circ_{Cr_2O_7^{2-}/Cr^{3+}} - \frac{0.059}{6} \log \frac{[Cr^{3+}]^2}{[Cr_2O_7^{2-}]} - \frac{14 \times 0.059}{6}\,\mathrm{pH} \qquad (7.35)$$

7.2.4 平衡定数とネルンストの式

図7.2の二つの電極の端子間には起電力があるため，端子同士を短絡すると電流が流れる．しかし，ずっと短絡していると，やがて起電力は0 V となり，電流は流れなくなる．これは，式(7.18)の反応が平衡に達したことを意味する．このことは，式(7.26)の一般の反応にも適用でき，平衡では式(7.28)の左辺が0 V となる．活量係数を1とすると，

$$0 = E^\circ - \frac{RT}{nF} \ln \frac{[\alpha]^{\nu_\alpha}[\beta]^{\nu_\beta}[\gamma]^{\nu_\gamma}\ldots}{[A]^{\nu_A}[B]^{\nu_B}[C]^{\nu_C}\ldots} \qquad (7.36)$$

である．この式の対数項の真数部分は，式(7.26)の反応の濃度平衡定数であり，したがって，式(7.36)は

$$\ln K = \frac{nF}{RT} E^\circ \left\{ = \frac{-\Delta G^\circ}{RT} \right\} \qquad (7.37)$$

となる．式(7.37)は酸化還元反応の平衡定数と電池の起電力の関係を示す式である．ある酸化還元反応の平衡定数を求めるには，まず，反応を二つの半反応に分解し，半反応に対応する二つの半電池で電池を構成し，標準状態での起電力 E° を求め，式(7.37)を用いて計算する．しかし，次節で述べるように，これをその都度行うのは面倒であるため，基準となる半電池を決めておき，これと他の標準状態の半電池で構成した電池の起電力を測り，その起電力を表にまとめておくの

が便利である．

7.2.5　標準電極電位

基準の半電池（Ref）と半電池1およびRefと半電池2を用いて二つの電池を構成し，それらの標準状態における起電力を測定して起電力の差を取れば，二つの半電池（1および2）で構成される電池の標準状態での起電力を求めることができる．数式で示すと，

$$E_1^\circ = \Delta\phi_1^\circ - \Delta\phi_{\mathrm{Ref}}^\circ \tag{7.38}$$

$$E_2^\circ = \Delta\phi_2^\circ - \Delta\phi_{\mathrm{Ref}}^\circ \tag{7.39}$$

$$E^\circ = E_1^\circ - E_2^\circ = (\Delta\phi_1^\circ - \Delta\phi_{\mathrm{Ref}}^\circ) - (\Delta\phi_2^\circ - \Delta\phi_{\mathrm{Ref}}^\circ) = \Delta\phi_1^\circ - \Delta\phi_2^\circ \tag{7.40}$$

である．現在は，基準の半電池（電極）として，図7.3に示す標準水素電極が用いられる．この電極の半反応は，

$$2\,\mathrm{H}^+\ (a_{\mathrm{H}^+} = 1) + 2\,\mathrm{e}^-\ (\text{白金黒中}) \rightleftarrows \mathrm{H}_2\ (\mathrm{g},\ 1013\,\mathrm{hPa}) \tag{7.41}$$

で，その電位はすべての温度において0Vである．標準水素電極の電位が0Vであることは，単に約束事ごとである．この電極と任意の半電池で構成した電池は，

$$\mathrm{Pt}\,|\,\mathrm{H}_2(1013\,\mathrm{hPa})\,|\,\mathrm{H}^+(a_{\mathrm{H}^+} = 1),\ \text{陰イオン}\ \|\ \text{任意の半電池} \tag{7.42}$$

と表せる（縦の二本線「‖」は**塩橋**を示す*4）．

式(7.42)の電池の標準状態（含まれるすべての物質の活量が1）での起電力を**標準電極電位**（standard electrode potential）という．付表4に，さまざまな半反応に対する標準電極電位を示す．これを用いれば，任意の二つの半電池で構成した電池の起電力を予想することができ，多くの酸化還元反応の平衡定数や標準ギブズエネルギー変化を見積もることができる．また，物質の酸化や還元の能力を相対的に評価することも容易である．例えば，過マンガン酸イオンや塩素が強

*4　塩橋は，塩化カリウムなどの塩を含む寒天溶液を，熱いうちにガラス管などに流し込み，冷やして固めたものである．塩橋にも電位差が発生するが，本書ではこのことについては議論しない．

い酸化剤であることはよく知られているが，これらの物質の標準電極電位は，それぞれ，+1.51 V と +1.3595 V と大きな正の値である（付表4）．一方，金属ナトリウムは非常に強い還元剤で，標準電極電位は −2.713 V と，きわめて小さい．このことから推察できるように，標準電極電位が大きい正の半反応の酸化体（左辺）は強い酸化剤，小さい負の半反応の還元体（右辺）は強い還元剤といえる．一般的にある物質を酸化したいときには，その物質を含む半反応の標準電極電位より正方向に大きい標準電極電位をもつ半反応の酸化体を用いれば，目的を達成することができる．還元したい場合は，負方向に小さい標準電極電位をもつ半反応の還元体を用いる．

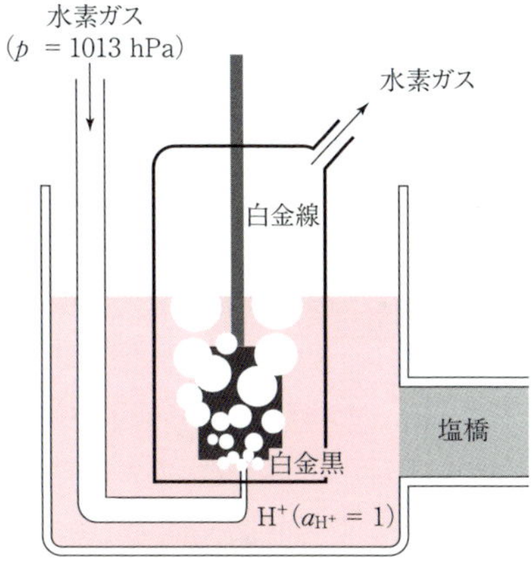

図7.3 標準水素電極

1013 hPa は1気圧．塩橋を介して，含まれるすべての物質の活量が1の任意の半電池と接続して電池を構成するとき，この電池が示す起電力が標準電極電位となる．

例題7.2　次の酸化還元反応の濃度平衡定数 $K = ([Ce^{3+}] \times [Fe^{3+}])/([Ce^{4+}] \times [Fe^{2+}])$ を求めよ．温度は25℃，活量係数は1とする．

$$Ce^{4+} + Fe^{2+} \rightleftarrows Ce^{3+} + Fe^{3+}$$

解答

この酸化還元反応は，

$$Ce^{4+} + e^- \rightleftarrows Ce^{3+} \qquad E^\circ_{Ce^{4+}/Ce^{3+}} = 1.61 \text{ V vs. SHE}$$

$$Fe^{3+} + e^- \rightleftarrows Fe^{2+} \qquad E^\circ_{Fe^{3+}/Fe^{2+}} = 0.771 \text{ V vs. SHE}$$

の二つの半反応に分けられ，付表4からそれらの標準電極電位も読み取れる．

上の式から下の式を引くと，

$$(Ce^{4+} + e^-) - (Fe^{3+} + e^-) \rightleftarrows Ce^{3+} - Fe^{2+}, \quad E^\circ_{Ce^{4+/3+}} - E^\circ_{Fe^{3+/2+}} = 0.83_9 \text{V}$$

$$Ce^{4+} + Fe^{2+} \rightleftarrows Ce^{3+} + Fe^{3+}$$

となり，確かに問題の酸化還元反応がこれらの二つの半反応式に分けられることが確かめられる．次に，式(7.37)を用いれば，T = 298K において，

$$\ln K = \frac{(1) \times F}{RT} \times \left(E^\circ_{Ce^{4+/3+}} - E^\circ_{Fe^{3+/2+}} \right)$$

$$= \frac{(1) \times 96500\ \mathrm{C\ mol^{-1}}}{(8.31\ \mathrm{JK^{-1}\ mol^{-1}}) \times (298\mathrm{K})} \times 0.83_9\ \mathrm{V} \approx 32._7$$

$$K = 1.5_9 \times 10^{14} = 1.6 \times 10^{14}$$

となる．1.6×10^{14}という値は問題の反応がほぼ完全に右側に進行する（偏る）ことを示す．また，反応の標準ギブズエネルギー変化ΔG°は，式(7. 27)を用いれば，

$$\Delta G^\circ = -(1) \times F \times \left(E^\circ_{Ce^{4+/3+}} - E^\circ_{Fe^{3+/2+}} \right) \approx -8.1 \times 10^4\ \mathrm{J\ mol^{-1}}$$

と求められる．標準ギブズエネルギー変化が負であることは，標準状態では問題の反応の正反応が自発的に進行することを示す．

7.3　電位差滴定（酸化還元滴定）

後でも述べるように，電位差滴定は，電極電位をはかるという観点から，pHメーターやイオン選択性電極を用いるpH滴定やキレート滴定も含むと考えられる．しかし，ここでは，一般的にそうであるように，電位差滴定と酸化還元滴定を同じものと考えることにしよう．

酸化還元反応を用いた滴定によって，定量目的物質の物質量を決めることができる．ここでは，例題7. 2で取り上げたセリウム(Ⅳ)イオンによる鉄(Ⅱ)イオンの酸化還元滴定を例に，その原理や基本を述べ，その後，各種の実際の滴定法について説明しよう．

セリウム(Ⅳ)イオンは酸性溶液中において，

$$Ce^{4+} + e^- \rightleftharpoons Ce^{3+} \qquad E^\circ_{Ce^{4+}/Ce^{3+}} = 1.61\ \mathrm{V\ vs.\ SHE}$$

の半反応をもち，その高い標準電極電位によって強い酸化力を示す．一方，鉄(Ⅱ)イオンは，やはり酸性溶液中において，

$$Fe^{3+} + e^- \rightleftharpoons Fe^{2+} \qquad E^\circ_{Fe^{3+}/Fe^{2+}} = 0.771\ \mathrm{V\ vs.\ SHE}$$

の半反応をもつ．その標準電極電位はCe^{4+}/Ce^{3+}の酸化還元対の標準電極電位よりかなり低いため，鉄(Ⅱ)イオンはセリウム(Ⅳ)イオンによって容易に酸化される．滴定反応は，

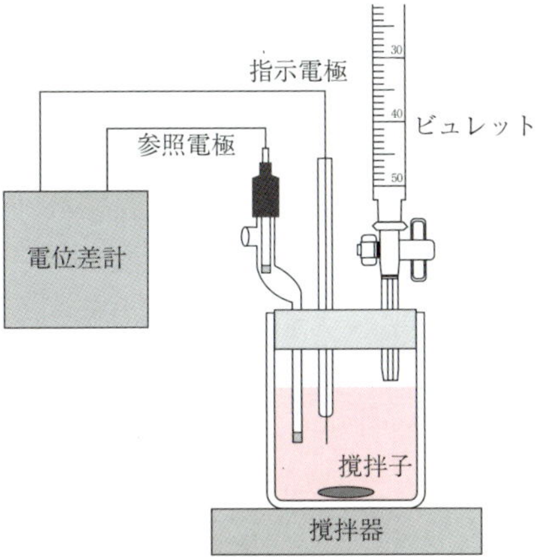

図7.4 電位差滴定装置

指示電極と参照電極で電池を構成し，滴定剤を滴下しながら，起電力を電位差計で読みとる．

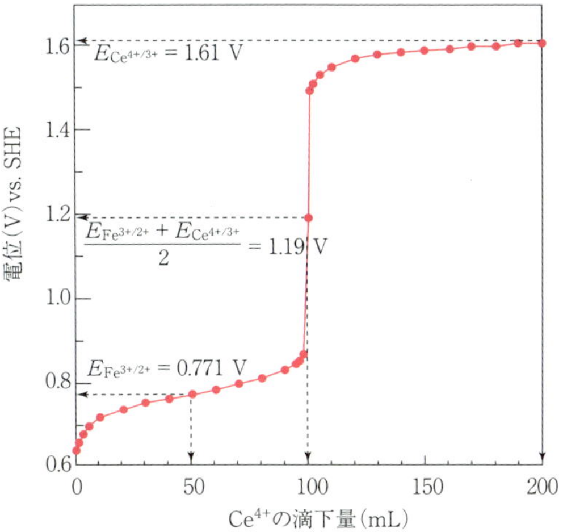

図7.5 Ce^{4+}によるFe^{2+}の滴定曲線

100 mL の0.0100 mol L^{-1}の Fe^{2+} の水溶液を0.0100 mol L^{-1}の Ce^{4+} の水溶液で滴定したときの滴定曲線.

$$Ce^{4+} + Fe^{2+} \longrightarrow Ce^{3+} + Fe^{3+} \qquad (7.43)$$

である．滴定装置は，図7.4に示すように，酸塩基滴定の滴定装置とほぼ同じである．酸塩基滴定では，試料溶液の pH をはかるために，pH メーターを用いるが，酸化還元滴定では，指示電極と参照電極を用いて，試料溶液の電極電位をはかる．ちなみに，指示電極としては白金電極が，参照電極としては，標準水素電極ではなく，銀／塩化銀電極（Ag｜AgCl｜KCl 水溶液‖）や飽和カロメル（甘汞）電極*5（Pt｜Hg｜Hg_2Cl_2｜飽和 KCl 水溶液‖）がよく用いられる．ビュレットには硫酸セリウム(Ⅳ)アンモニウム〔$(NH_4)_2Ce(SO_4)_3$〕の硫酸酸性水溶液が，滴定容器には硫酸鉄(Ⅱ)アンモニウム・六水和物〔$(NH_4)_2Fe(SO_4)_2 \cdot 6\,H_2O$〕の硫酸酸性水溶液が入っている．硫酸鉄(Ⅱ)アンモニウム・六水和物はモール塩ともいう．滴定曲線を図7.5に示す．滴定を進めていくと，ある滴下量で大きな電位のジャンプが現れる．この点（当量点）から対象物質の物質量を決めることができる．

＊5　しばしば，saturated calomel electrode，SCE とよばれる．

例題7.3　100 mL の0.0100 mol L^{-1}の Fe^{2+} の水溶液を0.0100 mol L^{-1}の Ce^{4+} の水溶液で滴定する．(a) 滴定前，(b) 1/4当量点，(c) 半当量点，(d) 当量点，(e) 2倍当量点の電極電位（vs. SHE）を求めよ．ただし，温度は25℃，いずれの活量係数も1とする．

解答

(a) 滴定前

滴定前の試料溶液は，0.0100 mol L^{-1}の Fe^{2+} の水溶液である．Fe^{3+}がまったく含まれていなければ，ネルンスト式から電極電位を求めることはできない．なぜなら，Fe^{3+}/Fe^{2+}に対するネルンスト式は，$E_{Fe^{3+}/Fe^{2+}} = 0.771 - 0.059 \times \log [Fe^{2+}]/[Fe^{3+}]$であり，$[Fe^{3+}] = 0\ \mathrm{mol\ L^{-1}}$なら，対数の真数部分が無限大となり，計算できないからである．したがって，滴定前の電極電位は定まらない．実際には，不純物として含まれる微量の Fe^{3+} や溶液中の溶存酸素によって酸化されて生成した Fe^{3+}が存在するため，電極電位は測定できるかもしれないが，その値に意味はない．

(b) 1/4当量点

滴定前の Fe^{2+} の物質量 ＝ 0.0100 mol L^{-1} × 0.100 L ＝ 1.00×10^{-3} mol

1/4当量点では，滴定前に含まれていた Fe^{2+}の1/4が Fe^{3+}に酸化され，各イオンの物質量と濃度は

	Ce^{4+}	Fe^{2+}	Ce^{3+}	Fe^{3+}
滴定前の物質量（mol）	0.250×10^{-3}	1.00×10^{-3}	0	0
1/4当量点での物質量（mol）	0	0.750×10^{-3}	0.250×10^{-3}	0.250×10^{-3}
1/4当量点での濃度（mol L^{-1}）	0	0.750×10^{-3} /0.125 = 6.00×10^{-3}	0.250×10^{-3} /0.125 = 2.00×10^{-3}	0.250×10^{-3} /0.125 = 2.00×10^{-3}

となる．ゆえに，

$$E_{Fe^{3+}/Fe^{2+}} = 0.771 - 0.059 \times \log \frac{[Fe^{2+}]}{[Fe^{3+}]} = 0.771 - 0.059 \times \log \frac{0.00600\ \mathrm{mol\ L^{-1}}}{0.00200\ \mathrm{mol\ L^{-1}}}$$

$$= 0.771 - 0.028_2 = 0.74_2 = 0.74\ \mathrm{V}$$

となる．上記の表は化学量論的には正しい．しかし，平衡定数が無限大でない限り，$[Ce^{4+}] = 0\ \mathrm{mol\ L^{-1}}$とはならないから化学平衡の考え方では間違いである．この表を，平衡を考えて書き換えると，

	Ce^{4+}	Fe^{2+}	Ce^{3+}	Fe^{3+}
滴定前の物質量（mol）	0.250×10^{-3}	1.00×10^{-3}	0	0
1/4 当量点での物質量（mol）	$0.250 \times 10^{-3} - (0.250 \times 10^{-3} - x) = x \approx 0$	$0.750 \times 10^{-3} + x$	$0.250 \times 10^{-3} - x$	$0.250 \times 10^{-3} - x$
1/4 当量点での濃度（$mol\ L^{-1}$）	$x/0.125$	$6.00 \times 10^{-3} + (x/0.125)$	$2.00 \times 10^{-3} - (x/0.125)$	$2.00 \times 10^{-3} - (x/0.125)$

となる．ただし，例題7.2で求めたように，平衡定数はきわめて大きく（$K = 1.6 \times 10^{14}$），xは事実上 0 mol と考えられるが，平衡定数を用いてxを求めてみる．上記の表を参考にすれば，

$$K = \frac{[Ce^{3+}][Fe^{2+}]}{[Ce^{4+}][Fe^{2+}]} = \frac{\{2.00 \times 10^{-3} - (x/0.125)\} \times \{2.00 \times 10^{-3} - (x/0.125)\}}{(x/0.125) \times \{6.00 \times 10^{-3} + (x/0.125)\}}$$
$$= 1.6 \times 10^{14}$$

となる．この方程式を解くと，$[Ce^{4+}] = 4.2 \times 10^{-18}\ mol\ L^{-1}$となり，きわめて低い濃度となることが確かめられる．

(c) 半当量点

半当量点では，滴定前に含まれていたFe^{2+}の半分がFe^{3+}に酸化され，試料溶液の体積は 0.150 L となることから，半当量点でのFe^{2+}の濃度 ＝ Fe^{3+}の濃度 $= 0.500 \times 10^{-3}\ mol / 0.150\ L = 3.33 \times 10^{-3}\ mol\ L^{-1}$

したがって，

$$E_{Fe^{3+}/Fe^{2+}} = 0.771 - 0.059 \times \log \frac{3.33 \times 10^{-3}\ mol\ L^{-1}}{3.33 \times 10^{-3}\ mol\ L^{-1}} = 0.771\ V$$

である．0.771 V はFe^{3+}/Fe^{2+}の標準電極電位である（図7.5）．すなわち，半当量点の電極電位は被滴定物質の標準電極電位となる．

(d) 当量点

化学量論的に考え，(b) と同様な表を作成すると，

	Ce^{4+}	Fe^{2+}	Ce^{3+}	Fe^{3+}
滴定前の物質量（mol）	1.00×10^{-3}	1.00×10^{-3}	0	0
当量点での物質量（mol）	0	0	1.00×10^{-3}	1.00×10^{-3}
当量点での濃度(mol L^{-1})	0	0	5.00×10^{-3}	5.00×10^{-3}

［Fe^{2+}］や［Ce^{4+}］が 0 mol L^{-1}となるため，この表から電極電位を計算することはできない．平衡を考えると，

	Ce^{4+}	Fe^{2+}	Ce^{3+}	Fe^{3+}
滴定前の物質量（mol）	1.00×10^{-3}	1.00×10^{-3}	0	0
当量点での物質量（mol）	$x \approx 0$	x	$1.00 \times 10^{-3} - x$	$1.00 \times 10^{-3} - x$
当量点での濃度（mol L^{-1}）	$x/0.200$	$x/0.200$	$5.00 \times 10^{-3} - (x/0.200)$	$5.00 \times 10^{-3} - (x/0.200)$

となり，電極電位を求めるためには x を計算する必要がある．平衡滴定数 K は 1.6×10^{14} であるから，

$$K = \frac{[Ce^{3+}][Fe^{3+}]}{[Ce^{4+}][Fe^{2+}]} = \frac{\{(1.00 \times 10^{-3} - x)/0.200\} \times \{(1.00 \times 10^{-3} - x)/0.200\}}{(x/0.200) \times (x/0.200)}$$

$$= 1.6 \times 10^{14}$$

これを解くと，$x = 7.9_0 \times 10^{-11}$ mol が求まる．Ce^{4+}/Ce^{3+} に対するネルンスト式より，

$$E_{Ce^{4+}/Ce^{3+}} = 1.61 - 0.059 \times \log \frac{\{(1.00 \times 10^{-3} - 7.9_0 \times 10^{-11})/0.200\}\ \mathrm{mol\ L^{-1}}}{(7.9_0 \times 10^{-11}/0.200)\ \mathrm{mol\ L^{-1}}}$$

$$= 1.19\ \mathrm{V}$$

Fe^{3+}/Fe^{2+} に対するネルンスト式から求めても，

$$E_{Fe^{4+}/Fe^{3+}} = 0.771 - 0.059 \times \log \frac{(7.9_0 \times 10^{-11}/0.200)\ \mathrm{mol\ L^{-1}}}{\{(1.00 \times 10^{-3} - 7.9_0 \times 10^{-11})/0.200\}\ \mathrm{mol\ L^{-1}}}$$

$$= 1.19\ \mathrm{V}$$

となる（図7.5）．

(e)　２倍当量点

化学量論を考え，２倍当量点での各イオンの物質量と濃度を表す表を作成すると，

	Ce^{4+}	Fe^{2+}	Ce^{3+}	Fe^{3+}
滴定前の物質量 (mol)	2.00×10^{-3}	1.00×10^{-3}	0	0
2 倍当量点での物質量 (mol)	1.00×10^{-3}	0	1.00×10^{-3}	1.00×10^{-3}
2 倍当量点での濃度 ($mol\ L^{-1}$)	$(1.00 \times 10^{-3}) / 0.300 = 3.33 \times 10^{-3}$	0	3.33×10^{-3}	3.33×10^{-3}

となる．Ce^{4+}/Ce^{3+}に対するネルンストの式を用いると，

$$E = 1.61 - 0.059 \times \log\left(\frac{3.33 \times 10^{-3}\ mol\ L^{-1}}{3.33 \times 10^{-3}\ mol\ L^{-1}}\right) = 1.61\ V$$

が得られる．この電極電位は，Ce^{4+}/Ce^{3+}に対する標準電極電位である（図7.5）．

例題7.4　次の二つの半反応式を利用する滴定における当量点での電極電位を求めよ．ただし，温度は25℃，活量係数は 1 とする．

$$Ox_1 + me^- \rightleftarrows Red_1, \qquad E^\circ_{O_1/R_1} \qquad \text{(i)}$$

$$Ox_2 + ne^- \rightleftarrows Red_2, \qquad E^\circ_{O_2/R_2} \qquad \text{(ii)}$$

ただし，$E^\circ_{O_1/R_1} \gg E^\circ_{O_2/R_2}$とする．

解答

滴定反応は，式(i)を n 倍したものから，式(ii)を m 倍したものを引いて，

$$n\,Ox_1 + m\,Red_2 \longrightarrow n\,Red_1 + m\,Ox_2 \qquad \text{(iii)}$$

となる．すなわち，Ox_1によるRed_2の滴定である．式(i)と式(ii)に対する電極電位は，

$$E_{O_1/R_1} = E^\circ_{O_1/R_1} - \frac{0.059}{m} \times \log\frac{[Red_1]}{[Ox_1]} \qquad \text{(iv)}$$

$$E_{O_2/R_2} = E^\circ_{O_2/R_2} - \frac{0.059}{n} \times \log\frac{[Red_2]}{[Ox_2]} \qquad \text{(v)}$$

である．式(iv)を m 倍したものと式(v)を n 倍したものを加えると，

$$mE_{O_1/R_1} + nE_{O_2/R_2} = mE^\circ_{O_1/R_1} - 0.059 \times \log\frac{[Red_1]}{[Ox_1]} + nE^\circ_{O_2/R_2} - 0.059 \times \log\frac{[Red_2]}{[Ox_2]}$$

$$= mE^\circ_{O_1/R_1} + nE^\circ_{O_2/R_2} - 0.059 \times \log\frac{[Red_1][Red_2]}{[Ox_1][Ox_2]}$$

平衡であるため，二つの電極電位は等しい．すなわち，

$$E_{O_1/R_1} = E_{O_2/R_2} = E_{当量点}$$

であること，および当量点では

$[Red_2] = (m/n) \times [Ox_1]$

$[Ox_2] = (m/n) \times [Red_1]$

であることを考えれば，

$$E_{当量点} = \frac{mE^\circ_{O_1/R_1} + nE^\circ_{O_2/R_2}}{m+n} \qquad (vi)$$

が導かれる．

例題7.4の式(vi)を用いると，例題7.3(d)の当量点の電極電位は，$\frac{1}{2} \times (E^\circ_{Fe^{3+}/Fe^{2+}} + E^\circ_{Ce^{4+}/Ce^{3+}}) = \frac{1}{2} \times (1.61 + 0.771) = 1.19$ V と求められる．

7.3.1　酸化還元指示薬

指示電極と参照電極を用いて試料溶液の電極電位を測ることにより，当量点を知ることができる．また，現在の自動滴定装置では電極電位の測定による滴定が主流となっているが，指示薬を用いればより簡単に滴定の終点を知ることができる．物質には酸化体の色と還元体の色が大きく変化するものがあり，そのような物質が指示薬として使用される．表7.1に各種の**酸化還元指示薬**(redox indicator)とその色の変化，標準電極電位などを示した．図7.5の Ce^{4+} による Fe^{2+} の滴定ではニトロフェロインやフェロインが指示薬として有効である．物質量を知ることがおもな目的で，その滴定の終点の電極電位があらかじめ予想できるようなときは，酸化還元指示薬を用いることにより，滴定を効率よく行うことができる．

表7.1 酸化還元指示薬

指示薬	色		溶　液	標準電極電位
	還元体	酸化体		E°/(V)
ニトロフェロイン[a]	赤	薄青	1 mol L^{-1} 硫酸	1.25
フェロイン[b]	赤	薄青	1 mol L^{-1} 硫酸	1.06
ジフェニルアミンスルホン酸	無色	薄紫	希酸	0.84
ジフェニルアミン	無色	紫	1 mol L^{-1} 硫酸	0.76
メチレンブルー	青	無色	1 mol L^{-1} 酸	0.53
インジゴテトラスルホン酸塩	無色	青	1 mol L^{-1} 酸	0.36

a) トリス(5−ニトロ−1,10−フェナントロリン)鉄(Ⅱ)イオン
b) トリス(1,10−フェナントロリン)鉄(Ⅱ)イオン

7.3.2 実際の滴定

ここまでに述べたように，横軸に滴定剤の滴下量，縦軸に試料溶液の電極電位をプロットすることにより得られる滴定曲線から，標準電極電位などの物理化学的な定数を求められることがわかった．試料溶液の電極電位を測る滴定は**電位差滴定**（potentiometric titration）であるが，電位差滴定は酸化還元滴定だけに限らず，pH メーターやイオン選択性電極を用いた滴定にも利用されている．滴定の本来の目的は，定量目的物質の物質量を決めることである．この章では有名な滴定法のいくつかを説明しよう．

1）ウインクラー法

ウインクラー（Winkler）法は，海水や湖水，河川水などの溶存酸素（dissolved oxygen，DO）の定量法で，次に示す反応を巧妙に組み合わせた方法である．

$$Mn^{2+} + 2\,OH^- \longrightarrow Mn(OH)_2 \quad \text{（白色沈殿）} \qquad (7.44)$$

$$Mn(OH)_2 + (1/2)O_2 \longrightarrow MnO(OH)_2 \quad \text{（褐色沈殿）} \qquad (7.45)$$

$$MnO(OH)_2 + 2\,I^- + 4\,H^+ \longrightarrow Mn^{2+} + I_2 + 3\,H_2O \quad \text{（ヨウ素の遊離）} \qquad (7.46)$$

$$I_2 + 2\,S_2O_3^{\ 2-} \longrightarrow 2\,I^- + S_4O_6^{\ 2-} \quad \text{（滴定）} \qquad (7.47)$$

体積が正確に検定された酸素ビン（図7.6）に，大気中の酸素が混ざらないように試料水をゆっくり満たす．この試料水に硫酸マンガン(Ⅱ)水溶液とヨウ化カリウムを含む水酸化ナトリウム水溶液を加えると，白色の水酸化マンガン(Ⅱ)が沈殿する（7.44）．これが，溶存酸素によって酸化され，酸化マンガン(Ⅳ)の褐色沈殿となる（7.45）．この溶液に希硫酸を加えて酸性にすると，ヨウ化物イオンは酸化されて，ヨウ素が遊離する（7.46）．この遊離したヨウ素をチオ硫酸ナトリウムの標準溶液で滴定する（7.47）．終点の検出にはヨウ素でんぷん反応が用いられる．図7.6は，この方法の pH–電位図である．アルカリ性では酸素がマンガン(Ⅱ)をマンガン(Ⅳ)に酸化できること，また，酸性ではマンガン(Ⅳ)がヨウ化物イオンをヨウ素に酸化できることがわかる．そのほか，I_2/I^- や $S_2O_3^{\ 2-}/S_4O_6^{\ 2-}$ の酸化還元対の電極電位が pH によらないこともわかるであろう．現在では，溶存酸素の測定は溶存酸素計によることが多いが，化学反応を駆使したウインクラー法は，是非，覚えておこう．

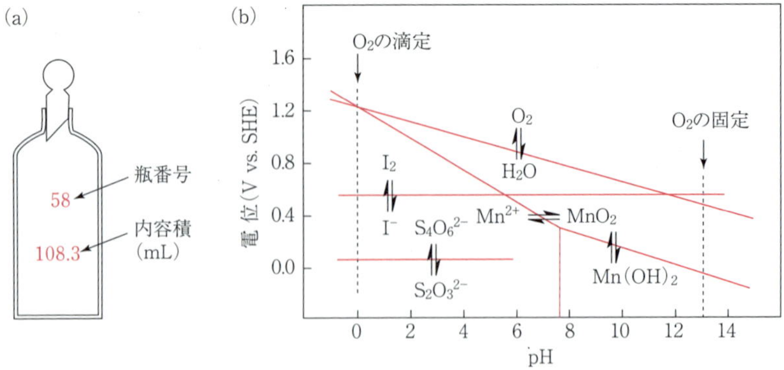

図7.6 酸素ビン（a）とウインクラー法における pH–電位図（b）
藤永太一郎　著，『基礎分析化学』，朝倉書店，p. 60より改変.

2）過マンガン酸カリウム滴定法

過マンガン酸イオンは，化学的酸素要求量（COD）などの酸化還元滴定の滴定剤としてよく用いられる．この用途に対する半反応は，

$$MnO_4^- + 5e^- + 8H^+ \rightleftharpoons Mn^{2+} + 4H_2O$$
$$E^\circ_{MnO_4^-/Mn^{2+}} = 1.51 \text{ V vs. SHE} \qquad (7.48)$$

であり，過マンガン酸イオンは強い酸化剤であることがわかる．また，過マンガン酸カリウム水溶液が赤紫色であるため，滴定の終点検出には特別な工夫を要しない利点もある．しかし，中性溶液では，過マンガン酸イオンはマンガン(Ⅱ)イオンまで還元されず，酸化マンガン(Ⅳ)となる．酸化マンガン(Ⅳ)は自己触媒として作用し，過マンガン酸イオンの分解を招く．したがって，過マンガン酸カリウム水溶液を調製するときは穏やかに熱して放冷した後，生成した酸化マンガン(Ⅳ)をガラスフィルターでろ過して，取り除く必要がある．このように，過マンガン酸カリウム水溶液はその濃度が常に一定しているとは限らないため，使用前には必ず標定しなければならない（3.2.1項を参照）．標定には一次標準物質であるシュウ酸ナトリウム（$Na_2C_2O_4$）が用いられる．標定の反応は，

$$5C_2O_4^{2-} + 2MnO_4^- + 16H^+ \rightleftharpoons 10CO_2 + 2Mn^{2+} + 8H_2O \qquad (7.49)$$

であるが，この反応は遅いため，試料溶液を温めながら滴定を行う必要がある．

一方，過マンガン酸イオンは強い酸化剤であるため，塩化物イオンを塩素（Cl_2）に酸化する．このため，塩化物イオンを含む試料を滴定するときは工夫を要する．そのための試薬が**チンメルマン–ラインハルト試薬**（Zimmermann-Reinhardt reagent）である．この試薬はマンガン(Ⅱ)イオンとリン酸を含む．マンガン(Ⅱ)イオンが存在すれば，式(7.48)の MnO_4^-/Mn^{2+} の電極電位が低くなるであろう．（ネルンスト式を考えてみよ．）こうして，過マンガン酸イオンの酸化力を弱め，塩化物イオンの酸化を防ぐことができる．しかし，MnO_4^-/Mn^{2+} の電位を低くすれば，滴定の終点がわかりにくくなる欠点もある．鉄(Ⅱ)イオンを滴定するときには，リン酸を加えてこの問題を防ぐことになる．リン酸は鉄(Ⅲ)イオンと反応して錯体をつくり，Fe^{3+}/Fe^{2+} の電極電位を低くするため，滴定の終点を明確にすることができる．さらに，鉄(Ⅲ)イオンとリン酸の錯体がほとんど無色であるため，終点を判別しやすくなる利点もある．

過マンガン酸カリウム滴定の具体例として，鉄鋼中のマンガンの定量がある．この定量では，鉄鋼試料を硫酸と硝酸で分解し，これに硝酸銀水溶液とリン酸を加えたのち，ペルオキソ二硫酸アンモニウム〔$(NH)_4S_2O_8$〕を加えて，マンガン(Ⅱ)イオンを過マンガン酸イオンに酸化する．過剰のペルオキソ二硫酸を煮沸によって分解後，これに，硫酸鉄(Ⅱ)アンモニウム水溶液を過剰に加え，過剰の鉄(Ⅱ)イオンを過マンガン酸カリウム標準溶液で逆滴定する．この方法では，銀イオンが触媒的に作用してペルオキソ二硫酸イオンがマンガン(Ⅱ)イオンを過マンガン酸イオンに酸化すること，上で述べたように，リン酸が鉄(Ⅲ)イオンと錯体を生成することなど，化学反応が巧妙に利用されている．

3）ヨウ素を用いる滴定法

付表4からわかるように，ヨウ素は中程度の標準電極電位をもつ（$E_{I_3^-/I^-}=0.545$ V vs. SHE）ために，酸化剤としても還元剤としても作用する．酸化剤としてはたらく滴定はヨウ素酸化滴定（ヨージメトリー）といい，還元剤としてはたらくときはヨウ素還元滴定（ヨードメトリー）という．

ヨージメトリーはヨウ素(I_2)よる滴定で，高濃度のヨウ化カリウム(KI)を加え，

$$I_2 + I^- \rightleftarrows I_3^- \tag{7.50}$$

の反応を利用して，水によく溶けるトリヨウ化物イオン（I_3^-）を生成させ，これを酸化剤として用いる．硫化水素，亜硫酸イオン，スズ(Ⅱ)イオン，ヒ素(Ⅲ)，ヒドラジンなどの滴定に利用される．試料の水分分析に用いられるカール・フィッシャー法(Karl-Fischer titration, 1935)はヨージメトリーの一種で，水が，ピリジン，ヨウ素，二酸化硫黄のメタノール溶液（カール・フィッシャー試薬）と次の反応を起こす．

$$H_2O + SO_2 + I_2 + 3\,C_5H_5N + CH_3OH \longrightarrow 2\,C_5H_5N\cdot HI + C_5H_5N\cdot HSO_4CH_3 \qquad (7.51)$$

このように，ヨウ素が二酸化硫黄を酸化し，水と１：１で反応する．

一方，ヨードメトリーでは，ウインクラー法で説明したように，ヨウ化物イオン（I^-）が還元剤として作用する．濃度のわかった一次標準物質のヨウ素酸カリウムの溶液に，過剰のヨウ化物イオンを加えてヨウ素を遊離させ，遊離したヨウ素をチオ硫酸ナトリウム水溶液で滴定することによって，適定剤であるチオ硫酸ナトリウム水溶液が標定できる．反応式は，

$$IO_3^- + 5\,I^- + 6\,H^+ \rightleftarrows 3\,I_2 + 3\,H_2O \quad \text{（ヨウ素の遊離）} \qquad (7.52)$$

$$I_2 + 2\,S_2O_3^{2-} \longrightarrow 2\,I^- + S_4O_6^{2-} \quad \text{（滴定）} \qquad (7.53)$$

である．

章末問題

7-1　酸化と還元に関する次の文のうちで正しいものを選べ（複数可）．

A）単体の酸化数はその元素によってさまざまな値をとる．

B）分子やイオンが酸化されると電子の数は増加する．

C）酸素分子が還元されると，過酸化水素（H_2O_2）や水になる．

D）炭が空気中で燃える現象は，中和反応である．

E）物質が酸素と化合することを酸化，水素と化合することを還元ということもある．

F）ビタミンＣ（アスコルビン酸）は，酸化剤としてよく使われる．

7-2　次の硫黄化合物中の硫黄と窒素化合物中の窒素の酸化数を答えよ．

硫黄化合物：硫酸イオン（SO_4^{2-}），硫化物イオン（S^{2-}），硫黄（S_8），亜硫酸イオン（SO_3^{2-}），チオ硫酸イオン（$S_2O_3^{2-}$）

窒素化合物：硝酸イオン（NO_3^-），二酸化窒素（NO_2），亜硝酸（HNO_2），亜酸化窒素（N_2O），窒素（N_2），一酸化窒素（NO）

7-3　酸化剤と還元剤に関する次の文のうちで正しいものを選べ（複数可）.

A）酸化剤は相手の物質を酸化するが，自らも酸化される.

B）還元剤は相手の物質から電子を奪い，酸化剤は相手の物質に電子を与える.

C）標準電位が正の大きな値をもつ酸化還元対 $Ox + ne^- \rightleftarrows Red$ の酸化体 Ox は，強い還元剤として作用する.

D）標準電位が負の値をもつ酸化還元対の還元体は強い還元力をもつ.

E）オゾン（O_3）は強い酸化剤である.

7-4　次の標準電位の表について，(a)～(c)に答えよ.

標準電位表

半反応	$E°$（V vs. SHE）
$H_2O_2(aq) + 2H^+ + 2e^- \rightleftarrows 2H_2O$	1.77
$Ce^{4+} + e^- \rightleftarrows Ce^{3+}$	1.61
$MnO_4^- + 8H^+ + 5e^- \rightleftarrows Mn^{2+} + 4H_2O$	1.51
$Cr_2O_7^{2-} + 14H^+ + 6e^- \rightleftarrows 2Cr^{3+} + 7H_2O$	1.33
$2IO_3^- + 12H^+ + 10e^- \rightleftarrows I_2 + 6H_2O$	1.20
$Fe^{3+} + e^- \rightleftarrows Fe^{2+}$	0.771
$O_2 + 2H^+ + 2e^- \rightleftarrows H_2O_2(aq)$	0.682
$I_2(aq) + 2e^- \rightleftarrows 2I^-$	0.621
$Sn^{4+} + 2e^- \rightleftarrows Sn^{2+}$	0.154
$Zn^{2+} + 2e^- \rightleftarrows Zn$	−0.763
$2H_2O + 2e^- \rightleftarrows H_2 + 2OH^-$	−0.828

(a) この表のすべての酸化体を，酸化力が強いものから弱いものへ順に並べよ.

(b) この表のすべての還元体を，還元力が強いものから弱いものへ順に並べよ.

(c) $Cr_2O_7^{2-} + 14H^+ + 6e^- \rightleftarrows 2Cr^{3+} + 7H_2O$ と $Fe^{3+} + e^- \rightleftarrows Fe^{2+}$ の二つの半反応を用いて，酸化還元反応（e^- が現れない化学反応式）を完成せよ.

7-5　次の酸化還元対に対するネルンスト式を示せ．温度は25℃，活量係数は1とする．また，固体や水の活量は1とし，気体の活量は圧力 p で表せ.

i）$Fe^{3+} + e^- \rightleftarrows Fe^{2+}$

ii）$PbSO_4(s) + 2e^- \rightleftarrows Pb(s) + SO_4^{2-}$

iii）$MnO_4^- + 8H^+ + 5e^- \rightleftarrows Mn^{2+} + 4H_2O$

iv）$2BrO_3^- + 12H^+ + 10e^- \rightleftarrows Br_2 + 6H_2O$

v）$2H_2O + 2e^- \rightleftarrows H_2(g) + 2OH^-$

7-6　次の二つの酸化還元対に対するネルンスト式を導き，これをもとに pH 0 から 6 の範囲で，pH－電位図を描け．横軸に pH，縦軸に電位をとれ．$[I^-]^2/[I_2] = 1$，$[AsO_3^{3-}]/[AsO_4^{3-}] = 1/1000$ とせよ．温度は25℃，活量係数は1とする．この図からどのような滴定ができるか述べよ.

i）$I_2(aq) + 2e^- \rightleftarrows 2I^-$　　$E^\circ_{I_2/I^-} = 0.621$ V vs. SHE

ii）$AsO_4^{3-} + 2H^+ + 2e^- \rightleftarrows AsO_3^{3-} + H_2O$　　$E^\circ_{AsO_4^{3-}/AsO_3^{3-}} = 0.560$ V vs. SHE

7-7 半反応　AgCl(固) + e^- (e) $\rightleftharpoons$ Ag(固) + Cl^-(s) に対するネルンスト式を，電気化学ポテンシャルを用いて導け．ただし，e は電極，s は溶液を示す．固体の活量は1とする．

7-8 濃度が10.00 mmol L^{-1}の硫酸アンモニウム鉄(Ⅱ)溶液100 mL を，硫酸酸性溶液中（[H^+] = 1 mol L^{-1}）において2.00 mmol L^{-1}の過マンガン酸カリウム溶液で滴定した．過マンガン酸カリウム溶液を，（i）25 mL，（ii）50 mL，（iii）75 mL，（iv）100 mL，（v）150 mL，（vi）200 mL 滴下したときの電位を飽和銀／塩化銀電極（sat. Ag/AgCl）に対する電位で求めよ．ただし，温度は25℃，活量係数は1，[H^+] = 1 mol L^{-1}で，滴定中も変わらないとする．また，sat. Ag/AgCl の電位は0.222 V vs. SHE である．

7-9 五酸化二ヒ素（As_2O_5）と亜ヒ酸水素ナトリウム（Na_2HAsO_3）を含む固体試料2.50 g を水に溶かし，pH を中性に調節した．ヒ素(Ⅲ)を，0.150 mol L^{-1}のヨウ素溶液で滴定したところ，11.3 mL を必要とした．ヒ素はすべて5価となっているこの溶液を塩酸で酸性として，過剰のヨウ化カリウムを加えると，ヨウ素が遊離した．遊離したヨウ素を0.120 mol L^{-1}のチオ硫酸ナトリウム溶液で滴定した．滴定に要したチオ硫酸ナトリウム溶液は41.2 mL であった．五酸化二ヒ素（As_2O_5）と亜ヒ酸水素ナトリウムの含有率を求めよ．

7-10 鉄鋼試料0.500 g を硫酸と硝酸で分解し，これに水150 mL，0.5 %硝酸銀水溶液10 mL，リン酸5 mL を加えたのち，ペルオキソ二硫酸アンモニウム2 g を加えて加熱すると，溶液は次第に赤紫色となった．この溶液を放冷し，0.100 mol L^{-1}の硫酸鉄(Ⅱ)アンモニウム溶液を10.0 mL 加えた後，0.0200 mol L^{-1}の過マンガン酸カリウム標準溶液で滴定した．滴定に要した過マンガン酸カリウム標準溶液は2.50 mL であった．鉄鋼試料中に含まれるマンガンの含有率を求めよ．

Column 7.2

ジョーンズ還元器

大気は約20%の酸素を含み，この世界は酸化的である．そのため，物質を還元することは，結構厄介な問題である．実験室で物質を簡便に還元したいとき，ジョーンズ還元器（Jones reductor）や小林松助のアマルガム還元法（1921）を用いる．これらは，亜鉛アマルガム（亜鉛を水銀に溶かした液体）を分液ロートなどに加えた装置で，そこに還元したい物質の水溶液を加えて振り混ぜる．亜鉛アマルガムは穏やかな還元剤で，第二鉄イオンを第一鉄イオンに還元するときなどに便利である．ただし，水銀の処理には気を付ける必要がある．このため，私たちの学生実験ではアルミニウムを用いている．

他にもいくつかの金属還元器がある．Ag（1 mol L^{-1}塩酸）はワルデン還元器（Walden reductor）として知られている．著者が学生であった頃，先生が授業中にジョーンズ還元器を持ち込んで，さまざまな酸化状態のバナジウム水溶液の色を見せてくださったことをなつかしく思い出す．

Basics of Analytical Chemistry

第8章

溶解平衡と沈殿滴定

難溶性塩の生成は，沈殿滴定，イオンの定性分析，重量分析，電位差滴定，試料の前処理のための沈殿分離など，分析化学において重要な役割を果たしている．また，自然界でも，環境水に含まれる金属イオンが難溶性塩として沈殿することで水中から取り除かれたり，鉱物が生成したり，あるいは逆に沈殿や鉱物が水に溶解する現象があり，環境中の金属イオンの動態を理解するうえでも，難溶性塩の溶解と析出は重要な現象である．

本章では，沈殿を生成する塩の溶解平衡と，溶解度に影響をおよぼす種々の要因，および沈殿滴定の終点決定法としてよく知られているモール（Mohr）法，フォルハルト（Volhard）法，ファヤンス（Fajans）法について学ぼう．

8.1　溶解平衡

水に対する溶解度の低い塩類を**難溶性塩**という．難溶性塩の固体を，水などの溶媒に溶解度を超えて加えた場合，いくら撹拌してもその一部は溶解せずに沈殿する．見かけ上は何の変化も見られなくなるが，沈殿の表面では難溶性塩の溶解と析出が同じ速度で続いている．この状態を**溶解平衡**，または**沈殿平衡**という．難溶性塩が水と接して溶解平衡にあるとき，この溶液は**飽和溶液**であるという．

8.1.1　溶解度積

金属イオン M^{n+} と陰イオン X^{m-} からなる難溶性塩 $M_m X_n$ の飽和溶液中の溶解平衡は，図8.1に示すような過程を経て起こる．難溶性塩の溶解平衡とその熱力学的平衡定数は，次のように表される．

$$M_mX_n(s) \rightleftarrows M_mX_n(aq) \tag{8.1}$$

$$K_s^\circ = \frac{a_{M_mX_n(aq)}}{a_{M_mX_n(s)}} \tag{8.2}$$

ここで，$a_{M_mX_n(s)}$，$a_{M_mX_n(aq)}$ はそれぞれの化学種の活量であり，(s)は固相を，(aq)は水相を表す．固体の活量は 1 であることから，式(8.2)は $K_s^\circ = a_{M_mX_n(aq)}$ となる．水相中での塩の解離平衡とその熱力学的平衡定数は，

$$M_mX_n(aq) \rightleftarrows mM^{n+} + nX^{m-} \tag{8.3}$$

$$K_{diss}^\circ = \frac{(a_{M^{n+}})^m (a_{X^{m-}})^n}{a_{M_mX_n(aq)}} \tag{8.4}$$

と表され，式(8.1)，式(8.3)より

$$M_mX_n(s) \rightleftarrows mM^{n+} + nX^{m-} \tag{8.5}$$

$$K_{sp}^\circ = (a_{M^{n+}})^m (a_{X^{m-}})^n \tag{8.6}$$

が導かれる．ここで，$a_{M^{n+}}$ と $a_{X^{m-}}$ はそれぞれのイオンの活量である．K_{sp}° は**熱力学的溶解度積**であり，濃度平衡定数 K_{sp} との間に次の関係がある．

$$K_{sp}^\circ = (\gamma_{M^{n+}}[M^{n+}])^m(\gamma_{X^{m-}}[X^{m-}])^n = \gamma_{M^{n+}}^m \gamma_{X^{m-}}^n K_{sp}$$

$$K_{sp} = [M^{n+}]^m[X^{m-}]^n \tag{8.7}$$

K_{sp} は**溶解度積**（solubility product）とよばれ，温度と圧力が一定であれば難溶性塩はそれぞれ固有の値をもつ．付表 5 に難溶性塩の溶解度積を示す[*1]．溶解の逆反応が沈殿生成であるから，溶解度積の値が小さいほど沈殿を生成しやすく，難溶性塩を構成するイオンの溶存濃度が低いことになる．

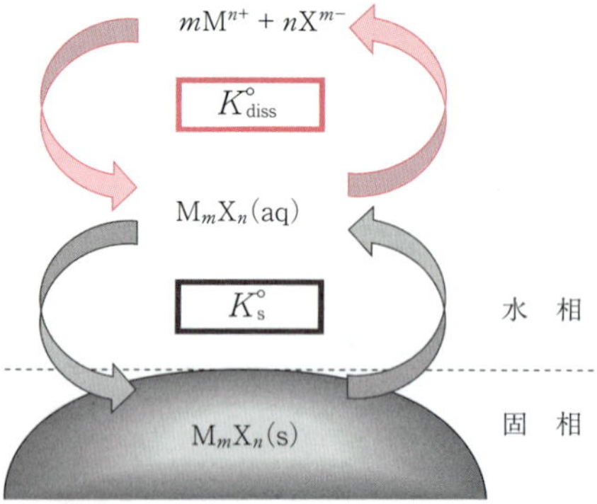

図8.1　難溶性塩の溶解平衡（沈殿平衡）

*1　付表 5 に示す K_{sp} は，イオン強度が 0 mol L^{-1} のときの値で，イオンの活量係数が 1 のときの値である．このとき $K_{sp} = K_{sp}^\circ$ である．なお以降は，特に断らない限り，溶液中のイオンの活量係数を 1 とする．

例えばAgClの溶解平衡と溶解度積は，

$$AgCl(s) \rightleftarrows Ag^{+} + Cl^{-} \tag{8.8}$$

$$K_{sp} = [Ag^{+}][Cl^{-}] = 1.8 \times 10^{-10}(mol\ L^{-1})^{2} \tag{8.9}$$

となる．また，難溶性塩の組成が1：1以外のとき，例えばAg_2CrO_4の溶解平衡および溶解度積は，

$$Ag_2CrO_4(s) \rightleftarrows 2\,Ag^{+} + CrO_4^{\;2-} \tag{8.10}$$

$$K_{sp} = [Ag^{+}]^{2}[CrO_4^{\;2-}] = 2.4 \times 10^{-12}(mol\ L^{-1})^{3} \tag{8.11}$$

である．

例題8.1 濃度が未知の食塩水に過剰の硝酸銀水溶液を加えたとき，塩化銀の沈殿が生じた．平衡到達後の溶液中の銀イオン濃度は 2.0×10^{-3} mol L^{-1}であった．このとき溶液中に存在する塩化物イオン濃度を求めよ．ただし，塩化銀の溶解度積は，1.8×10^{-10}(mol $L^{-1})^{2}$とする．

解答

$K_{sp} = [Ag^{+}][Cl^{-}] = 1.8 \times 10^{-10}(mol\ L^{-1})^{2}$から，

$$[Cl^{-}] = \frac{1.8 \times 10^{-10}}{2.0 \times 10^{-3}} = 9.0 \times 10^{-8}\ mol\ L^{-1}$$

8.1.2 イオン積

沈殿を構成しているイオンの溶存濃度の積を**イオン積**(ionic product)という．M^{n+}を含む水溶液とX^{m-}を含む水溶液を混合したときに難溶性塩$M_m X_n$の沈殿が生成するかどうかは，イオン積$IP([M^{n+}]^{m} \times [X^{m-}]^{n})$の値と溶解度積($K_{sp}$)を比較することにより判断できる．すなわち，

$K_{sp} > IP$なら未飽和状態

$K_{sp} = IP$なら飽和状態

$K_{sp} < IP$なら過飽和状態

である．

例題8.2　5.0×10^{-4} mol L^{-1}の $BaCl_2$溶液30 mL に1.0×10^{-3} mol L^{-1}の Na_2SO_4溶液20 mL を加え，50 mL の混合溶液とした場合，$BaSO_4$の沈殿は生成するか．

解答

沈殿生成がないものと仮定して，混合溶液中の Ba^{2+} と $SO_4{}^{2-}$の濃度からイオン積を求めると，

$$[Ba^{2+}] \times [SO_4{}^{2-}] = 3.0 \times 10^{-4}(\mathrm{mol\,L^{-1}}) \times 4.0 \times 10^{-4}(\mathrm{mol\,L^{-1}})$$
$$= 1.2 \times 10^{-7}(\mathrm{mol\,L^{-1}})^2$$

イオン積の値が K_{sp}〔$= 1.08 \times 10^{-10}(\mathrm{mol\,L^{-1}})^2$〕よりも大きいため，この溶液は過飽和状態である．したがって，$BaSO_4$の沈殿は生成する．

8.1.3　溶解度

難溶性塩の飽和溶液中における濃度である**溶解度**（solubility：S，単位は mol L^{-1}）は，溶解度積 K_{sp} から求められる．難溶性塩 $M_m X_n$ においては，

$$S = \frac{[M^{n+}]}{m} + [M_m X_{n(aq)}] = \frac{[X^{m-}]}{n} + [M_m X_{n(aq)}] \qquad (8.12)$$

となるが，飽和溶液中では$[M^{n+}] \gg [M_m X_n(aq)]$，および，$[X^{m-}] \gg [M_m X_n(aq)]$と考えることができるため，

$$S = \frac{[M^{n+}]}{m} = \frac{[X^{m-}]}{n} \qquad (8.13)$$

となり，

$$[M^{n+}] = mS, \qquad [X^{m-}] = nS \qquad (8.14)$$

溶解度積を溶解度で表すと，

$$K_{sp} = [M^{n+}]^m[X^{m-}]^n = (mS)^m \times (nS)^n = m^m n^n S^{(m+n)} \qquad (8.15)$$

したがって，難溶性塩 $M_m X_n$ の溶解度は，次式で表される．

$$S = \left(\frac{K_{sp}}{m^m n^n}\right)^{\frac{1}{m+n}} \qquad (8.16)$$

例題8.3 塩化銀とクロム酸銀の溶解度を K_{sp} を用いて表せ.

解答

AgClのような1：1の組成の塩の溶解度は，$S = [Ag^+] = [Cl^-]$ なので，$K_{sp} = S \times S = S^2$となり，$S = (K_{sp})^{\frac{1}{2}}$である.

Ag_2CrO_4のような2：1の組成の塩の場合は，$[Ag^+] = 2S$，$[CrO_4^{2-}] = S$

$$K_{sp} = (2S)^2 \times S = 4S^3$$

$$S = \left(\frac{K_{sp}}{4}\right)^{\frac{1}{3}}$$

溶解度は温度や圧力によって変化する．しかし，通常，私たちは1気圧（1013 hPa）のもとで生活しているため，1気圧下での変化が重要となる．溶解度の温度依存性を表す曲線を**溶解度曲線**という．溶解度曲線は，沈殿分離法や再結晶などに利用される.

8.1.4 沈殿の溶解に影響する因子

難溶性塩の溶解度は，その溶液に含まれるイオンの種類や濃度によって変化する（図8.2）．温度以外に溶解度に影響を及ぼす因子として，（1）共通イオン効果，（2）異種イオン効果，（3）錯形成による効果，（4）pH，（5）有機溶媒の混入などがあげられる．（1）と（2）は沈殿生成の主反応に関連する効果であり，（3）と（4）はおもに副反応の進行によるものである.

（1）共通イオン効果

難溶性塩の構成イオンと同じイオンを溶液に添加すると，難溶性塩の溶解度は減少する．このことを**共通イオン効果**（common ion effect）とよぶ.

例えばAgClを溶解した溶液に濃度 C のNaClを添加した場合，NaClが電離して溶液中のCl^-濃度が増加する．溶解度積を一定に保つために，Cl^-

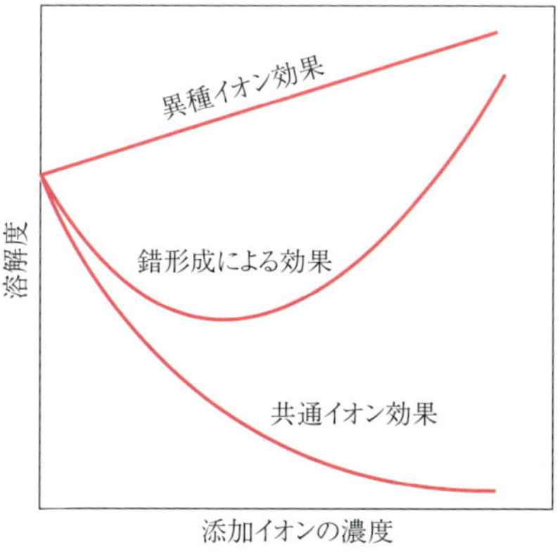

図8.2 溶解度に及ぼす添加イオンの効果

は Ag^+ と反応し，新たに AgCl の沈殿が生成する．AgCl の溶解度を S とすると，

$$[Ag^+] = S \tag{8.17}$$
$$[Cl^-] = S + C \tag{8.18}$$

である．これより，AgCl の溶解度積は，

$$K_{sp} = [Ag^+] \times [Cl^-] = S(S + C) \tag{8.19}$$

と表せる．したがって，$S^2 + CS - K_{sp} = 0$ の S に関する二次方程式の解を求めれば，共通イオン効果を考慮した AgCl の溶解度を算出することができる．なお，多くの場合 $C \gg S$ が成り立ち，溶解度は $S = \dfrac{K_{sp}}{C}$ と近似できる．

例題8. 4　飽和塩化銀水溶液50 mL に0.10 mol L^{-1}の塩酸0.10 mL を添加した．塩酸を添加する前後の塩化銀の溶解度を求めよ．塩化銀の溶解度積は，1.8×10^{-10} (mol L^{-1})^{2}とする．

解答

塩酸を添加する前の塩化銀の溶解度 S は，

$K_{sp} = [Ag^+][Cl^-] = S^2$ より

$S = (K_{sp})^{\frac{1}{2}} = 1.3 \times 10^{-5}$ mol L^{-1}

である．塩酸を添加すると，$[Ag^+] = S$，$[Cl^-] = S + C_{HCl}$ であるから，

$K_{sp} = [Ag^+][Cl^-] = S(S + C_{HCl})$

この場合，$C_{HCl} \gg S$ であるため，

$$S = \frac{K_{sp}}{C_{HCl}} = \frac{1.8 \times 10^{-10}\ (\mathrm{mol\ L^{-1}})^2}{\left\{\dfrac{0.10\ \mathrm{mol\ L^{-1}} \times 0.10\ \mathrm{mL}}{(50\ \mathrm{mL} + 0.10\ \mathrm{mL})}\right\}} = 9.0 \times 10^{-7}\ \mathrm{mol\ L^{-1}}$$

（2）異種イオン効果

難溶性塩を構成するイオンを含まない塩を溶液中に添加すると，多くの場合，難溶性塩の溶解度は増加する．この現象を**異種イオン効果**（diverse ion effect），または，共存塩効果という．異種イオン効果の原因は，イオン強度の変化による場合や，錯形成に起因する場合などさまざまである．

沈殿生成には無関係なイオンであっても，その濃度が高い場合は難溶性塩を構成するイオンの溶液中での活量が低くなり，難溶性塩の溶解度は変化する（4.2節を参照）．このような異種イオン効果を活量効果という．本章においてはここまで，溶液のイオン強度が低く，イオンの活量係数が1に等しいとしてきた．一般に，イオン強度が10^{-4} mol L^{-1}を超える当たりから活量係数は徐々に低下するので，難溶性塩 $M_m X_n$ の濃度溶解度積は，以下の式に基づいて活量係数を用いて求めなければならない．

$$K^{\circ}_{sp} = (a_M)^m (a_X)^n = (\gamma_M[M^{n+}])^m \times (\gamma_X[X^{m-}])^n$$
$$= (\gamma_M{}^m \times \gamma_X{}^n) \times K_{sp} \qquad (8.20)$$

溶液中のイオン強度が高くなると活量係数は小さくなるため，K°_{sp} を一定に保つために溶解度が大きくなる．例えばイオン強度が約0.7 mol L^{-1}の海水へのさまざまな難溶性塩の溶解度が，淡水の場合よりも著しく増加するのはこのためである．

例題8.5 0.100 mol L^{-1} NaCl 溶液中での $BaSO_4$の溶解度を求めよ．

解答

デバイ－ヒュッケルの式〔式(4.31)〕より，活量係数γは，表4.1のイオンサイズパラメーターを用いると，$I = 0.100$ mol L^{-1}であるので，

$$\log\gamma_{Ba^{2+}} = -\frac{0.51 \times (+2)^2 \times \sqrt{0.100}}{1 + 0.33 \times 5 \times \sqrt{0.100}} = -0.42_4, \quad \gamma_{Ba^{2+}} = 0.37_7$$

$$\log\gamma_{SO_4{}^{2-}} = -\frac{0.51 \times (-2)^2 \times \sqrt{0.100}}{1 + 0.33 \times 4 \times \sqrt{0.100}} = -0.45_5, \quad \gamma_{SO_4{}^{2-}} = 0.35_1$$

と求められる．

$BaSO_4$の溶解度を S とすると，

$$K^{\circ}_{sp} = (a_{Ba^{2+}})(a_{SO_4{}^{2-}}) = (\gamma_{Ba^{2+}} S)(\gamma_{SO_4{}^{2-}} S)$$
$$S = (K^{\circ}_{sp}/\gamma_{Ba^{2+}}\gamma_{SO_4{}^{2-}})^{1/2} = [(1.08 \times 10^{-10})/(0.377 \times 0.351)]^{\frac{1}{2}}$$
$$= 2.8 \times 10^{-5} \text{ mol L}^{-1}$$

となる．

$BaSO_4$の水への溶解度は 1.0×10^{-5} $mol\ L^{-1}$であるので，0.1 $mol\ L^{-1}$の NaCl 水溶液では，溶解度が約 3 倍に増加したことになる．図8. 3は $BaSO_4$の溶解度に及ぼす NaCl 濃度の影響を示す．NaCl の濃度が高くなるに従い，$BaSO_4$の溶解度が増加する様子がわかる．

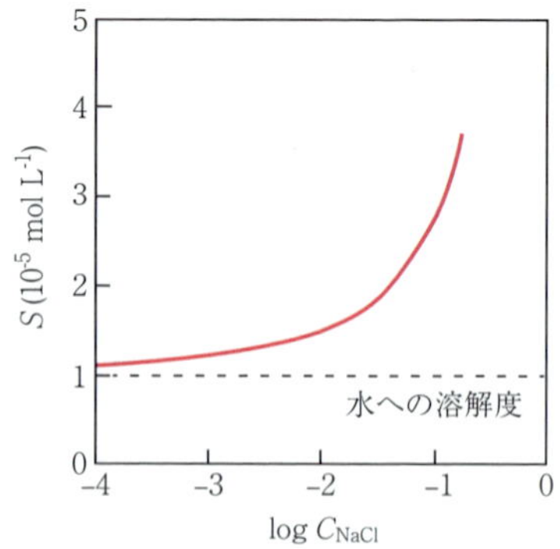

図8. 3　硫酸バリウムの溶解度に及ぼす塩化ナトリウム濃度の影響

（3）錯形成による効果

難溶性塩を構成する金属イオンと錯体を形成する配位子が溶液中に存在する場合，難溶性塩の溶解度はその配位子の濃度に影響を受ける．例えば AgCl の溶解度に対するアンモニアの影響があげられる．アンモニアは，以下の反応により可溶性の銀アンミン錯体を形成し，共存するアンモニア濃度の増加に伴い，AgCl の溶解度が増加すると予想される．

$$AgCl(s) + 2\,NH_3 \rightleftharpoons Ag(NH_3)_2{}^+ + Cl^- \tag{8.21}$$

難溶性塩の沈殿のなかには，沈殿剤であるイオンとさらに反応して可溶性の高次錯体を生成する場合がある．AgCl は過剰の Cl^-の存在下で，銀クロリド錯体 $AgCl_n{}^{1-n}$（$n = 1 \sim 4$）を形成して溶解する．AgCl の溶解度に及ぼす塩化物イオン濃度の影響を考えてみよう．溶解度積と錯生成定数 β は次のように表される．

$$AgCl(s) \rightleftharpoons Ag^+ + Cl^- \qquad K_{sp} = [Ag^+][Cl^-] = 1.8 \times 10^{-10}(mol\ L^{-1})^2 \tag{8.22}$$

$$Ag^+ + Cl^- \rightleftharpoons AgCl(aq) \qquad \beta_1 = \frac{[AgCl(aq)]}{[Ag^+][Cl^-]} \tag{8.23}$$

$$Ag^+ + 2\,Cl^- \rightleftharpoons AgCl_2{}^- \qquad \beta_2 = \frac{[AgCl_2{}^-]}{[Ag^+][Cl^-]^2} \tag{8.24}$$

$$Ag^+ + 3\,Cl^- \rightleftarrows AgCl_3{}^{2-} \qquad \beta_3 = \frac{[AgCl_3{}^{2-}]}{[Ag^+][Cl^-]^3} \tag{8.25}$$

$$Ag^+ + 4\,Cl^- \rightleftarrows AgCl_4{}^{3-} \qquad \beta_4 = \frac{[AgCl_4{}^{3-}]}{[Ag^+][Cl^-]^4} \tag{8.26}$$

このときの溶解度 S は,

$$S = [Ag^+] + [AgCl(aq)] + [AgCl_2{}^-] + [AgCl_3{}^{2-}] + [AgCl_4{}^{3-}] \tag{8.27}$$

となる．式(8.22)～(8.26)より，溶解度は以下のように，$[Cl^-]$，K_{sp}，および β_1～β_4 で表される．

$$S = K_{sp}\left(\frac{1}{[Cl^-]} + \beta_1 + \beta_2[Cl^-] + \beta_3[Cl^-]^2 + \beta_4[Cl^-]^3\right) \tag{8.28}$$

式(8.28)にそれぞれの平衡定数を代入して AgCl の溶解度の対数 $\log S$ を $\log[Cl^-]$ の関数として図示すると，図8.4のようになる．共通イオン効果による溶解度の減少と，クロリド錯体の生成による溶解度の増加によって，$[Cl^-]$ が 10^{-2} mol L^{-1} 付近で，溶解度が最小になることがわかるだろう．

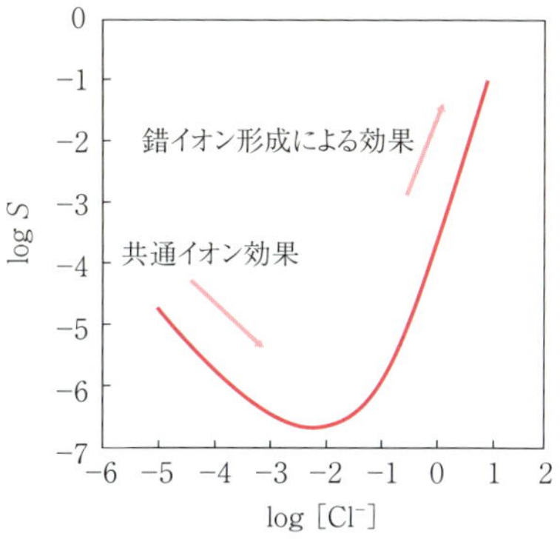

図8.4 塩化銀の溶解度に及ぼす塩化物イオン濃度の影響

8.1.5 さまざまな難溶性塩の溶解平衡

（1）水酸化物の沈殿生成

水酸化物の沈殿生成は，排水や環境水から金属イオンの除去を目的とする水処理法としても大変重要である．金属水酸化物の沈殿は，溶液の pH を上げることで水酸化物イオンの濃度が高くなって，生じる．

n 価の金属イオン M^{n+} の水酸化物沈殿の溶解平衡および溶解度積は，

$$M(OH)_n(s) \rightleftarrows M^{n+} + nOH^- \tag{8.29}$$

Column 8.1

塩の溶解度に及ぼす有機溶媒の効果

無機塩は，有機溶媒よりも水によく溶ける．塩が溶媒に溶けるためには，塩を構成するイオンが溶媒和によって安定化される必要がある．溶媒分子の極性が高ければ，イオンと溶媒分子間の静電的相互作用により溶媒和イオンが生成する．また，塩をルイス酸とルイス塩基からなるものと考えると，溶媒分子の電子対供与性と電子対受容性の程度が塩を陽イオンと陰イオンに分けるのに重要な役割を果たすと考えられる．したがって，極性が高く，酸性および塩基性ともに大きい溶媒分子ほど両イオンに強く溶媒和する．

溶媒和した陽イオンと陰イオン間の静電力は，溶媒の誘電率に反比例する．水の比誘電率 (ε_r) は25℃で78. 3と非常に大きい．単純な静電理論に従うと，水中でのイオン間の静電的相互作用は真空中と比較して 1 /78にまで減少する．したがって，結晶中のイオン間の静電的結合が弱められ，塩は溶解しやすくなる．水溶液では，水和したイオン対が陽イオンと陰イオンに解離して溶解する．

水と混ざり合う有機溶媒，例えばエタノール ($\varepsilon_r=46.6$)，アセトン ($\varepsilon_r=20.7$) などを加えると，塩の溶解度が減少する．これは，比誘電率の減少と酸塩基性が弱くなることによる．

$$K_{sp} = [M^{n+}][OH^-]^n \tag{8.30}$$

M^{n+}の濃度は，$K_w = [H^+][OH^-]$ を用いて

$$[M^{n+}] = \frac{K_{sp}}{[OH^-]^n} = \frac{K_{sp}}{(K_w/[H^+])^n} \tag{8.31}$$

$$\log[M^{n+}] = \log K_{sp} - n\log K_w - n(-\log[H^+]) \tag{8.32}$$

$$\log[M^{n+}] = n\,pK_w - pK_{sp} - n\,pH \tag{8.33}$$

すなわち，pH と log $[M^{n+}]$ との間には直線関係が成り立つ（図8. 5）．各直線の左側では水酸化物の沈殿は生成せず，右側で生成することに注意してほしい．

例えば Al^{3+}の溶解平衡を考えてみよう．次に示す $Al(OH)_3$の溶解平衡と溶解度積から，$[Al^{3+}]$ と pH の関係式は，

$$Al(OH)_3(s) \rightleftharpoons Al^{3+} + 3\,OH^- \tag{8.34}$$

$$K_{sp} = [Al^{3+}][OH^-]^3 = 2.0 \times 10^{-32}(mol\,L^{-1})^4 \tag{8.35}$$

$$\log[Al^{3+}] = 3\,pK_w - pK_{sp} - 3\,pH \tag{8.36}$$

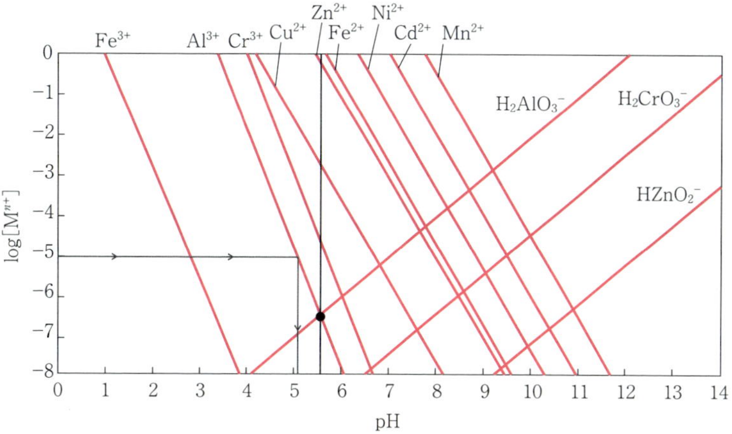

図8.5 さまざまな金属水酸化物沈殿の溶解度とpHの関係

となる．図8.5から，例えば［Al^{3+}］が 1.0×10^{-5} mol L^{-1}の溶液ではpH 5.1以上で $Al(OH)_3$の沈殿が生成することがわかる（図中の矢印*2）．

Fe^{3+}の溶解平衡についても，pHとlog[Fe^{3+}]の関係式を導くことができる．$Fe(OH)_3$の溶解度積〔$K_{sp}=2.8\times10^{-39}(\mathrm{mol\,L^{-1}})^4$〕は，$Al(OH)_3$の溶解度積〔$K_{sp}=2.0\times10^{-32}(\mathrm{mol\,L^{-1}})^4$〕よりも小さいため，$Fe^{3+}$はより低いpHで水酸化物として沈殿することがわかるだろう．

なお，アルミニウム，鉛，鉄（Ⅲ），亜鉛，クロムなどの水酸化物は両性化合物であり，pHの上昇に伴って過剰の水酸化物イオンと反応して金属ヒドロキシド錯体を生成するため再溶解する．すなわち，

$$M(OH)_n(s) \rightleftharpoons H_{n-1}MO_n^- + H^+ \tag{8.37}$$

である．この反応の平衡定数は，$K=[H_{n-1}MO_n^-][H^+]$であるので，錯イオンの濃度とpHの関係式は次式のようになる．

$$\log[H_{n-1}MO_n^-] = \log K + \mathrm{pH} \tag{8.38}$$

したがって，金属錯イオンの濃度はpHに対して右上がりの直線で表される（図8.5）．Al^{3+}は水酸化物イオンと錯イオン生成するため，Al^{3+}として存在できる

＊2 ただし，水酸化アルミニウムが実際にこのような溶解平衡に達するには長時間を要する．

最も高い pH は Al^{3+} と $H_2AlO_3^-$ の交点，すなわち，pH 約5.6であることがわかる．

例題8.6　$1.0 \times 10^{-3}\ \mathrm{mol\ L^{-1}}$ の Fe^{2+} と Fe^{3+} を含む溶液で，それぞれの水酸化物沈殿が生成する pH を求めよ．ただし，$Fe(OH)_2$ と $Fe(OH)_3$ の溶解度積は，それぞれ $4.9 \times 10^{-17}\ (\mathrm{mol\ L^{-1}})^3$，$2.8 \times 10^{-39}\ (\mathrm{mol\ L^{-1}})^4$ とする．

解答

$K_{sp(Fe^{2+})} = [Fe^{2+}][OH^-]^2$，$K_{sp(Fe^{3+})} = [Fe^{3+}][OH^-]^3$ より，Fe^{2+} と Fe^{3+} 溶液それぞれの［OH^-］から pH を算出する．

Fe^{2+} 溶液では，

$$[OH^-] = \left(\frac{K_{sp(Fe^{2+})}}{[Fe^{2+}]}\right)^{\frac{1}{2}} = \left\{\frac{(4.9 \times 10^{-17})}{(1.0 \times 10^{-3})}\right\}^{\frac{1}{2}} = 2.2 \times 10^{-7}\ \mathrm{mol\ L^{-1}}$$

$$\mathrm{pH} = 14.0 + \log(2.2 \times 10^{-7}) = 7.3$$

Fe^{3+} 溶液では，

$$[OH^-] = \left(\frac{K_{sp(Fe^{3+})}}{[Fe^{3+}]}\right)^{\frac{1}{3}} = \left\{\frac{(2.8 \times 10^{-39})}{(1.0 \times 10^{-3})}\right\}^{\frac{1}{3}} = 1.4 \times 10^{-12}\ \mathrm{mol\ L^{-1}}$$

$$\mathrm{pH} = 14.0 + \log(1.4 \times 10^{-12}) = 2.1$$

である．

（2）硫化物の沈殿生成

硫化水素（H_2S）は地下水中などに存在することもあるが，通常，その濃度はきわめて低い．しかし，河川の感潮域の底泥，汚濁している河川や湖の深層水や底泥などの嫌気的な環境では，硫酸バクテリアによる硫酸イオンの嫌気性還元により硫化水素が発生し，その濃度は高くなる．腐敗した底泥（ヘドロ）が黒色を呈しているのは，硫化鉄を含んでいるためである．

硫化水素は，水中では H_2S，HS^-，S^{2-} の三つの化学種として存在するが，硫化物沈殿の生成は，金属イオンと硫化物イオン S^{2-} との反応による．したがって，硫化物沈殿の生成は pH に依存すると予想される．図8.6[*3]からわかるように，硫化物沈殿の生成に必要な S^{2-} は，酸性あるいは中性溶液中ではほとんど存在しない．しかし，実際には強酸性の溶液中においても，第1属イオン（Ag^+，Pb^{2+}，

＊3　図8.6は，5.6.3項を参考にすれば作成できる．

Hg_2^{2+}), 第2属イオン (Cu^{2+}, Cd^{2+}, Bi^{3+}, Pb^{2+})*4の硫化物沈殿が生成する. これは, それらの硫化物の溶解度積がきわめて小さく (付表5を参照), S^{2-}の濃度が非常に低い溶液においても硫化物が沈殿するためである.

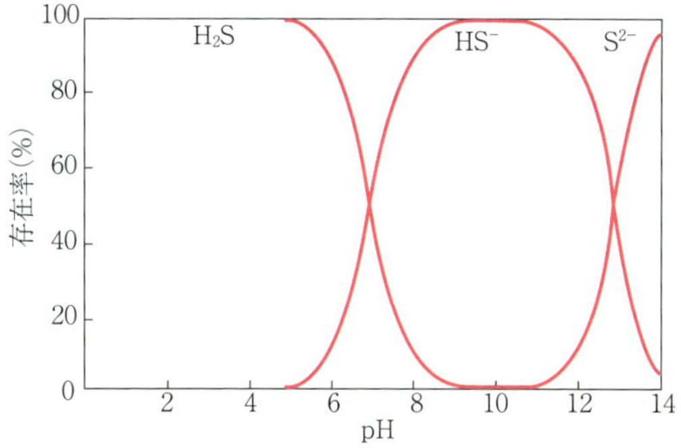

図8.6 各pHにおけるH_2S, HS^-, S^{2-}の存在率

(3) 硫酸塩の沈殿生成

いくつかのアルカリ土類金属イオンや鉛イオンは, SO_4^{2-}と難溶性の塩を生成して沈殿する. $BaSO_4$の沈殿生成反応は, 淡水に含まれるSO_4^{2-}濃度を測定する**比濁法**に利用されている. 日本の河川水に含まれるSO_4^{2-}の平均的な濃度は, 約 1.7×10^{-4} mol L^{-1} (= 11 mg L^{-1}) である.

$BaSO_4$を例として, 硫酸塩の溶解度に及ぼすpHの影響を考えてみよう. $BaSO_4$の溶解平衡と溶解度積K_{sp}は次のように表される.

$$BaSO_4(s) \rightleftharpoons Ba^{2+} + SO_4^{2-} \tag{8.39}$$

$$K_{sp} = [Ba^{2+}][SO_4^{2-}] = 1.1 \times 10^{-10} (\text{mol L}^{-1})^2 \tag{8.40}$$

一方, 硫酸は第一段目の酸解離は強酸で完全に解離するが, 第二段目は弱酸として作用する. すなわち,

$$H_2SO_4 \longrightarrow H^+ + HSO_4^- \quad \text{完全解離} \tag{8.41}$$

$$HSO_4^- \rightleftharpoons H^+ + SO_4^{2-} \qquad K_{a2} = \frac{[H^+][SO_4^{2-}]}{[HSO_4^-]} = 10^{-2.0}\ \text{mol L}^{-1} \tag{8.42}$$

*4 1.3.2項の「陽イオンの系統的定性分析」を参照.

である．S すなわち $[Ba^{2+}]$ の $[H^+]$ 依存性は，次のようになる．

$$S = [Ba^{2+}] = \left\{ K_{sp}\left(1 + \frac{[H^+]}{K_{a2}}\right)\right\}^{\frac{1}{2}} \tag{8.43}$$

図8.7に，式(8.43)を用いて求めた $S(=[Ba^{2+}])$ の pH 依存性を示す．pH 2 以下では HSO_4^- の解離が抑えられるために $[SO_4^{2-}]$ が減少し，$BaSO_4$ の溶解度が急激に増加することがわかる．硫酸の第二酸解離の $pK_{a2}(=2.0)$ と「pH 2」とがほぼ一致していることに注意しよう．

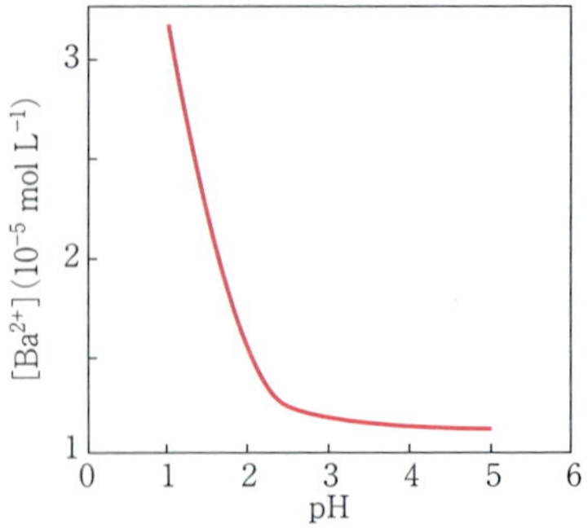

図8.7 硫酸バリウムの溶解度と pH の関係

（4）炭酸塩の沈殿生成

いくつかのアルカリ土類金属，および鉛，亜鉛の炭酸塩は難溶性である．また，自然界において炭酸塩の生成は，大気中の二酸化炭素の水への吸収に関与する重要な現象である．

$CaCO_3$の溶解平衡について考えてみよう．$CaCO_3$の溶解平衡は，

$$CaCO_3(s) \rightleftharpoons Ca^{2+} + CO_3^{2-} \tag{8.44}$$

$$K_{sp} = [Ca^{2+}][CO_3^{2-}] = 9.9 \times 10^{-9}(\text{mol L}^{-1})^2 \tag{8.45}$$

である．一方，炭酸（H_2CO_3）は，次のように二段階に解離するため，

$$H_2CO_3 \rightleftharpoons H^+ + HCO_3^- \quad K_1 = \frac{[H^+][HCO_3^-]}{[H_2CO_3]} = 4.5 \times 10^{-7}\text{mol L}^{-1} \tag{8.46}$$

$$HCO_3^- \rightleftharpoons H^+ + CO_3^{2-} \quad K_2 = \frac{[H^+][CO_3^{2-}]}{[HCO_3^-]} = 4.7 \times 10^{-11}\text{mol L}^{-1} \tag{8.47}$$

となる．一方，$CaCO_3$の溶解度 S は次のように表される．

$$S = [Ca^{2+}] = [H_2CO_3] + [HCO_3^{-}] + [CO_3^{2-}] \tag{8.48}$$

$CaCO_3$の溶解度に及ぼすpHの影響は，K_1，K_2，K_{sp}を用いて，

$$[Ca^{2+}] = \frac{[H^+]^2[CO_3^{2-}]}{K_1K_2} + \frac{[H^+][CO_3^{2-}]}{K_2} + [CO_3^{2-}]$$
$$= [CO_3^{2-}]\left(\frac{[H^+]^2}{K_1K_2} + \frac{[H^+]}{K_2} + 1\right) \tag{8.49}$$

である．$[CO_3^{2-}]$ を溶解度積の式に代入すると，

$$K_{sp} = [Ca^{2+}][CO_3^{2-}] = \frac{[Ca^{2+}]^2}{\left(\frac{[H^+]^2}{K_1K_2} + \frac{[H^+]}{K_2} + 1\right)} \tag{8.50}$$

となる．よって，$[Ca^{2+}]$ は $[H^+]$ の関数として書き表される．

$$[Ca^{2+}] = \left\{K_{sp}\left(\frac{[H^+]^2}{K_1K_2} + \frac{[H^+]}{K_2} + 1\right)\right\}^{\frac{1}{2}} \tag{8.51}$$

例題8.7 大気と平衡にある水への炭酸カルシウムの溶解が，pHによってどのように変化するのか，ヘンリーの法則*5と炭酸カルシウムの溶解平衡を用いて $[Ca^{2+}]$ のpH依存性を図示せよ．大気中の二酸化炭素濃度は355 ppm（v/v）とする．

解答

大気の二酸化炭素の分圧 p_{CO_2}と水に溶解した二酸化炭素，すなわち，炭酸の濃度の間にはヘンリーの法則が成立する．ヘンリー定数を K_H とおけば，$[CO_2] = [H_2CO_3] = K_H \times p_{CO_2}$ である．水に溶解した二酸化炭素が炭酸になることは，CO_2（気体）$+ H_2O \longrightarrow H_2CO_3$（水和した二酸化炭素，炭酸）の反応式から理解できるだろう．

一方，$K_1K_2 = \frac{[H^+]^2[CO_3^{2-}]}{[H_2CO_3]}$より，

$$[CO_3^{2-}] = \frac{K_1K_2[H_2CO_3]}{[H^+]^2}$$

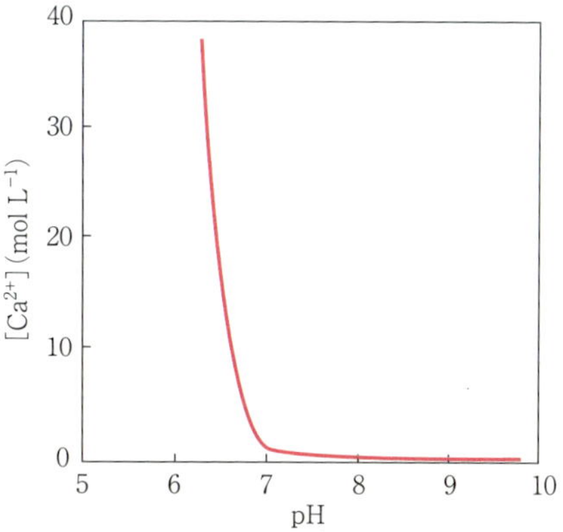

図8.8 炭酸カルシウムの溶解度とpHの関係

*5 ヘンリーの法則とは，揮発性の溶質を含む希薄溶液が気相で平衡にあるとき，気相内の溶質の分圧 p は溶液中の濃度 c に比例する．

$$= \frac{K_1 K_2 K_H p_{CO_2}}{[H^+]^2}$$

と表される．式(8.45)を用いると，$[Ca^{2+}]$ の水素イオン濃度依存性は，

$$[Ca^{2+}] = \frac{K_{sp}}{[CO_3^{2-}]} = \frac{K_{sp}[H^+]^2}{K_1 K_2 K_H p_{CO_2}}$$

となる．この式と $K_H = 10^{-1.52}$ mol L^{-1} atm^{-1}および大気の二酸化炭素濃度が355 ppm，すなわち，$p_{CO_2} = 355 \times 10^{-6}$ atm（1 atm ＝ 1013 hPa）であることをもとに，$[Ca^{2+}]$ すなわち$CaCO_3$の溶解度の pH 依存性を計算すると，図8.8に示す曲線が得られる．この図から，水が少し酸性になるだけで，$CaCO_3$の溶解度は急激に増加することがわかる．

大気中の二酸化炭素濃度が増加すると海洋が酸性化する．それによって貝類や円石藻の炭酸カルシウムが溶けだすなど，生態系へ深刻な影響が懸念されている．

8.2　沈殿滴定曲線

金属イオンと陰イオンが反応して沈殿が生成することを利用する滴定を，**沈殿滴定**（precipitation titration）という．数多くの沈殿反応が知られているが，酸塩基反応，酸化還元反応，錯形成反応を利用する滴定と比較して，沈殿滴定の測定対象となるイオンは限られている．硝酸銀の標準溶液を用いて，ハロゲン化銀の沈殿生成を利用する滴定が主流であり，これを**銀滴定**（argentmetry）とよぶ．

沈殿滴定における滴定曲線は，強酸－強塩基の中和滴定の滴定曲線と同様に取り扱うことができる．それでは，沈殿 AgX が生成する反応を利用して，濃度 C_1 の $AgNO_3$標準溶液（滴定剤）で，濃度 C_2の X^-を含む溶液 V_2 mL を滴定したときの滴定曲線を考えてみよう．$AgNO_3$溶液の滴下量を V_1 mL，溶液中に懸濁している沈殿 AgX の濃度を［AgX］とすると，Ag^+と X^-の物質収支は次のように示される．

$$[Ag^+] + [AgX] = \frac{C_1 V_1}{(V_1 + V_2)} \quad (8.52)$$

$$[X^-] + [AgX] = \frac{C_2 V_2}{(V_1 + V_2)} \quad (8.53)$$

なお，副反応がなく，滴定開始後も $K_{sp} = [Ag^+][X^-]$ が成り立つものとする

と，滴定における各段階での，沈殿せずに残っているX^-の濃度［X^-］は，次のように表される．

（i）当量点以前

$$[X^-] = \frac{C_2V_2}{(V_1 + V_2)} - [AgX]$$
$$= \frac{C_2V_2}{(V_1 + V_2)} - \left\{\frac{C_1V_1}{(V_1 + V_2)} - [Ag^+]\right\}$$
$$= \frac{(C_2V_2 - C_1V_1)}{(V_1 + V_2)} + \frac{K_{sp}}{[X^-]} \qquad (8.54)^{*6}$$

（ii）当量点

$$[X^-] = [Ag^+] = (K_{sp})^{\frac{1}{2}} \qquad (8.55)$$

（iii）当量点以後

過剰に加えられたAg^+の濃度［Ag^+］は，

$$[Ag^+] = \frac{C_1V_1}{(V_1 + V_2)} - \left\{\frac{C_2V_2}{(V_1 + V_2)} - [X^-]\right\}$$
$$= \frac{(C_1V_1 - C_2V_2)}{(V_1 + V_2)} + \frac{K_{sp}}{[Ag^+]} \qquad (8.56)^{*6}$$

である．この［Ag^+］を用いると，

$$[X^-] = \frac{K_{sp}}{[Ag^+]}$$

図8.9は，0.100 mol L^{-1}のハロゲン化物イオンX^-（Cl^-，Br^-，あるいはI^-）を含む溶液100 mLを0.100 mol L^{-1} $AgNO_3$標準溶液を用いて滴定したときの滴定曲線である．ハロゲン化銀の溶解度積はAgCl＞AgBr＞AgIであるので，X^-が同じ濃度であるなら，溶解度積が小さいハロゲン化銀ほど，当量点に

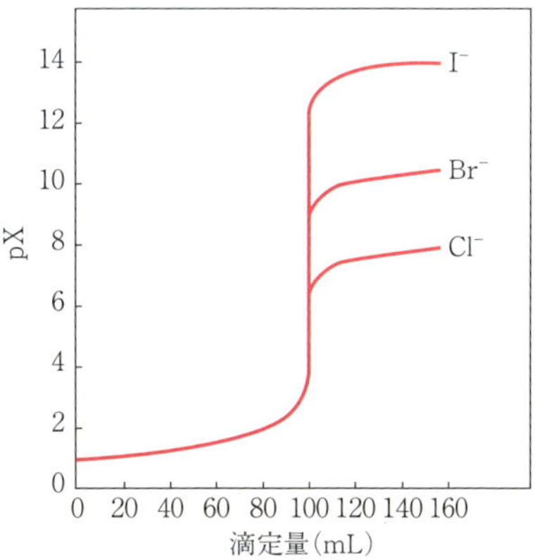

図8.9 硝酸銀水溶液による沈殿滴定曲線

＊6 ただし，式(8.54)(8.56)の右辺第2項は，当量点付近の沈殿の溶解を考慮したときの補正項である．

おける pX(= −log[X⁻]) 値の変化が大きくなる．

例題8. 8　0.100 mol L^{-1}NaCl 溶液50.0 mL を0.100 mol L^{-1} $AgNO_3$標準溶液で滴定するとき，以下の滴定量における pCl〔= −log([X^-]/(mol L^{-1}))〕を求めよ．(a) 20.0 mL，(b) 50.0 mL，(c) 70.0 mL.

解答

(a) 当量点以前に生成した AgCl の溶解に由来する Cl^- は無視できるため，

$$[Cl^-] = \frac{(C_2V_2 - C_1V_1)}{(V_1 + V_2)} = \frac{(0.100 \times 50.0 - 0.100 \times 20.0)}{(20.0 + 50.0)}$$

$$= 0.0429\ \mathrm{mol\ L^{-1}}$$

$$\mathrm{pCl} = -\log(0.0429) = 1.368$$

(b) 当量点であるため，

$$[Cl^-] = (K_{sp})^{\frac{1}{2}} = (1.8 \times 10^{-10})^{\frac{1}{2}} = 1.3 \times 10^{-5}\mathrm{mol\ L^{-1}}$$

$$\mathrm{pCl} = 4.89$$

(c) AgCl の K_{sp} は小さいため，AgCl の溶解からの Cl^- は無視できる．

$$[Ag^+] = \frac{(C_1V_1 - C_2V_2)}{(V_1 + V_2)} = \frac{(0.100 \times 70.0 - 0.100 \times 50.0)}{(70.0 + 50.0)}$$

$$= 0.0167$$

$$[Cl^-] = K_{sp}/[Ag^+] = 1.8 \times 10^{10}/0.0167 = 1.1 \times 10^{-8}\ \mathrm{mol\ L^{-1}}$$

$$\mathrm{pCl} = 7.96$$

8. 3　滴定法

実際に利用されている代表的な沈殿滴定は銀滴定である．これは，他の沈殿生成反応では（1）適当な指示薬が限られる，（2）希薄溶液での沈殿生成速度が小さい，（3）共沈などによる干渉を受けやすいことなどの理由による．

銀滴定において，終点の検出に用いられる指示薬は 2 種類に分類できる．一つは当量点での有色の沈殿や可溶性錯イオンの生成など呈色反応を利用するもので，前者は**モール法**（Mohr 法），後者は**フォルハルト法**（Volhard 法）とよばれる．もう一つは，当量点における沈殿表面の電荷の変化により吸着し，変色する吸着指示薬を用いる方法であり，**ファヤンス法**（Fajans 法）として知られている．これら三つの終点検出法が沈殿滴定において特に重要である．また，銀滴定の場合，銀電極を指示電極とする電位差法も広く利用されている．

8.3.1 モール法

モール法は，硝酸銀標準溶液による塩化物イオンの滴定法であり，終点の検出にクロム酸銀の生成に伴う着色を用いる．AgCl と Ag_2CrO_4の溶解度は，

$$S_{AgCl} = (K_{sp,\,AgCl})^{\frac{1}{2}} = (1.8 \times 10^{-10})^{\frac{1}{2}} = 1.3 \times 10^{-5}\ \mathrm{mol\ L^{-1}} \quad (8.57)$$

$$S_{Ag_2CrO_4} = \left(\frac{K_{sp,\,Ag_2CrO_4}}{4}\right)^{\frac{1}{3}} = \left(\frac{2.4 \times 10^{-12}}{4}\right)^{\frac{1}{3}} = 8.4 \times 10^{-5}\ \mathrm{mol\ L^{-1}} \quad (8.58)$$

で，AgCl のほうが溶解度が小さい．したがって，Cl^-を含む試料溶液に指示薬として少量の K_2CrO_4溶液を添加した後，$AgNO_3$溶液で滴定することにより，AgCl の白色沈殿がほぼ定量的に生成する．当量点を過ぎると，溶液中の銀イオン濃度が増加し，イオン積 $[Ag^+]^2[CrO_4{}^{2-}]$ がその溶解度積よりも大きくなると，黄色の $CrO_4{}^{2-}$溶液から Ag_2CrO_4の赤色沈殿が生成して終点を検出できる．

この方法では，指示薬として添加する $CrO_4{}^{2-}$の濃度の調整が非常に重要である．当量点では $[Ag^+] = [Cl^-] = (K_{sp})^{1/2}$であるから，このときに Ag_2CrO_4の沈澱生成を開始させるためには，

$$[CrO_4{}^{2-}] = \frac{K_{sp,\,Ag_2CrO_4}}{[Ag^+]^2} = \frac{K_{sp,\,Ag_2CrO_4}}{K_{sp,\,AgCl}} \quad (8.59)$$

であればよい．実際に，$K_{sp,\,AgCl} = 1.8 \times 10^{-10}(\mathrm{mol\ L^{-1}})^2$，$K_{sp,\,Ag_2CrO_4} = 2.4 \times 10^{-12}\ (\mathrm{mol\ L^{-1}})^3$を代入して計算すると，$[CrO_4{}^{2-}] = 1.2 \times 10^{-2}\ \mathrm{mol\ L^{-1}}$となる．当量点における $[CrO_4{}^{2-}]$ をこの濃度よりも高く設定すれば，当量点よりも少ない滴下量で終点となり，逆に低く設定すれば当量点を過ぎて終点となる．

モール法は pH 7.0〜10.0 の範囲で行う．これより低い pH では，$CrO_4{}^{2-} + H^+ \rightleftharpoons HCrO_4{}^-$や $2\,HCrO_4{}^- \rightleftharpoons Cr_2O_7{}^{2-} + H_2O$ の反応によって $CrO_4{}^{2-}$の濃度が低下し，ブランクの値が大きくなる．一方，これより高い pH では，Ag^+は AgOH の生成を経て Ag_2O の褐色沈殿となるため，正確な滴定ができなくなる．また，滴定中に十分かき混ぜないと AgCl の沈殿が凝集し，その中に Cl^-が取り込まれ

て，これも誤差の原因となる．

8.3.2　フォルハルト法

終点検出法としてチオシアン酸鉄(Ⅲ)イオンの発色を利用するのが，フォルハルト法である．Ag^+をKSCN標準溶液で滴定する際にFe^{3+}を添加しておくと，当量点以前ではAgSCNの沈殿が生成するが，当量点以後では，過剰のSCN^-により［$Fe(SCN)_n$］$^{3-n}$（n ＝ 1～6）の赤色錯イオンが生成するため，終点を知ることができる．

この方法を利用すれば，Cl^-などのハロゲン化物イオンの間接定量も行える．Cl^-を含む溶液に過剰で一定量の$AgNO_3$標準溶液を加え，生成したAgClをろ過，またはニトロベンゼンと振り混ぜて水溶液から分離*7した後，過剰のAg^+をFe^{3+}を指示薬としてKSCN標準溶液で逆滴定する．AgClを分離しない場合，SCN^-がCl^-と置換してより難溶性のAgSCNを生成するので終点はわかりにくくなる．Br^-やI^-の定量ではAgBrやAgIの溶解度がAgSCNよりも小さいので分離の必要はない．

アルカリ性側では$Fe(OH)_3$の沈殿が生成するので，フォルハルト法は，通常0.2～0.6 mol L^{-1}の硝酸酸性で行う．Cl^-の滴定法は，一般に中性溶液で行われるため，多くの陽イオンが沈殿を生成して定量を妨害する．したがって，酸性溶液で滴定できるフォルハルト法はCl^-およびAg^+の定量に広く利用されている．

8.3.3　ファヤンス法

沈殿は，それを構成しているイオンを吸着する性質をもっている．例えばAgClの沈殿は，溶液中にCl^-が過剰に存在する場合にはCl^-を，Ag^+が過剰にある場合にはAg^+を引きつける．これを一次吸着という．溶液中に存在する陽イオンは負に帯電した沈殿粒子に，陰イオンは正に帯電した沈殿粒子に吸着する（図8.10）．

このように，色素イオンが沈殿粒子表面に吸着し，変色することを利用して終点を検出する方法をファヤンス法，または**吸着指示薬法**という．例えばCl^-を

＊7　ニトロベンゼンがAgCl沈殿を完全に包むようにする．

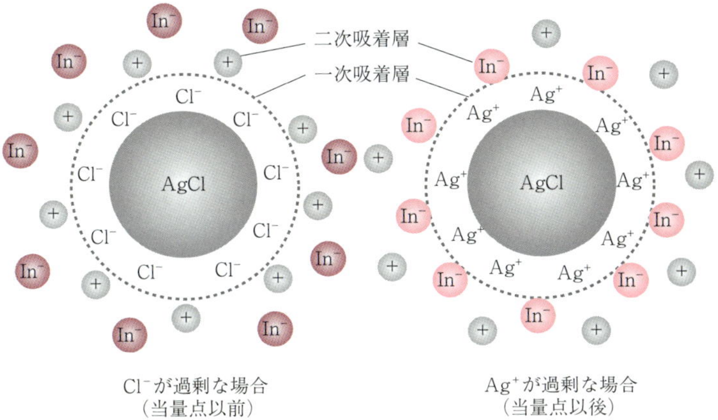

図8.10 沈殿粒子表面のイオンの吸着とファヤンス法の原理

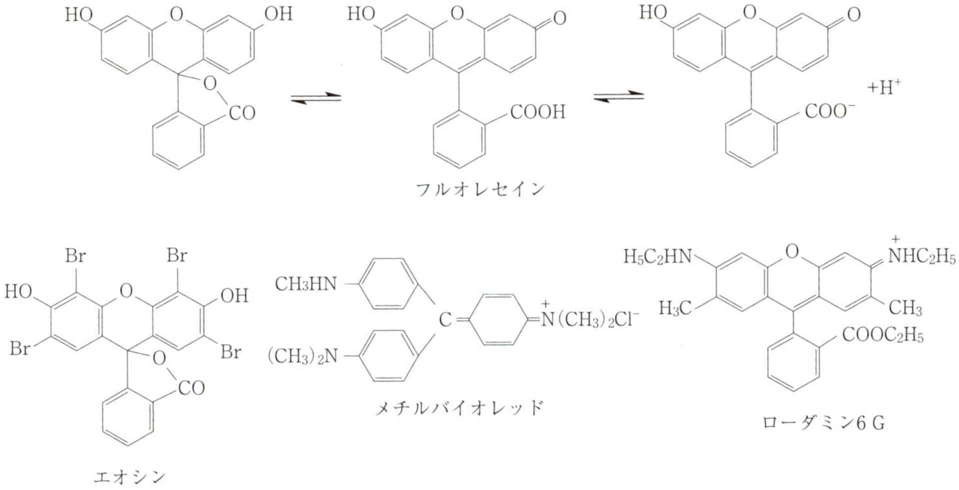

図8.11 吸着指示薬の構造式

$AgNO_3$標準溶液で滴定した場合，Cl^-の一次吸着層が形成される．当量点を超えるとCl^-が減少し，過剰に存在するAg^+の一次吸着層の形成により，沈殿粒子表面の電荷は負から正に変化する．このとき適当な陰イオン性色素が周囲に存在すると，それが沈殿表面に吸着されて変色するため，滴定の終点を検出することができる．このように，吸着によって色が変わる色素を**吸着指示薬**とよぶ．図8.11に，吸着指示薬としてよく用いられる物質の構造を示す．これらの試薬が吸着指

Column 8.2

塩化物イオン定量の必要性

本文中でも記述したように，銀滴定による塩化物イオンの定量は，沈殿滴定の主流である．塩化物イオンの測定には，イオン電極法，イオンクロマトグラフィー，電位差滴定なども用いられる．

沈殿滴定による塩化物イオンの定量は，醤油やソースなどの調味料をはじめとする各種食品分析に利用されている．また，塩化物イオンは，コンクリート建造物における鉄筋の発錆・腐食促進による損傷劣化にも関連することから，コンクリート中の塩化物イオン含有量を把握することは重要である．塩化物イオンの由来としては，未除塩海砂の使用，凍結防止剤（融雪・融氷剤）の散布によるもの，構造物が海岸近くに立地しているため飛来塩分の影響を受ける場合などがあげられる．鉄筋の腐食が進行する塩化物イオン量は12 kg/m^{3}からとされている．

飲料水や環境水に含まれる塩化物イオン濃度を評価することも重要である．日本の水道水基準には，塩化物イオン濃度は200 ppm 以下とされている．また，農業では，特に水田稲作が塩害を受けやすい．バングラデシュではハリケーンによる沿岸地域の稲作被害がよく起こり，日本でも，東日本大震災の津波によって宮城県から福島県にかけての海岸沿いの水田が塩害に見舞われ，海水が引いた後に脱塩処理が施された．

一般に「塩分濃度」とは，塩化ナトリウムだけでなく，硫酸マグネシウム，硫酸カルシウム，炭酸水素塩などの塩類を含めていうことが多い．水稲では，塩分濃度が約1,000 ppm（0.1%）ほどでも明らかな生育阻害が見られる．海水の塩分濃度は，およそ3.5%（35,000 ppm）であることからもわかるように，わずかな海水の混入が水稲には大きな問題となる．

示薬として作用するには，指示薬が負の電荷をもたなければならない．したがって，滴定時の溶液の pH を指示薬の pK_a よりも高く設定し，酸解離させる必要がある．図8.11にはフルオレセインの解離反応を示した．フルオレセインでは滴定時の溶液の pH を 7 ～10，エオシンでは pH を 2 ～10に調節する*8．

章末問題

8-1　ある濃度の硫酸ナトリウム溶液に塩化バリウム溶液を加えたとき，平衡到達後の溶液中のバリウムイオンの濃度は3.0×10^{-3} mol L^{-1}であった．溶液中の硫酸イオン濃度を求めよ．ただし，硫酸バリウムの溶解度積は1.1×10^{-10}(mol L^{-1})^{2}とする．

＊8　エオシンは AgCl に対する吸着が強すぎるため，Cl^-の滴定には用いない．また，Cl^-，Br^-，I^-，SCN^-などの標準溶液を用いて Ag^+を滴定する場合，当量点以後の沈殿粒子は負に帯電するため，メチルバイオレットやローダミン 6 G などの陽イオン性色素が吸着指示薬として用いられる．

8-2 難溶性塩 M X_2の飽和溶液に含まれる M^{2+}の濃度が1.0 × 10^{-4} mol L^{-1}であるとき，MX_2の溶解度積を求めよ．

8-3 AgCl の純水への溶解度（g L^{-1}）を求めよ．ただし，AgCl の式量は143.4，K_{sp} = 1.8 × 10^{-10}(mol $L^{-1})^2$とする．

8-4 FeS，Hg_2Cl_2，$Ca_3(PO_4)_2$の溶解度積 K_{sp} とモル溶解度 S の関係式を示せ．

8-5 飽和 $CaSO_4$水溶液から CaC_2O_4を沈殿させるのに必要な $C_2O_4{}^{2-}$濃度を求めよ．ただし，$K_{sp,\,CaSO_4}$ = 4.9 × 10^{-5}(mol $L^{-1})^2$，$K_{sp,\,CaC_2O_4}$ = 2.3 × 10^{-9}(mol $L^{-1})^2$とする．

8-6 1.00 × 10^{-3} mol L^{-1}の Cd^{2+}水溶液から $Cd(OH)_2$が沈殿し始める pH と，99.9 %沈殿するときの pH をそれぞれ求めよ．ただし，$Cd(OH)_2$の溶解度積は7.2 × 10^{-15}(mol $L^{-1})^3$とする．

8-7 $CaCO_3$と $CaSO_4$の純水および0.01 mol L^{-1} $CaCl_2$水溶液への溶解度を比較せよ．ただし，$K_{sp,\,CaCO_3}$ = 9.9 × 10^{-9}(mol $L^{-1})^2$，$K_{sp,\,CaSO_4}$ = 4.9 × 10^{-5}(mol $L^{-1})^2$とする．

8-8 AgCl の純水および0.1 mol L^{-1}の硝酸ナトリウム水溶液への溶解度を示せ．ただし，AgCl の溶解度積は1.8 × 10^{-10}(mol $L^{-1})^2$とする．

8-9 フォルハルト法によって，Ag^+を KSCN 標準溶液で滴定する場合，$FeSCN^{2+}$が6.0 × 10^{-6} mol L^{-1}に達したとき終点を検出することができる．指示薬である Fe^{3+}の濃度をいくらに設定すればよいか，答えよ．ただし，AgSCN の溶解度積は1.0 × 10^{-12}(mol $L^{-1})^2$，$FeSCN^{2+}$の生成定数 K_f は2.0 × 10^2 (mol $L^{-1})^{-1}$とする．

Basics of Analytical Chemistry

第9章

溶媒抽出

溶媒抽出（solvent extraction）は，二種の混ざり合わない液相間に溶質が分配する現象を利用した分離法であり，液－液分配（liquid−liquid distribution）ともよばれる．溶質の分配平衡は，溶媒物性，水相の pH や試薬濃度などに依存して変化するため，最適な条件を選択することで目的の溶質のみを選択的に分離することができる．簡便な器具と操作によって，超微量からマクロ量まで無機化合物・有機化合物を問わず，効率的な分離・精製法として利用できるため，分析のための分離・濃縮だけでなく，化学合成や資源回収などでも広く用いられている．また，分配平衡の考え方は，固相抽出やクロマトグラフィーなど，物質の二相間分配に基づく分離法の基礎となっている．

9.1　溶媒抽出の基礎

9.1.1　分配の法則

混和しない二相間の溶質の分配は，ネルンスト（Nernst）の分配の法則（1891年）[*1]によって支配される．ある溶質 S の水相と有機相間の分配は，次のように表される．

$$S_{aq} \rightleftharpoons S_{org} \qquad (9.1)$$

$$K_D = \frac{[S]_{org}}{[S]_{aq}} \qquad (9.2)$$

ここで，下付の aq は水相，org は有機相を表す．K_D は**分配定数**（distribution constant）であり，水相と有機相の S の濃度比として定義される．各相において溶

＊1　一つの溶質が水相と有機相で同じ化学形をもつとき，二相の溶質の濃度比は必ずしもその全濃度に依存しない．

質の化学ポテンシャルをμ_{aq}，μ_{org}とすると，

$$\mu_{aq} = \mu_{aq}^{\circ} + RT\ln\gamma_{aq}[S]_{aq} \tag{9.3}$$
$$\mu_{org} = \mu_{org}^{\circ} + RT\ln\gamma_{org}[S]_{org} \tag{9.4}$$

ここで，μ_{aq}°とμ_{org}°は水相と有機相における溶質Sの標準化学ポテンシャルであり，γ_{aq}とγ_{org}はその活量係数である．平衡状態では$\mu_{aq} = \mu_{org}$となるため，式(9.3)，(9.4)より次の関係が成立する．

$$\mu_{aq}^{\circ} + RT\ln\gamma_{aq}[S]_{aq} = \mu_{org}^{\circ} + RT\ln\gamma_{org}[S]_{org} \tag{9.5}$$

ここで，有機相と水相の標準化学ポテンシャルの差は溶質の標準溶媒間移行ギブズエネルギーΔG_{tr}°とよばれ，次式で表される．

$$\Delta G_{tr}^{\circ} = \mu_{org}^{\circ} - \mu_{aq}^{\circ} = -RT\ln\left(\frac{\gamma_{org}[S]_{org}}{\gamma_{aq}[S]_{aq}}\right) \tag{9.6}$$

活量係数が1とみなせる希薄な濃度条件では，分配定数K_Dを用いて書き換えられる．

$$\Delta G_{tr}^{\circ} = -RT\ln K_D \tag{9.7}$$

したがって，溶質の化学形が分配によって変化しなければ，K_Dは一定温度では溶質濃度に依存せず，一定値をとることがわかる．

$$K_D = \exp\left(-\frac{\Delta G_{tr}^{\circ}}{RT}\right) \tag{9.8}$$

9.1.2　分配比と抽出率

しかし実際の溶媒抽出では，溶質は溶液中で解離，錯形成，会合などの化学反応を起こして，化学形が変化することが多い．このため，抽出後の水相と有機相に溶存するさまざまな化学形の溶質（S_1，S_2，・・・）の全濃度，C_{aq}とC_{org}の比で表した**分配比**（distribution ratio，D）が重要なパラメータとなる．

$$D = \frac{[S_1]_{org} + [S_2]_{org} + \cdots}{[S_1]_{aq} + [S_2]_{aq} + \cdots} = \frac{C_{org}}{C_{aq}} \qquad (9.9)$$

D と K_D はともに，溶質の有機相への抽出されやすさを表す指標であるが，明確に区別する必要がある．式(9.8)で示されるとおり，K_D がある特定の化学形の溶質に対する平衡定数であるのに対して，D は溶質の濃度や反応条件に依存して著しく変化する変数である．

抽出率（percent extraction，%E）は，溶質の何％が有機相に抽出されたかを表す実用的なパラメータである．はじめに水溶液中にあった溶質の量 W_{total}(mol) のうち，W_{org}(mol)が有機相に抽出されたとすると，%E は次のように表される．

$$\%E = \frac{100W_{org}}{W_{total}} = \frac{100C_{org}V_{org}}{C_{aq}V_{aq} + C_{org}V_{org}} \qquad (9.10)$$

ここで，V_{aq} と V_{org} は，水相と有機相の体積である．式(9.9)，(9.10)より，%E は D の関数として表すことができる．

$$\%E = \frac{100D}{D + \frac{V_{aq}}{V_{org}}} \qquad (9.11)$$

図9.1に%E と D の関係を示す．D が一定であっても，両相の体積比 V_{aq}/V_{org} が変わると抽出率が変化するため，多量の水相から少量の有機相に溶質を抽出濃縮しようとするときには，分配比が十分に高くなるように抽出条件を設定する必要がある．例えば，水相と有機相の体積比が $V_{aq}/V_{org} = 1$ のときは，$D = 10^2$で抽出率99％となるが，$V_{aq}/V_{org} = 10$のときには抽出率は91％になり，抽出率99％を達成するためには $D = 10^3$の条件が必要となる．

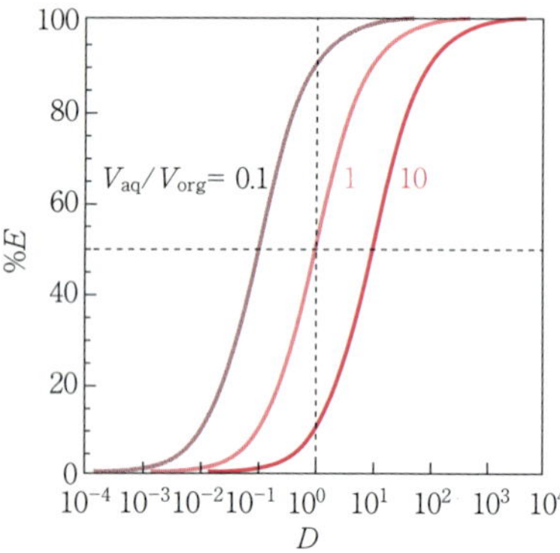

図9.1 抽出率%E と分配比 D の関係

D 値が低くて一回の抽出操作で十分な抽

出率が得られない場合には，同じ水相から抽出を繰り返すことによって抽出率を高くすることができる．抽出を n 回繰り返すと，水相に残る物質の割合（R）は次式で与えられる．

$$R = \left(\frac{\dfrac{V_{aq}}{V_{org}}}{D + \dfrac{V_{aq}}{V_{org}}} \right)^n \tag{9.12}$$

例えば，$V_{aq}/V_{org} = 1$，$D = 2$ のとき，1回の抽出では抽出率は67％であるが，抽出を5回繰り返せば99％以上を抽出することができる．

例題9.1　ある溶質の分配比 D が200のとき，抽出率99.0％以上を達成するために必要な水相と有機相の体積比を求めよ．

解答

式(9.11)より，

$$\frac{V_{aq}}{V_{org}} = \frac{100D}{\%E} - D = \frac{100 \times 200}{99.0} - 200 = 2.02$$

したがって，$V_{aq}/V_{org} \leq 2.02$ の条件で抽出率が99.0％以上になる．

9.1.3　分離係数

水相から二つの溶質AとBを抽出するとき，AとBの分配比が大きく異なれば，一方の溶質のみを有機相に選択的に移動させて両者を分離することができる．AとBの分離の程度を表すパラメータが**分離係数**（separation factor，α）であり，AとBの分配比の比として定義される．

$$\alpha = \frac{D_A}{D_B} \tag{9.13}$$

Aの抽出率99％のときにBの抽出率1％以下となるのを定量的な分離とすると，それを達成するために，$V_{aq}/V_{org} = 1$ では $D_A = 10^2$ と $D_B = 10^{-2}$ の条件が必要となる．つまり，分離係数が $\alpha > 10^4$ ならAはBから定量的に分離できる．

実際の分離では，有機相に抽出された物質を水相に戻す「逆抽出」とよばれる操作を組み合わせることが多い．一般に，$D < 10^{-2}$ の条件で定量的に逆抽出で

き，それを利用して分離，濃縮を行える．また，AとBの分離係数がそれほど大きくないとき，抽出後の有機相を別の新しい水相と振り混ぜて再分配させ，Bのみを水相に逆抽出する．この操作を相洗浄とよぶ（コラム9.1を参照）．

Column 9.1

多段抽出からクロマトグラフィーへ

分離係数が10^4の物質同士は，1回のバッチ抽出によって簡単に分離できるが，分離係数が1に近いときには，抽出を何回も繰り返すことによって分離することができる．1950年代に開発されたクレイグ（Craig）の装置は，分液ロートのような抽出器を多数直列に並べた多段抽出装置であり，向流分配法とよばれる．

図1にその原理を示す．1段目の抽出器に目的の溶質（相対量64）を含む水相を入れておき，他の4段にはそれぞれ水相のみを入れておく．有機相を1段目に入れて抽出を開始する（1回目）．平衡に達した後，1段目の有機相を2段目に送り，1段目には新たな有機相を入れて再び分配させる（2回目）．この操作を順次繰り返すと，溶質濃度はいずれかの段に最大値を示して分布するようになる．二つの溶質に分配比の差があれば，それぞれの分布が異なり分離ができる．図2は，分配比が0.5と2の二つの溶質（分離係数4）を，それぞれ5段および50段の向流分配にかけた後の分布を示している．5段では分離は不十分であるが，50段では分離はほぼ達成されている．これは段理論といわれるクロマトグラフィーの原理に他ならない．近年，コイル状のマイクロチューブを回転させる高速向流クロマトグラフィーが登場している．

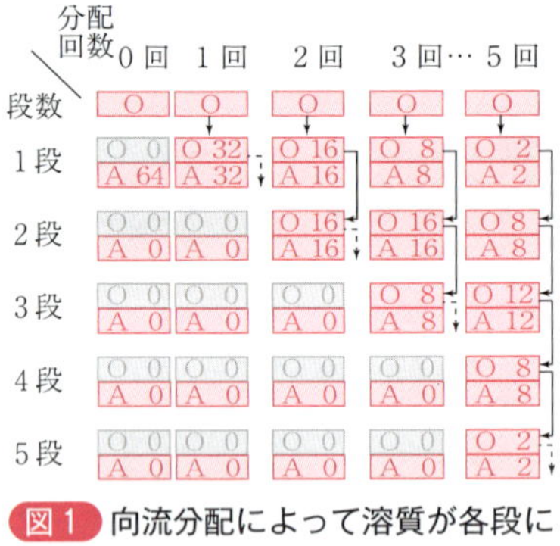

図1 向流分配によって溶質が各段に分布する様子

O：有機相，A：水相，分配比：$D=1$，相比：$V_{aq}/V_{org}=1$

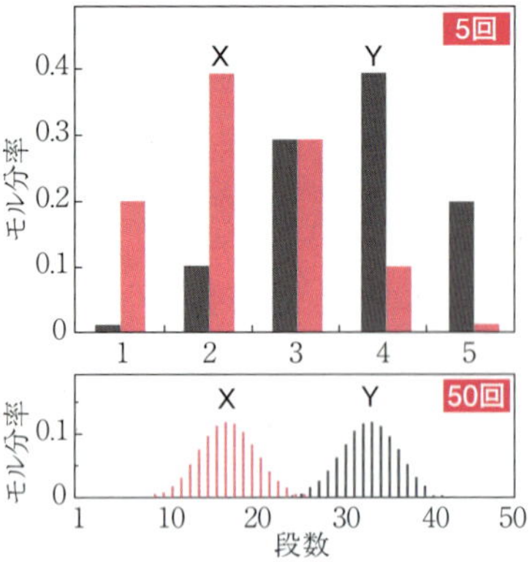

図2 分配の回数（段数）の違いによる溶質の分布と分離

X：$D=0.5$，Y：$D=2$

9.1.4 抽出の方法

溶媒抽出では，撹拌や振とうによって二相の接触面積（界面積）を大きくすることで，物質の相間移動を迅速に達成できる．古くから用いられている分液漏斗(図9.2 a）は，二相を振り混ぜた後に静置して分相させ，コックを開いて下相のみを流し出すことによって，振とうと分相の一連の操作を容易に行える．

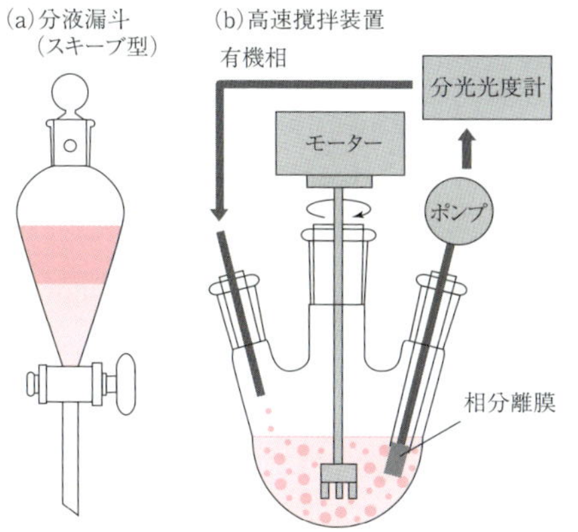

図9.2 溶媒抽出に用いる分液漏斗と高速撹拌装置

図9.2b は，二相の撹拌による液滴分散状態から，テフロン製の相分離膜によって有機相のみを取り出すことができる高速撹拌装置である．有機相をポンプで連続的に分光光度計に導入すれば，抽出された化学種の濃度変化をリアルタイムに測定でき，抽出反応速度の測定や抽出化学種の界面吸着性などの評価も行える．

9.2 物質の液-液分配平衡

溶質が電荷をもたない非電解質の場合には，溶質単独で水相から有機相に移動できるのに対して，イオンの場合には反対の電荷をもつ他の試薬（対イオン）と組み合わせて，各相における電気的中性を保たなければ移動させることはできない．物質の液-液分配平衡について，電荷をもたない非電解質，解離平衡によって電荷が変化する酸・塩基，イオンに分けて考えてみよう．

9.2.1 非電解質の分配

溶液中で解離（電離）などの化学変化を起こさない単純な化合物（非電解質）の抽出平衡は式(9.1)で表され，ネルンストの分配の法則が成立する．したがって，非電解質系では分配比と分配定数は一致する（$D = K_D$）．表9.1はさまざまな溶媒に対するヨウ素の分配定数と溶解度を示している．有機溶媒の種類（付表6を参照）によって分配定数は大きく変化するが，基本的に有機溶媒への溶解度が高いほど分配定数は大きくなり，有機溶媒と水に対する溶解度の比とほぼ一致する．これは，溶解平衡においても式(9.5)が成り立つことを意味している．

表9.1　I_2の分配定数と有機溶媒への溶解度（25℃）

溶　媒	K_D	溶解度（mol L^{-1}）
四塩化炭素	86.4	1.19×10^{-1}
クロロホルム	122	1.76×10^{-1}
ベンゼン	350	5.44×10^{-1}
水	—	1.32×10^{-3}

水相：0.01 mol L^{-1} $HClO_4$

有機化合物の分配定数は，分子の大きさ（モル体積），官能基の種類や数に依存する．直鎖アルキル基を有する脂肪酸やアルコール，リン酸エステルなどの分配定数（対数値）に関しては，アルキル基の長さとの間で直線関係が成り立つことが知られている．図9.3に示すように，一連のアルコール類の1-オクタノール-水系における$\log K_D$は，アルキル鎖の炭素数に比例して増加する．これは化合物のモル体積が炭素数に比例して変化することから説明でき，傾きはメチレン基一つあたりの$\log K_D$の増加量を示している．

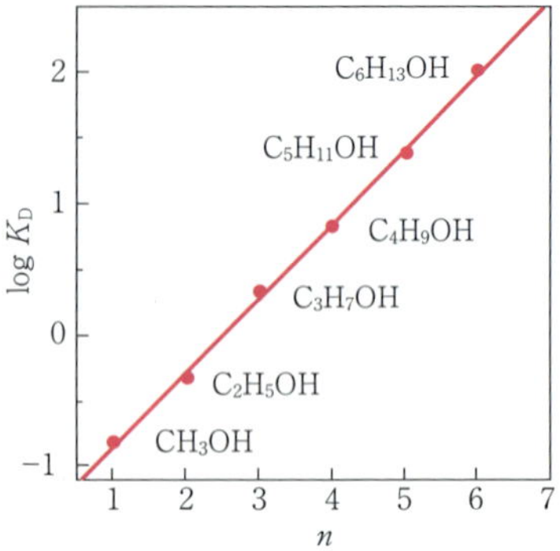

図9.3　1-オクタノール-水系におけるアルコール類の分配定数と炭素数（n）の関係

9.2.2　酸・塩基の分配

酢酸やフェノールのような弱酸（HA）の抽出平衡を図9.4に示す．

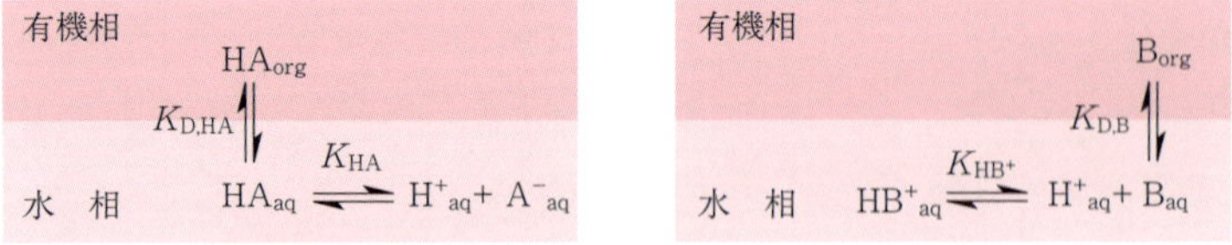

図9.4　弱酸（HA）と弱塩基（B）の分配平衡

分配比は水相および有機相に含まれる溶質の全濃度の比であり，解離によって生じるA^-も含めた式で表される．

$$D = \frac{[HA]_{org}}{[HA]_{aq} + [A^-]_{aq}} \tag{9.14}$$

HA の分配比は，水相における解離平衡に依存して変化する．電気的に中性な HA の分配は，非電解質系と同様に分配定数（$K_{D,HA} = [HA]_{org}/[HA]_{aq}$）に従うが，水相中の水素イオン濃度が低くなり HA の解離が進めば，HA 濃度が低下するために分配比が小さくなると予想できる．図9.5はフェノールの1-オクタノール-水系における分配比の pH 依存性を示す．分配比に対する解離平衡の影響は，式(9.14)に $K_{D,HA}$ と酸解離定数（$K_{HA} = [H^+]_{aq}[A^-]_{aq}/[HA]_{aq}$）を代入することで定量的に予測することができる．

$$D = \frac{K_{D,HA}}{1 + \dfrac{K_{HA}}{[H^+]_{aq}}} \tag{9.15}$$

水素イオン濃度が高く，$[H^+]_{aq} \gg K_{HA}$ となる低 pH 条件では，$1 + K_{HA} \times [H^+]_{aq}^{-1} \approx 1$ と近似でき，D は一定値（$= K_{D,HA}$）となり，抽出率も高くなる．一方，$[H^+]_{aq} \ll K_{HA}$ のときは，$1 + K_{HA}[H^+]_{aq}^{-1} \approx K_{HA}[H^+]_{aq}^{-1}$ となり，式（9.15）は次のように書き直せる．

$$\log D = -\mathrm{pH} + \log K_{D,HA} + \mathrm{p}K_{HA} \tag{9.16}$$

したがって塩基性条件で，$\log D$ は pH に比例して傾き -1 で直線的に減少する．また，屈曲点の pH は $\mathrm{p}K_{HA}$ と一致する．

アミン類などの弱塩基（B）についても同様の取り扱いができ，図9.4より，B の分配比は次のように表される．

$$D = \frac{[B]_{org}}{[HB^+]_{aq} + [B]_{aq}} = \frac{K_{D,B}}{1 + \dfrac{[H^+]_{aq}}{K_{HB^+}}} \tag{9.17}$$

$[H^+]_{aq} \ll K_{HB^+}$ の条件では $D = K_{D,B}$ と近似でき，$[H^+]_{aq} \gg K_{HB^+}$ では $1 + K_{HB^+}{}^{-1}[H^+]_{aq} \approx K_{HB^+}{}^{-1}[H^+]_{aq}$ の関係から次式が得られる．

$$\log D = \mathrm{pH} + \log K_{D,B} - \mathrm{p}K_{HB^+} \tag{9.18}$$

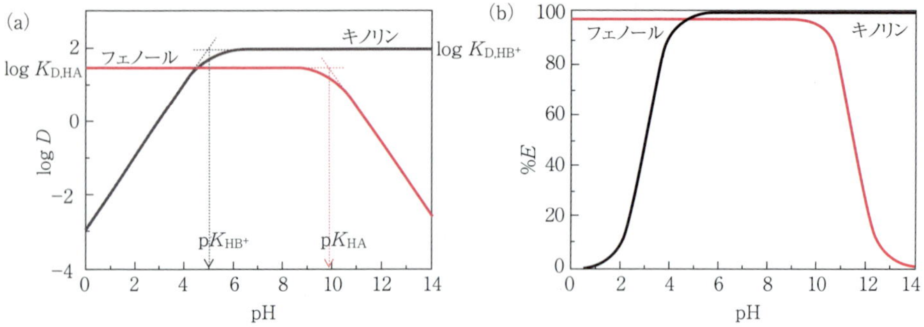

図9.5 1-オクタノール-水系におけるフェノールとキノリンの分配比（a）と抽出率（b）

$V_{aq}/V_{org} = 1$, $pK_{HA} = 9.89$, $pK_{HB^+} = 4.97$, $\log K_{D,HA} = 1.46$, $\log K_{D,B} = 2.03$

図9.5に見られるように，弱酸のフェノールとは対照的にキノリンは，低pHにおいて$\log D$とpHが傾き1の直線関係を示し，塩基性側では一定値となる．このように，分離対象の物質のK_DとpK_aがわかれば分配比が予測でき，分離・抽出に最適な条件を決定することができる．たとえば，フェノールとキノリンをpH 14で抽出すると，フェノールの抽出率は0.2%，キノリンの抽出率は99.1%と見積もることができ，両者はほぼ完全に分離できる．

例題9.2　金属イオンのキレート抽出でよく用いられる8-キノリノール（Hq）は，フェノールとキノリンの特徴をあわせもつ両性化合物である（図9.8aを参照）．有機溶媒-水間の8-キノリノールの分配比について，水素イオン濃度に対する依存性を表す式を求めよ．ただし，Hqの分配定数を$K_{D,Hq}$とし，水相における8-キノリノールの酸解離定数を以下のように定義する．

$$H_2q^+_{aq} \rightleftharpoons H^+_{aq} + Hq_{aq} \qquad K_{a1} = [H^+]_{aq}[Hq]_{aq}/[H_2q^+]_{aq}$$

$$Hq_{aq} \rightleftharpoons H^+_{aq} + q^-_{aq} \qquad K_{a2} = [H^+]_{aq}[q^-]_{aq}/[Hq]_{aq}$$

解答

式(9.9)から，分配比は水相と有機相に含まれる溶存種の全濃度の比として表され，

$$D = \frac{[Hq]_{org}}{[H_2q^+]_{aq} + [Hq]_{aq} + [q^-]_{aq}} = \frac{K_{D,Hq}}{[H^+]_{aq}/K_{a1} + 1 + K_{a2}/[H^+]_{aq}}$$

となる．$\log D$をpHに対してプロットすると，$\log D$は酸性側（$pH < pK_{a1}$）では傾き1，塩基性側（$pK_{a2} < pH$）では傾き−1，中性領域では$\log K_{D,Hq}$と等しく一定値となる．

9.2.3 イオンの分配

陽イオン（C^+）や陰イオン（A^-）は，単独で有機相に分配されることはないが，正負の電荷をもつイオンが同時に移動できる条件では分配が生じる．

$$C^+_{aq} + A^-_{aq} \rightleftharpoons C^+_{org} + A^-_{org} \tag{9.19}$$

溶液中での錯形成やイオン対形成が無視できるとき，式(9.6)で定義されるイオンの標準溶媒間移行ギブズエネルギー ΔG°_{tr} は，次のボルン（Born）の式を用いて，

$$\Delta G^\circ_{tr} = \frac{N_A z^2 e^2}{8\pi\varepsilon_0 r}\left(\frac{1}{\varepsilon_{org}} - \frac{1}{\varepsilon_{aq}}\right) \tag{9.20}$$

と考察できる．z はイオンの電荷数，e は電気素量，N_A はアボガドロ定数，ε_0は真空の誘電率（電気定数），r はイオン半径，ε_{org} と ε_{aq} はそれぞれ有機溶媒と水の比誘電率である．式(9.20)から，イオンが溶媒間を移動するとき，電荷数が同じであれば，サイズの大きなイオンの方が標準溶媒間移行ギブズエネルギーは小さくなると予想でき，表9.2上段に示した１価イオンの ΔG°_{tr} の傾向と一致する．ただし，ボルンの式はイオンと溶媒分子の相互作用などを考慮しない単純な静電的モデルに基づく式であるため，実験値を定量的に説明することはできない．

イオンの有機相への抽出されやすさは，共存する陽イオンと陰イオンに関する溶媒間移行エネルギーの和から評価できる．

$$\Delta G^\circ_{tr,C^+} + \Delta G^\circ_{tr,A^-} = -RT\ln K_{D,C^+} - RT\ln K_{D,A^-} = -RT\ln(K_{D,C^+}K_{D,A^-}) \tag{9.21}$$

表9.2 ニトロベンゼン-水間の１価イオンの標準溶媒間移行ギブズエネルギー

陽イオン	ΔG°_{tr} (kJ mol^{-1})	r(pm)	陰イオン	ΔG°_{tr} (kJ mol^{-1})	r(pm)
Na^+	34.2	102	Br^-	27.8	196
K^+	23.5	138	I^-	18.4	220
Rb^+	19.4	149	ClO_4^-	7.9	240
Cs^+	15.4	170	IO_4^-	6	249
Ph_4As^+	−35.9		Ph_4B^-	−35.9	

ΔG°_{tr} (kJ mol^{-1})：Ph_4As^+ と Ph_4B^- の ΔG°_{tr}が等しいとする TATB 仮定に基づく値（化学便覧），r：Pauling イオン半径，pm＝ピコメートル

ここで，K_{D,C^+}とK_{D,A^-}は，それぞれ陽イオンと陰イオンの分配定数である．式(9. 21)は，陽イオンと陰イオンのどちらかが親水的で有機相に分配されにくい場合でも，対イオンがきわめて疎水的で分配されやすく，$\Delta G^\circ_{tr,C^+} + \Delta G^\circ_{tr,A^-} < 0$となれば抽出が可能であることを示している．表9. 2下段のテトラフェニルアルソニウムイオン（Ph_4As^+）やテトラフェニルホウ酸イオン（Ph_4B^-）などの疎水的なイオンを用いれば，ある程度親水的なイオンも抽出できる．

ニトロベンゼンのように誘電率が高い有機溶媒中（付表6を参照）ではイオンは解離しているが，ベンゼンなどの誘電率が低い溶媒中では陽イオンと陰イオンの相互作用によるイオン対（$C^+ \cdot A^-$）が形成されることが多い（図9. 6）．したがって，陽イオンの分配比は，両相における解離したイオンとイオン対の濃度を用いて，次のように表される．

$$D_{C^+} = \frac{[C^+ \cdot A^-]_{org} + [C^+]_{org}}{[C^+ \cdot A^-]_{aq} + [C^+]_{aq}} \tag{9.22}$$

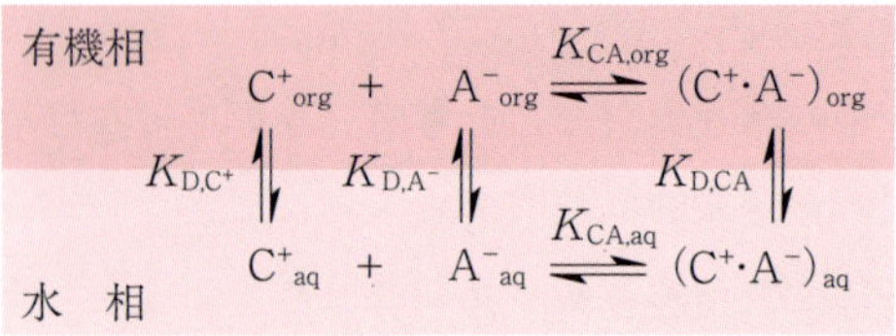

図9. 6 陽イオン（C^+）と陰イオン（A^-）の分配平衡

水相と有機相におけるイオン対の生成定数を$K_{CA,aq}$と$K_{CA,org}$で表すと，以下のように書き換えられる．

$$D_{C^+} = K_{D,C^+}\left(\frac{1 + K_{CA,org}K_{D,A^-}[A^-]_{aq}}{1 + K_{CA,aq}[A^-]_{aq}}\right) \tag{9.23}$$

水相でイオン対生成が無視できるときには，分配比は水相の陰イオン濃度の一次関数となる．

$$D_{C^+} = K_{D,C^+}(1 + K_{CA,org}K_{D,A^-}[A^-]_{aq}) \tag{9.24}$$

このとき，各イオンの分配定数と有機相におけるイオン対生成定数が大きいほど，分配比は大きくなる．イオンの抽出に用いる試薬は，電荷が小さくて嵩高く，ほとんど水和されないイオンが有利である．前述のPh_4As^+やPh_4B^-はこれらの条件を満たしている（図9.8cを参照）．また，溶媒の誘電率が高いほどイオンの分配に有利だが，イオン対生成は逆に起こりにくくなる．イオン対の生成を積極的に利用した方法を**イオン会合抽出**とよび，金属イオンの抽出などでよく用いられる．

9.3 金属イオンの溶媒抽出

9.3.1 抽出試薬と抽出系

水溶液中のイオン，特に金属イオンはまわりの水分子を強く引き付け，通常の水とは異なった構造の水の層によって囲まれている．この現象を**水和**という．図9.7に示すフランク–ベン（Frank–Wen）の水和モデルでは，金属イオンの配位水を含む構造形成のA領域，そのA領域と通常の水であるC領域に挟まれた構造破壊のB領域に分けられる．

Li^+，Be^{2+}，Al^{3+}のようにイオン半径が小さく，電荷が高いイオンほど，A領域が大きくなり，逆にCs^+などの大きな1価イオン*2ではA領域がほとんどなく，B領域のみと考えられている．

このような水和金属イオンを，水と混ざり合わない有機溶媒に溶かすには，図9.7の模式図のように，水和している水分子をはずしてやらなければならない（脱水和）．また，イオンを水相から有機相に移すには，電気的な中性を保つために対イオンが必要となる（電荷の中和）．このため，抽出試薬として種々の配位子や対イオンが用いられる．図9.8に代表的な抽出試薬

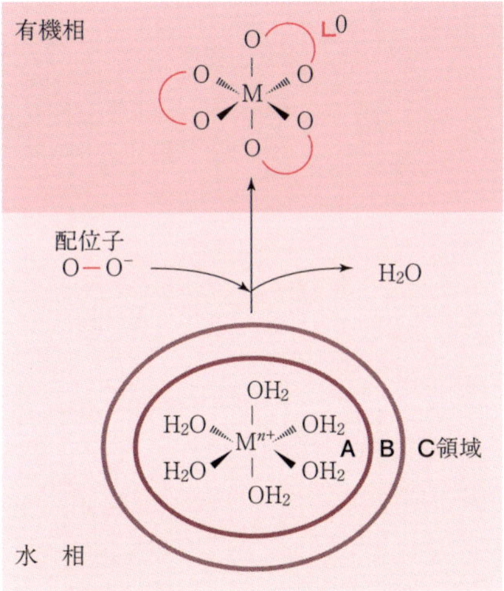

図9.7 金属イオンの抽出のしくみ

---

*2　F^-を除く1価陰イオンも該当する．

とその構造を示す．いずれも疎水基（または親油基）をもち，酸性キレート試薬（図9. 8a）と中性配位子（図9. 8b）は，金属イオンに配位して配位水分子を置換することができる.イオン会合試薬（図9. 8c）は，金属錯体の電荷を中和する対イオンとしてはたらく.

図9. 9には，これらの抽出試薬によって生成する有機溶媒に可溶な抽出化学種の例がまとめられている．試薬によっては単独で，あるいは他の試薬と組み合わせて，金属イオンの脱水和と電荷の中和が達成される.

9. 3. 2　無電荷無機化合物系

Ge(Ⅳ)，As(Ⅲ)，Se(Ⅳ)，Sn(Ⅳ)，Sb(Ⅲ)，Hg^{2+}は，酸溶液中でハロゲン化物イオン（X^-）と無電荷の共有結合性化合物を形成し，四塩化炭素やトルエンなどの無極性溶媒に抽出される．他の金属イオンに対する選択性が高く，優れた分離法である．図9. 10にヨウ化物イオンによる無機スズ(Ⅳ)，ブチルスズ(Ⅳ)，ジブチルスズ(Ⅳ)の，硫酸溶液からベンゼンへの抽出曲線を示す．それぞれ単純なヨウ化物として抽出され，水相のヨウ化物イオン濃度を調節することで相互

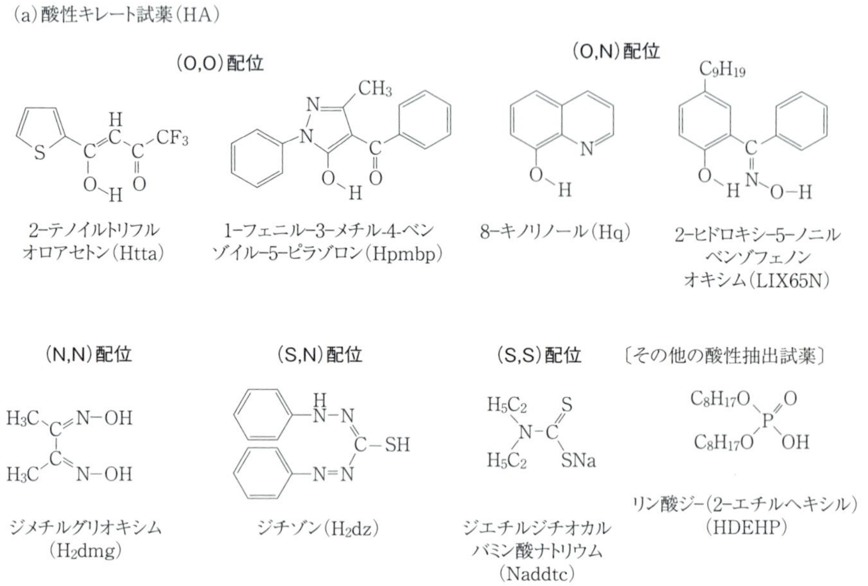

図9. 8 代表的な抽出試薬

(b) 中性配位子 (L)

(O) 配位

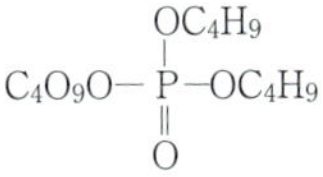

リン酸トリブチル
(TBP)

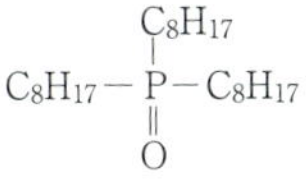

トリオクチルホスフィンオキシド (TOPO)

(O,O) 配位

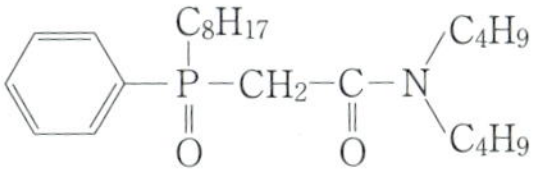

オクチル (フェニル)-*N*, *N*-ジイソブチルカルバモイルメチルホスフィンオキシド (CMPO)

(N,N) 配位

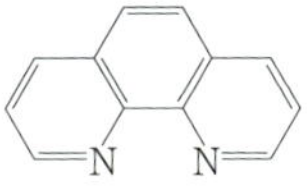

1,10-フェナントロリン
(phen)

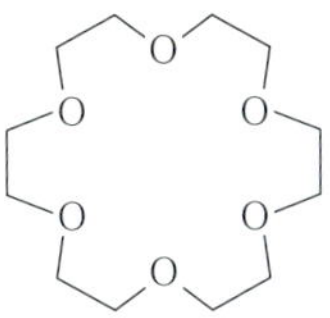

18-クラウン-6
(18C6)

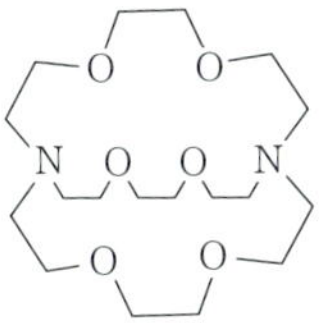

クリプタンド2.2.2
(C222)

配位性溶媒分子：ケトン，エステル，エーテル，アルコール

(c) イオン会合試薬

対陰イオン (R^-)

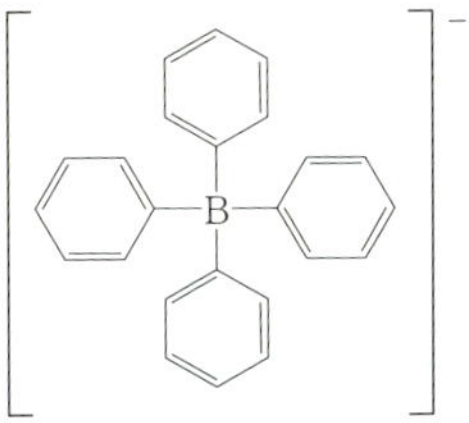

テトラフェニルホウ酸イオン
(TPB^-)

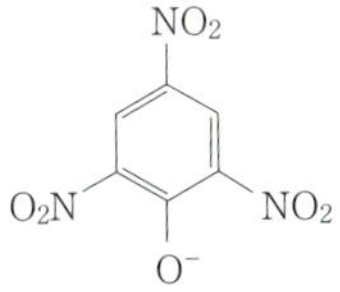

ピクリン酸イオン
(Pic^-)

対陽イオン (C^+)

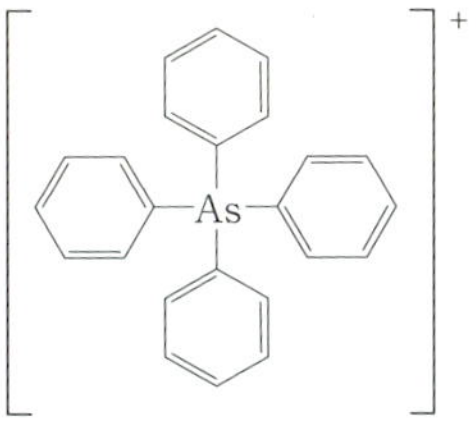

テトラフェニルアルソニウムイオン
(TPA^+)

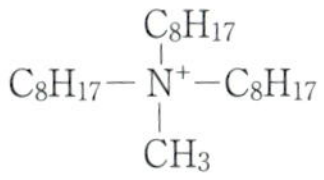

トリオクチルメチルアンモニウムイオン
($TOMA^+$)

図9.8（続き）代表的な抽出試薬

に分離できる．抽出性の順番は $Bu_2SnI_2 > BuSnI_3 > SnI_4$ であり，疎水性のアルキル基の効果とHSABから説明される．

このほか，$GeCl_4$，$AsCl_3$，$AsBr_3$，AsI_3，$SeBr_4$，$SbBr_3$，SbI_3，HgI_2 などのハロゲン化物や RuO_4，OsO_4 が酸溶液から選択的に抽出できる．

9.3.3　キレート系：金属イオンの抽出平衡

金属イオンの分離と濃縮では，抽出試薬の選択性が最も重要視され，さまざま

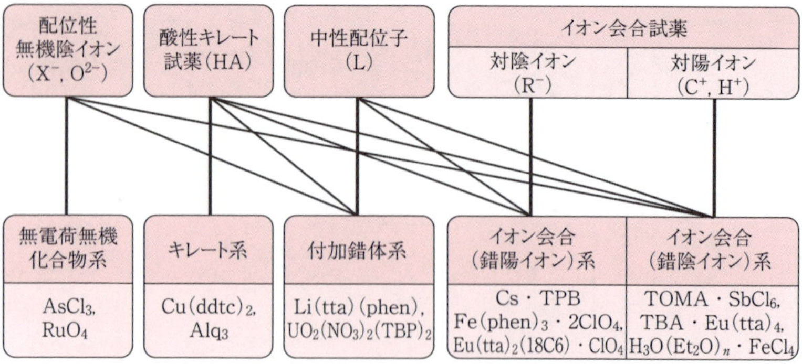

図9.9 金属イオンの抽出試薬と抽出系の分類および抽出種の例

TBA：テトラブチルアンモニウム

な配位原子と構造をもったキレート試薬が合成されている．図9.8(a)に示す代表的な酸性キレート試薬は，水相中で電離し，金属イオンに対し陰イオン性の二座配位子として働く．それぞれ 2 つの配位原子，(O, O)，(O, N)，(N, N)，(S, N)，(S, S) で配位水分子を置換して金属イオンに結合し，同時に金属イオンの電荷も中和して，非極性の有機溶媒にも可溶な無電荷キレートを形成する．

最も研究例の多い 2−テノイルトリフルオロアセトン（Htta）は，(O, O) 配位の硬い配位子であり，Sc^{3+}，Fe^{3+}，Zr^{4+}，Hf^{4+}，Th^{4+}，U^{4+}の強力な抽出試薬である．後述する協同効果あるいは 4−メチル−2−ペンタノン（MIBK）などの

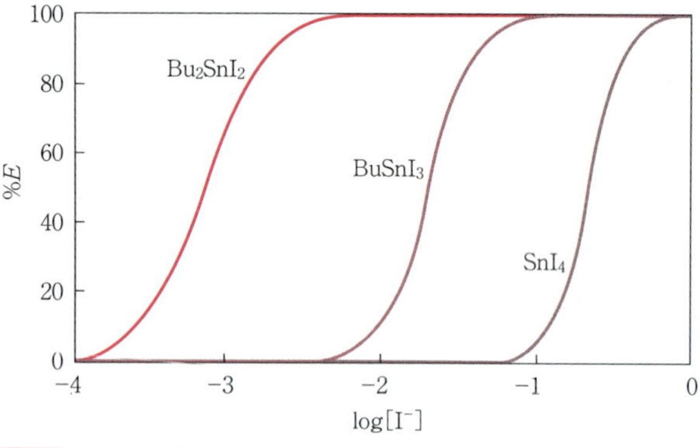

図9.10 無機スズおよびブチルスズ化学種のヨウ化物による抽出

有機相：ベンゼン，水相：1×10^{-4}〜 1 mol L^{-1} NaI ＋ 2 mol L^{-1} H_2SO_4

配位性溶媒と組み合わせると，Li^+，Ca^{2+}を含め，ほとんどの金属イオンの抽出に利用できる．(O, N)配位の8-キノリノール(Hq)では，VO_2^+，Cu^{2+}，Fe^{3+}，Ga^{3+}，Zr^{4+}などの選択的な抽出が可能であり，(N, N) 配位のジメチルグリオキシムは，Ni^{2+}およびPd^{2+}と分子内水素結合を伴う安定なキレートを形成し，他の金属イオンから特異的に分離できる．

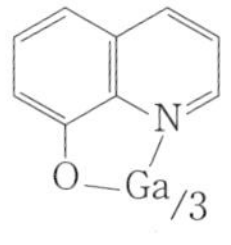

8-キノリノラト錯体

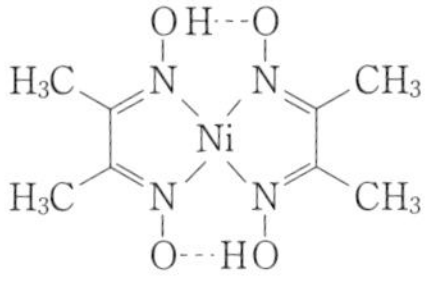

ジメチルグリオキシマト錯体

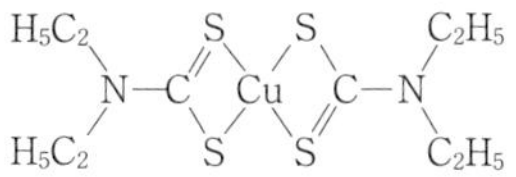

ジエチルジチオカルバマト錯体

配位原子にSを含むジチゾンとジエチルジチオカルバミン酸塩 (ddtc) では，アルカリ金属，アルカリ土類金属，希土類金属などの硬い金属イオンはまったく抽出されず，Sとの親和性の高いAg^+，Cu^{2+}，Pd^{2+}，Pt^{2+}，Hg^{2+}が選択的に抽出できる．また，ddtcによって，As(Ⅲ)，Sb(Ⅲ)，Se(Ⅳ)が，強酸溶液からでも非極性溶媒に抽出される．

キレート試薬 (HA) による金属イオン (M^{n+}) の抽出平衡は，図9.11 (a) のように考えることができる．有機相に溶解したHAは，二相間に分配し水相中で酸解離する．生成したA^-がM^{n+}と錯形成して無電荷のキレートMA_nを生じ，有機相に分配する．以上の平衡をまとめて，金属イオンの抽出反応を一つの平衡で表すことができる．

$$M^{n+}_{aq} + n HA_{org} \rightleftharpoons MA_{n,org} + n H^+_{aq} \tag{9.25}$$

式(9.25)の平衡定数は抽出定数K_{ex}とよばれ，次式で定義される．

$$K_{ex} = \frac{[MA_n]_{org}[H^+]^n_{aq}}{[M^{n+}]_{aq}[HA]^n_{org}} \tag{9.26}$$

K_{ex}は，図9.11(a)の四つの平衡定数からなる見かけの平衡定数であり，

$$K_{ex} = \frac{K^n_{HA}\, K_{D,M}\, \beta_n}{K^n_{D,HA}} \tag{9.27}$$

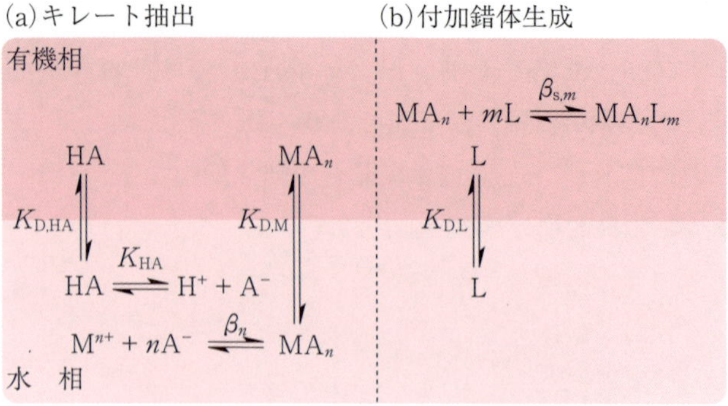

図9.11 金属キレートの抽出平衡と平衡定数

（a）HA の分配定数 $K_{D,HA}=\frac{[HA]_{org}}{[HA]_{aq}}$　HA の酸解離定数 $K_{HA}=\frac{[H^+]_{aq}[A^-]_{aq}}{[HA]_{aq}}$　MA$_n$ の生成定数 $\beta_n=\frac{[MA_n]_{aq}}{[M^{n+}]_{aq}[A^-]^n_{aq}}$　MA$_n$ の分配定数 $K_{D,M}=\frac{[MA_n]_{org}}{[MA_n]_{aq}}$

（b）付加錯体生成定数 $\beta_{s,m}=\frac{[MA_nL_m]_{org}}{[MA_n]_{org}[L]^m_{org}}$　L の分配定数 $K_{D,L}=\frac{[L]_{org}}{[L]_{aq}}$

(a＋b) 協同効果抽出

と表される．水相中の金属イオンが，おもに M^{n+} として存在する酸性条件下では，金属イオンの分配比は次のように表すことができる．

$$D = \frac{[MA_n]_{org}}{[M^{n+}]_{aq}} \tag{9.28}$$

式(9.28)を式(9.26)に代入し，対数をとると次式が得られる．

$$\log D = n\mathrm{pH} + n\log[HA]_{org} + \log K_{ex} \tag{9.29}$$

金属イオンの分配比は，水相の pH と有機相の試薬濃度の関数として表され，log$D$ と pH，log$D$ と log$[HA]_{org}$ の間には，いずれも傾き n の直線関係が成り立つ．したがって，それらの傾きは金属イオンの電荷数に依存する．式(9.29)より，抽出定数（付表７を参照）から任意の試薬濃度での抽出曲線（log$D$ と pH あるいは%E と pH の関係）を簡単に計算することができる．

図9.12に0.010 mol L^{-1}の Htta を含む MIBK による金属(Ⅱ)イオンの抽出曲線を示す．いずれも $M(tta)_2$として抽出され，傾き２の直線となる．両相の体積が

等しいとき，$\log D = 2$は%$E = 99$，$\log D = -2$は%$E = 1$に対応することから，Cu^{2+}はpH 3.5以上で99%以上が抽出され，他の金属イオンから分離できる．また，抽出された$Cu(tta)_2$は，pH 1の酸水溶液によって有機相から逆抽出できることがわかる．このように，抽出定数から目的金属イオンの分離と回収の予測が可能である．

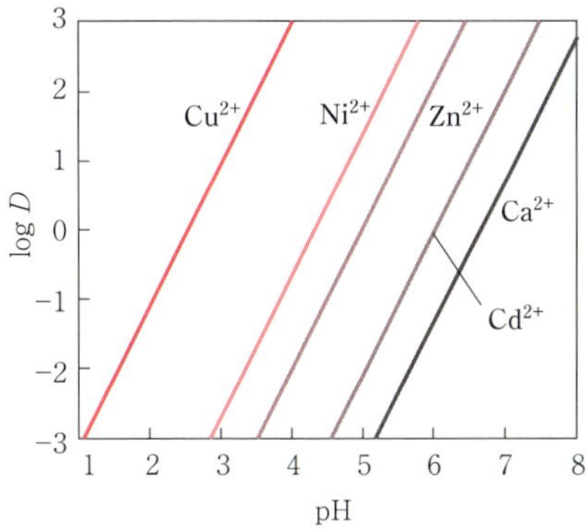

図9.12 Httaによる金属(II)イオンの抽出
有機相：0.010 mol L^{-1}Htta，4-メチル-2-ペンタノン（MIBK）
水相：イオン強度0.10 mol L^{-1}

金属イオンの分離について抽出定数を用いて考えてみよう．式(9.27)より，n価の金属イオンAとBの分離係数αは次のように表される．

$$\alpha = \frac{D_A}{D_B} = \frac{K_{ex,A}}{K_{ex,B}} = \frac{\beta_{n,A}K_{D,A}}{\beta_{n,B}K_{D,B}} \tag{9.30}$$

分離の度合いは，二つのキレートの生成定数と分配定数によって決まり，それらは配位子の構造，金属イオンと配位原子との親和性，キレートと溶媒との相互作用などに依存する．

例題9.3　2-テノイルトリフルオロアセトン（HA）による銅(II)イオンの抽出平衡は次のように表される．

$$Cu^{2+}_{aq} + 2\,HA_{org} \rightleftharpoons CuA_{2,org} + 2\,H^+_{aq}$$

銅(II)の抽出定数を$K_{ex} = 0.10$，有機相中のHAの平衡濃度を0.10 mol L^{-1}とするとき，pH 2.00における銅(II)の分配比（D）を求めよ．また，このとき何%の銅(II)が有機相に抽出できるか計算せよ．ただし，水相の体積は20 mL，有機相の体積は10 mLとする．

解答

酸性条件では，$D = \dfrac{[CuA_2]_{org}}{[Cu^{2+}]_{aq}}$と近似でき，

$$K_{ex} = \frac{[CuA_2]_{org}[H^+]^2_{aq}}{[Cu^{2+}]_{aq}[HA]^2_{org}} = D \times \frac{[H^+]^2_{aq}}{[HA]^2_{org}}$$

が導かれる．よって，$D = \dfrac{0.1 \times (0.1)^2}{(10^{-2.0})^2} = 10$

また，式(9.11)を用いて，$\%E = \dfrac{10}{(10+2)} \times 100 = 83\ (\%)$

9.3.4　キレート系の抽出速度

水相と有機相が十分に撹拌されている場合，両相の接触面積（界面積）はきわめて大きく，二相間の物質移動は迅速に達成される．このため，一般的に抽出反応の律速段階は錯形成反応にあることが多い．水相の金属イオン（M^{n+}）を有機相の試薬（HA）で抽出するとき，有機相中の錯体濃度$[MA_n]_{org}$の増加速度は水相中の金属イオン濃度$[M^{n+}]$の減少速度と等しい．

$$M^{n+}_{aq} + n HA_{org} \longrightarrow MA_{n,org} + n H^+_{aq} \tag{9.31}$$

$$v = \frac{d[MA_n]_{org}}{dt} = -\frac{d[M^{n+}]_{aq}}{dt} = k' [M^{n+}]^X_{aq}[HA]^Y_{org}[H^+]^Z_{aq} \tag{9.32}$$

ここで，X，Y，Z はそれぞれ金属イオン，試薬，水素イオン濃度に関する反応次数である．水相における 1 ： 1 錯体の生成過程が律速段階のとき，抽出反応速度は次式で表される．

$$v = -\frac{d[M^{n+}]_{aq}}{dt} = k' \frac{[M^{n+}]_{aq}[HA]_{org}}{[H^+]_{aq}} \tag{9.33}$$

反応速度定数 k' は，水相中の 1 ： 1 錯体の生成速度定数（k），試薬の酸解離定数（K_{HA}）と分配定数（$K_{D,HA}$）の関数となり，

$$k' = \frac{k K_{HA}}{K_{D,HA}} \tag{9.34}$$

k' は K_{HA} が大きく，$K_{D,HA}$ が小さいほど大きくなることがわかる．

一般的に，溶媒抽出は目的物質と抽出試薬の錯生成と分配平衡に基づく平衡論

的な分離手段であるが，抽出速度の差を利用することで多成分を速度論的に分離できる．例えば，オクチル基をもつ疎水性の8–キノリノールを用いれば，抽出速度の大きいCo^{2+}を速度の小さいNi^{2+}から分離することができる．

9.3.5 付加錯体系：協同効果

酸性キレート試薬と中性配位子のような二種類の抽出試薬を同時に用いた場合に，それぞれを単独に用いた場合よりも抽出が著しく高くなる現象を**協同効果**（synergistic effect）とよぶ．図9.14は，La^{3+}の抽出において，Httaとトリオクチルホスフィンオキシド（TOPO）の濃度の和を0.10 mol L^{-1}と一定にし，濃度比を変えたときの$\log D$の変化を示している．

Htta単独による抽出と比べると，TOPO共存下でDは約10^8倍も高くなり，大きな協同効果が現れている．この原因は有機相中での付加錯体の生成であり，図9.11（b）に，その反応式と付加錯体生成定数（$\beta_{s,m}$）の定義が示されている．ランタノイド(Ⅲ)イオンは，3分子のtta^-によって電荷が中和されても$La(tta)_3(H_2O)_3$のように配位水分子が残り，抽出性は低い．しかし，TOPOのような中性配位子（ルイス塩基）を共存させると，配位水分子が置換され，$La(tta)_3(TOPO)_2$のような疎水的な付加錯体を形成し，金属イオンの抽出が飛躍的に高くなる．したがって，付加錯体が安定であればあるほど，金属イオンの抽出性は高くなる．

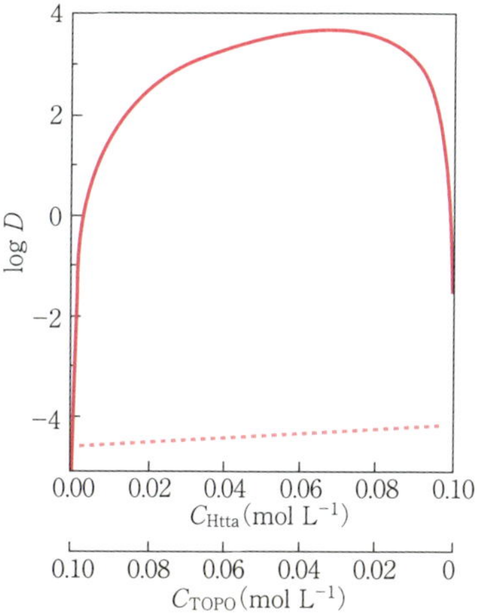

図9.14 La^{3+}の抽出におけるHttaとTOPOによる協同効果

有機相：Htta-TOPO，ベンゼン，水相：pH 3.00，イオン強度0.10 mol L^{-1}．破線は協同効果がないときの$\log D$の推定値．

類似の付加錯体は，配位数がその電荷の2倍を超えるようなアルカリ金属，アルカリ土類金属や遷移金属(Ⅱ)，希土類金属イオンなどにおいて見られ，おもにO原子を含む酸性抽出試薬と種々の中性配位子が組み合わされて用いられている（図9.8）．ケトン，エステル，エーテル，アルコール類などの配位性の酸素原子をもつ有機溶媒は，溶媒としての役割と同時に中性配位子としての機能を示し，配位水分子を置換して金属イオンの抽出性を改善する．また，中性配位子として1,10−フェナントロリン（phen）のような２座配位子や18−クラウン−6（18C6）のような大環状配位子を用いることによって，金属イオンの選択性を高めることができる．

9.3.6　イオン会合系

イオン会合試薬の役割は，金属イオンあるいは錯イオンの電荷の中和と，生じたイオン対の分配を有機相側に偏らせる（9.2.3項を参照）ことであり，図9.8(c)に示すように，疎水的なアルキル基やフェニル基をもつ＋１あるいは－１価の嵩高い有機イオンが用いられる．イオン会合試薬は一般に，金属イオンの水和水をはずすための試薬（配位子）と組み合わされ，生成した錯イオンの電荷に応じて対陽イオン(C^+)あるいは対陰イオン(R^-)が用いられる．例えば，Zn^{2+}，Pd^{2+}，Cd^{2+}，Hg^{2+}，Fe^{3+}，Ga^{3+}，Au^{3+}，Sb(V)などの金属イオンは，ハロゲン化物イオンと錯陰イオンを形成することから，TOMA・Cl によって，$(TOMA)_2$・$PdCl_4$や TOMA・$GaCl_4$のようなイオン対として，クロロホルムやベンゼンなどに抽出される．水相中の塩酸濃度によってそれぞれの錯陰イオンの生成割合が異なるので，塩酸濃度の調節によって金属イオンが分離できる．

また，これらのハロゲン化物錯陰イオンは，酸溶液からエーテルやケトンなどの配位性溶媒を用いても抽出することができる．Fe^{3+}の塩酸溶液からジエチルエーテル（E）への抽出は古くから知られており，抽出種は，$(H_3O)(H_2O)_mE_n$・$FeCl_4$と考えられる．溶媒分子が水和したオキソニウムイオンに水素結合し，大きな陽イオンを形成している．

一方，水和の弱いCs^+，あるいは金属イオンと中性配位子から成る錯陽イオンの場合には，TPB^-などの対陰イオンが抽出試薬として用いられる．例えば，一般に錯形成しにくいアルカリ金属やアルカリ土類金属イオンもクラウンエーテルと安定な錯陽イオンを形成し，Pic^-によって$K(18C6)^+$・Pic^-のようなイオン対として1,2−ジクロロエタンに抽出される．

9.4　定量法への応用

溶媒抽出は，抽出した化学種や錯体の物理化学的な性質を利用することによって金属イオンや陰イオンの選択的な検出・定量法としても利用されている．

9.4.1　抽出吸光／蛍光分析

目的金属イオンを吸光／蛍光特性に優れたキレートや錯体，イオン会合体として有機相に抽出し，紫外・可視光を用いて光の吸収率あるいは発光強度が測定される．図9.8に示した試薬の金属キレートが有機相中で強く呈色する例として，Alq_3，$Cu(ddtc)_2$，$Ni(Hdmg)_2$，$Zn(Hdz)_2$，があり，JIS 公定分析法として利用されている（表9.3）．また，無色のイオンであっても強い呈色を示すイオン会合試薬を用いて検出できる．例えば，ClO_4^-やI^-は，呈色した対イオン$Fe(phen)_3^{2+}$によって抽出され，吸光分析される．

9.4.2　マイクロ液相抽出系

数 μL から数十 μL の液相を用いるマイクロ液相抽出法は，大量の有機溶媒を必要としない高濃縮分離法である．この抽出法には，単一液滴マイクロ抽出に代表される微小体積の有機溶媒をそのまま用いる方法と，溶液中で生成・析出させた微小体積のマイクロ液相を利用する方法がある．前者は，一般的な溶媒抽出系をスケールダウンすることで単位体積あたりの界面積を増大させ，迅速な抽出操作を可能とする．また，溶液中でマイクロ液相を生成させる方法では，比重の大きなクロロホルムなどの水と混和しない溶媒（抽出溶媒）とアセトン，アルコールなどの親水性溶媒（分散溶媒）の混合溶媒を水溶液中に導入して，抽出溶媒のみを析出させる分散液－液マイクロ抽出法があげられる（図9.15）．液相析出（O

表9.3　抽出吸光分析の例

目的成分	抽出種	色	吸収波長	溶　媒
Al	Alq_3	黄色	390 nm	$CHCl_3$
Cu	$Cu(ddtc)_2$	黄橙色	430 nm	CCl_4
Ni	$Ni(Hdmg)_2$	深い赤紫色	375 nm	$CHCl_3$
Zn	$Zn(Hdz)_2$	赤紫色	535 nm	CCl_4
ClO_4^-，I^-	$Fe(phen)_3$・2X	橙赤色	510 nm	$C_2H_4Cl_2$†

†1,2-ジクロロエタン

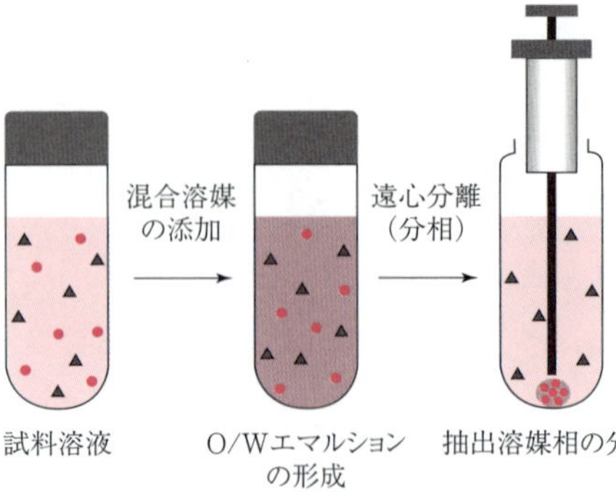

図9.15 分散液–液マイクロ抽出法

/W エマルションの形成）時の界面積がきわめて大きく，目的成分は瞬時に抽出される．抽出溶媒は遠心分離などにより分相させ，マイクロシリンジで回収する．これらのマイクロ液相抽出法では微量の溶媒で，数十から数百倍の高い濃縮が可能なことから，クロマトグラフィーなどの試料の前濃縮法として有用である．ただし，図9.1からわかるように，目的成分の分配比が十分に大きくないときには，抽出率の著しい低下が起こることを忘れてはならない．

章末問題

9-1 分配定数と溶解度の関係を，溶質の化学ポテンシャルを用いて説明せよ．

9-2 溶質Sの水相と有機相間の分配比を10とする．

(a) 1.0 gのSを含む10 mLの水相から10 mLの有機相に何gのSが抽出できるか．

(b) 1.0 gのSを含む50 mLの水相から10 mLの有機相に何gのSが抽出できるか．

(c) (b) の条件で，99%以上のSを抽出するには，抽出を何回以上行えばよいか．

(d) (b) の条件で，1回で99%以上抽出するのに必要な D 値はいくらか．

9-3 二塩基酸（H_2A）の水相と有機相間の分配について，次の問いに答えよ．

(a) H_2A の分配比（D）は水相のpHによって変化する．H_2A の分配定数を K_D，酸解離定数を K_{a1}，K_{a2}とするとき，D を水素イオン濃度の関数として表せ．

(b) 水とクロロホルム間の $\log D$ 対pHの関係をグラフ用紙に描け．ただし，H_2A の $\log K_D$ を2.0，pK_{a1}と pK_{a2}をそれぞれ3.0，7.0とする．

(c) 有機溶媒を変えたとき，(b) の分配曲線はどのようになるか，説明せよ．

9-4 ジエチルジチオカルバミン酸ナトリウムは，金属イオンと無極性溶媒に可溶なキレートを形成する．どのような金属イオンの抽出に適しているか，また，どのような金属イオンとの分離に利用できるか，理由を付して答えよ．

9-5　2-テノイルトリフルオロアセトン（HA）の MIBK による銅(Ⅱ)と亜鉛(Ⅱ)イオンの抽出定数 $\log K_{ex}$ は，それぞれ -1.08 と -5.94 とする．

(a) pH 2.00の水相から99 %以上の銅(Ⅱ)を抽出するには有機相中の HA 濃度をいくらにすればよいか．ただし，水相と有機相の体積比を1.0とする．

(b) 0.10 M の HA 溶液を用いて99 %以上の銅(Ⅱ)を抽出するには，水相の pH をいくらにすればよいか．ただし，水相と有機相の体積比を1.0とする．

(c) (b) の抽出条件において，亜鉛(Ⅱ)イオンの分配比を求め，分離係数を計算せよ．

9-6　8-キノリノール（Hq）のクロロホルム溶液による金属(Ⅱ)イオンの抽出について答えよ．ただし，水相と有機相の体積比を1.0とする．

(a) Hq の分配定数を K_D，酸解離定数を K_{a1}，K_{a2} とするとき，有機相中の Hq の平衡濃度（$[Hq]_{org}$）を Hq の全濃度（C）を用いて表せ．

(b) Hq による金属(Ⅱ)の抽出定数を K_{ex}（$= [Mq_2]_{org}[H^+]^2_{aq} / [M^{2+}]_{aq}[Hq]^2_{org}$）とするとき，Hq の全濃度が C における金属(Ⅱ)の分配比 D と水素イオン濃度の関係式を求めよ．また，抽出曲線（$\log D$ 対 pH）の特徴がわかるように概略図を描け．なお，金属(Ⅱ)イオンの濃度は C に対し無視できるほど小さいとする．

9-7　2-テノイルトリフルオロアセトンによるニッケル(Ⅱ)イオンの抽出について

(a) ニッケル(Ⅱ)の分配比は有機溶媒としてベンゼンを用いた場合よりも MIBK を用いた方がずっと高い．この理由を述べよ．

(b) 協同効果を利用してニッケル(Ⅱ)イオンの抽出率を高める方法を説明せよ．

9-8　鉄(Ⅲ)や金(Ⅲ)イオンは塩酸溶液から MIBK に定量的に抽出されるが，ヘキサンやクロロホルムにはまったく抽出されない．この現象について有機溶媒の役割を説明せよ．

9-9　ボルンの式を用いて，イオン会合抽出におけるイオンの電荷と大きさの影響を説明せよ．

9-10　有機相のキレート試薬 HA による金属イオン M^{n+} の抽出反応の律速段階が，水相における1：1錯体の生成過程であるとき，水相の金属イオン濃度が初濃度 $[M^{n+}]_{aq,0}$ の半分に減少するのに要する時間 $t_{1/2}$ を導出せよ．ただし，錯体の分配定数は十分に大きいものとする．

Basics of Analytical Chemistry

第10章 固相抽出

固相抽出は，目的成分の分離や精製を迅速かつ簡便に行うことができる方法であり，分析化学の分野に限らず，多くの研究分野において前処理法として活用されている．固相抽出には脱臭剤のように気–固平衡を利用して気体成分を取り除く分離法も含まれるが，本章では，固–液平衡を利用して溶液中の成分を分離する固相抽出についておもに学ぼう．溶液中の有機物や無機イオンを分離するためのさまざまな固相抽出とその特徴を理解し，固–液平衡や固相抽出剤の選択性を定量的に取り扱えるようになろう．

10.1 固相抽出とは

10.1.1 固相抽出の特徴

固相抽出（solid phase extraction：SPE）とは，液体や気体に含まれる化学成分を，固体の分離剤（**固相抽出剤**）と接触させて捕捉する分離法である．試料の前処理法として，目的成分を固相に捕集して前濃縮（予備濃縮）したり，妨害成分を除去する目的に利用される．測定試料が水溶液の場合は，固相抽出剤と試料水の間で成り立つ固–液平衡を利用して，試料水中の成分を分離する．

溶媒抽出法と比べて固相抽出法は，（1）濃縮効率が高い[*1]，（2）有機溶媒の使用量が少ない，（3）試料採取の現場で迅速に処理できる，（4）多数試料の同時処理が容易である，（5）エマルションが生成しない，（6）フローインジェクション等の自動化分析に適しているなどの利点がある．一方で，溶媒抽出における抽出試薬と比べて抽出剤の種類が少なく選択性に欠ける，分離性能がやや不安定であることなどが欠点としてあげられる．

＊1　溶媒抽出では有機溶媒が水に溶解するため濃縮率に限界がある．

10.1.2 固相抽出の操作

固相抽出には，**バッチ法**と**カラム法**がある．バッチ法とは，三角フラスコなどの試験容器の中に試料溶液と固相抽出剤を加えて撹拌し，目的成分を捕集後，遠心分離やろ過により固相を分離する方法である．カラム法では，固相抽出剤を充填した円筒型容器（SPE カラムまたはカラム）に試料溶液を通液して目的成分を捕集する．どちらの方法も，酸などの溶離液を用いて固相抽出剤から目的成分を回収する．図10.1にカラム法における典型的な操作手順を示す．

①コンディショニング　固相抽出剤およびカラム内の液相の状態を目的成分の分離に適した条件にするため，適切な溶液を流して二相の予備平衡を行う．

②試料溶液の通液（負荷）　試料溶液をカラムに流して，目的成分を固相抽出剤に捕集する．

③洗浄　洗浄液を通して，目的成分を固相に保持させたまま，カラムに残った試料溶液や相互作用の弱い妨害成分を取り除く．

④溶出　目的成分に対して親和性の高い溶媒（溶離液）を用いて，固相から目的成分を溶出して回収する．

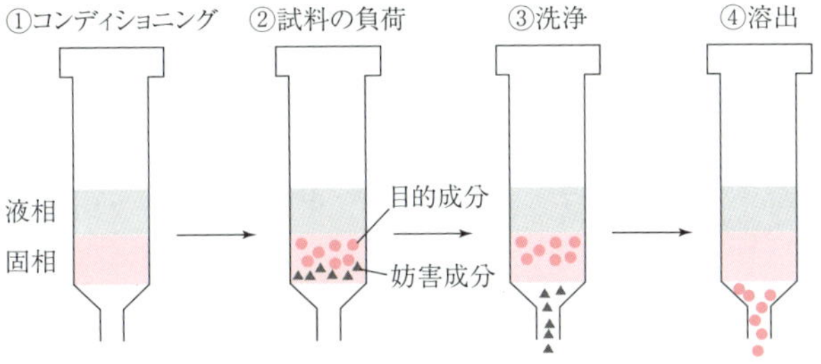

図10.1 固相抽出法の操作手順

10.2 固–液平衡

固相抽出は，固体である固相抽出剤と，液体である試料溶液間の固–液平衡を利用した分離法である．分離メカニズムとして，順相型，逆相型，イオン交換型，キレート型，高選択型がある．広義ではすべて固–液平衡に含めることができるが，狭義の固–液平衡を利用する固相抽出法として順相型と逆相型，イオン交換平衡を利用する固相抽出法としてイオン交換型に分類する場合もある．本節では，順相型や逆相型の固–液平衡を理解するうえで重要な，分配と吸着について解説しよう．分配・吸着に基づく分離の考え方は，固–液系だけでなく，固–気系の固相抽出にも適用できる*2．

10.2.1　順相と逆相

逆相型（reversed phase）と**順相型**（normal phase）の固相抽出剤には，それぞれ細孔表面に疎水性相互作用を示す非極性固相（逆相固相）と親水性相互作用を示す極性固相（順相固相）が用いられる．一般に逆相型の方が広く利用されている．

逆相型の分離では，固相への**疎水性相互作用**（hydrophobic interaction）を利用する．疎水性分子や疎水基のまわりには，水素原子を外側に向けたかご状の水和構造（疎水性水和）が形成される．疎水性水和している部分は，バルクの水よりも構造性が高く，全体から見ると水のクラスター構造が歪んでいる状態である．そのため疎水性分子や疎水基の間には，それぞれのまわりに形成された疎水性水和の面積を小さくして歪みを少なくしようとする引力がはたらく．

逆相型の固相抽出剤に水溶液のような強極性溶媒を流すと，弱から中程度の極性の化合物が，疎水性相互作用およびファンデルワールス力により非極性の固相に保持され，極性の高い化合物は通過する．固相に保持された化合物の溶離には，比較的極性の低い溶媒を用いる．溶離液の極性の強弱を変えることにより，固相中の化合物を段階的に分画して溶出することもできる．

逆相型の固相抽出剤は，多孔性シリカゲル担体の表面を修飾した化学結合型シリカゲル系と，高分子を担体に用いたポリマーゲル系に分類される（図10.2）．**化学結合型シリカゲル系固相抽出剤**では，炭素数18のアルキル基を修飾したオクタデシルシリル化シリカゲル（ODS）が一般的に用いられる（図10.2a）．化学結合型シリカゲルは多くの有機溶媒に対して安定であり，溶媒を流しても体積が変化しないので取り扱いやすい．ODSの他に，炭素数2，4，8のアルキル基

*2　固相抽出に用いる分離剤は，クロマトグラフィーで用いる固定相と共通点が多い．この二つを合わせて理解するとよいだろう．

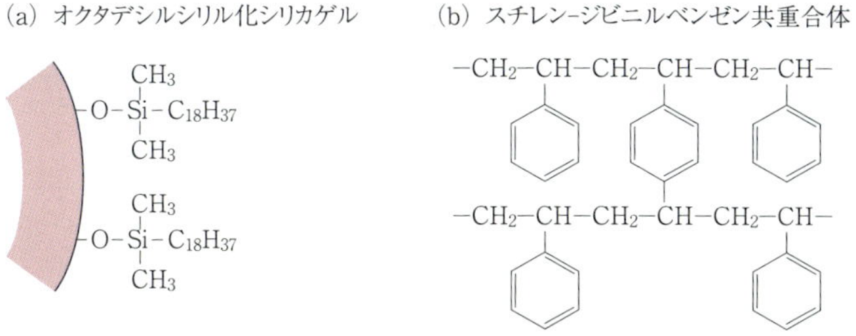

図10.2 代表的な逆相型固相抽出剤

やフェニル基を修飾したもの（C2, C4, C8, PH カラム）があり，それぞれ固相表面における極性の低さ（無極性）の程度が異なる．目的成分の疎水性に応じてカラムを使い分けると回収率が高くなる．シリカゲル系固相抽出剤を使用できる pH 範囲は，おおむね pH 2 ～ 8 である．アルカリ性では担体のシリカゲル表面が溶解し，強酸性ではシリルエーテル（Si-O）結合が切断されるためである．

一方，**ポリマーゲル系固相抽出剤**には，スチレン-ジビニルベンゼン共重合体（SDB）（図10.2b）やポリメタクリレートなどの高分子ゲル，あるいは高分子で表面をコーティングしたシリカゲルを用いるため，アルカリ性溶液にも使用できる．ポリマーゲルは溶媒を流すと収縮または膨潤するため，通液速度が遅いという欠点がある．

順相型では，試料溶液よりも極性の高い固相を用いて，極性化合物の固相吸着反応を利用する．試料を，比較的極性が低い有機溶媒に溶解してカラムに流すと，極性化合物は極性相互作用（水素結合，双極子-双極子相互作用，$\pi-\pi$ 相互作用など）により固相に吸着し，低極性化合物はカラムを通過する．分離対象物質は，ヒドロキシ基，アミノ基，カルボニル基，ヘテロ原子をもつ化合物である．固相からの溶離には，アセトン，メタノールなどの極性溶媒が用いられる．

順相型の固相には，極性の高い多孔質無機材料のシリカゲル，アルミナ，フロリジル（ケイ酸マグネシウム）や，シリカゲル担体にシアノ基，ジオール基，アミノ基などの極性官能基をもつ炭素鎖を結合した分離剤が用いられる．後者の固相は，溶媒極性を高くすることで逆相型でも使用できる．

シリカゲルやアルミナなどの多孔質無機材料では，細孔への物理吸着も分離性能に寄与する．固体の物理吸着量は表面積に比例するので，表面の多孔性構造が微細であるほど有利であるが，目的成分の分子サイズが細孔サイズより大きくなると吸着性が落ちる．細孔の大きさに応じて吸着分子の大きさが選択される現象を，（吸着における）**分子ふるい作用**とよぶ．

10.2.2　分配平衡と吸着平衡

順相型や逆相型の固–液平衡では，試料溶液から固相抽出剤への溶質の分配や吸着を利用する．固相表面に吸着した成分は，時間とともに固相に結合した炭素鎖や細孔に浸透・拡散する．固相抽出剤に保持された物質の状態を説明するとき，分配と吸着を具体的に区分けすることは難しく，また，ほとんどの固相抽出剤において，分配と吸着は同時に起きている．

順相型や逆相型の分離メカニズムは，抽出剤の化学的性質により，相対的に，吸着型，分配型，吸着と分配の混合型のように説明されることが多い．

（1）分配平衡

互いに混ざり合わない二つの液相間で，個々の溶質が特定の濃度比で平衡に達することを**分配**という（第９章参照）．同様の考え方が，固–液平衡にも適用できる．固–液抽出における分配は，例えばODSを用いた逆相型固相抽出剤では，固相の表面に固定した疑似液体（C18；炭素数18のアルキル基）と試料の溶媒間において，対象物質が一定の濃度比で分配すると見なすことができ，溶媒抽出における分配と類似している．

試料負荷量と破過容量

固相抽出において，固相に分配・吸着された物質の量を**試料負荷量**（キャパシティ），試料に保持できる最大の試料負荷量のことを**破過**（ブレークスルー）**容量**とよぶ．固相抽出剤に同じ試料溶液を流し続けると，始めは目的成分が固相に保持されるが，破過容量の前後から保持能力が低くなり，ブレークスルーが始まる．破過容量は固相抽出剤の種類，目的成分の濃度や吸着の強さ，試料溶液の流速などによってさまざまに変化するが，固相量の５％程度が一つの目安である．

一方で，固相に保持された試料を溶出させる段階では，固相カラムの空隙体積[*3]

＊3　粒子間の空隙と粒子細孔内の空間．デッドボリュームともいう．

を満たす必要があることも忘れてはならない．逆相型やイオン交換型ではカラム体積[*4]の2～5倍，順相型では4～10倍程度の溶離液を用いる．

分配係数と分配比

固–液間の分配（吸着）平衡は，温度が一定の条件で固相，液相における対象成分の濃度を測定することにより，分配係数 K_D($cm^3 g^{-1} = L\ kg^{-1}$)，分配比 D($cm^3 g^{-1} = L\ kg^{-1}$) として次の式で表される．

$$K_D = \frac{\text{固相中における化学種の濃度}\ (\text{mol g}^{-1})}{\text{液相中における化学種の濃度}\ (\text{mol cm}^{-3})}$$

$$D = \frac{\text{固相中における物質の全濃度}\ (\text{mol g}^{-1})}{\text{液相中における物質の全濃度}\ (\text{mol cm}^{-3})}$$

分配係数は対象物質の特定の化学種を取り扱うための尺度であり，分配比を用いると対象物質のすべてを抽出分離する際の性能を議論することができる．

（2）吸着平衡

固–液抽出における**吸着**（adsorption）とは，固相–液相間の平衡反応を介して溶液中の物質が吸着剤に移行し，固体表面における濃度が増加する現象である．固体に吸着した物質が溶液に放出されることを**脱着**（脱離）とよぶ．吸着剤がある一定量の物質を吸着した状態は，実際には吸着と脱着が釣り合った動的平衡状態にある．

固相抽出剤の吸着特性を評価するには，図10.3に示すような各種の**吸着等温線**[*5]が用いられる．吸着平衡をモデル化し，吸着等温線を数式で表現したものが**吸着等温式**である．

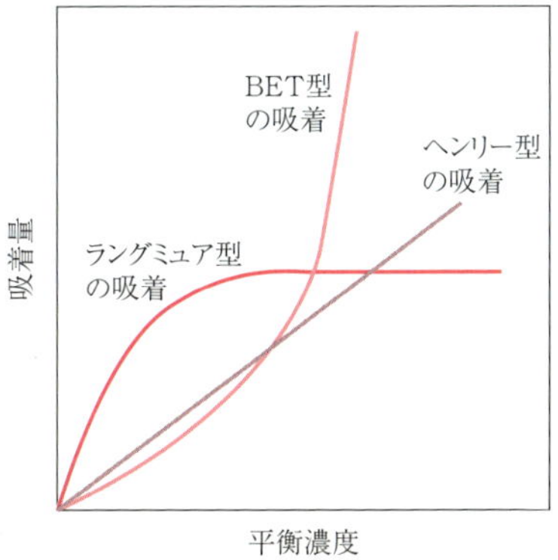

図10.3 代表的な吸着等温線

＊4　カラム内における固相抽出剤の容積（充てんした固相抽出剤の高さにカラム断面積を乗じた値）．
＊5　IUPACでは，6種類に分類される．

ヘンリーの吸着等温線

ヘンリー（Henry）の法則は，一定温度における気体の，液体への溶解を表す式として理解されている．吸着量 A と溶質の平衡濃度 c の関係式が原点を通る直線になるとき，ヘンリーの吸着等温線は以下のように表される．

$$A = kc \qquad (k\text{は定数}) \tag{10.1}$$

どのような等温線でも，低濃度・低吸着量の条件では吸着量と平衡濃度はほぼ直線関係にあるので，上式が成り立つ．

フロインドリッヒの吸着等温線

フロインドリッヒ（Freundlich）式は，固－液界面における多くの化学吸着に適用できる経験式である．温度一定の条件で，溶液中における溶質の平衡濃度 c，固体吸着媒の質量 m，固体吸着媒に吸着した吸着質の質量 x には以下の式が成り立つ．

$$\frac{x}{m} = kc^{\frac{1}{n}} \tag{10.2}$$

定数 k と n は固体吸着媒と吸着質の性質や温度に依存する．両辺の対数をとると次の式が導かれる．$\log(x/m)$ に対して $\log c$ をプロットすると直線が得られ，傾きと切片から n と k を求めることができる．

$$\log\left(\frac{x}{m}\right) = \log k + \left(\frac{1}{n}\right)\log c \tag{10.3}$$

この式と，次の理論的に導き出されたラングミュア式(10.5)との類似点を確かめよう．

ラングミュアの吸着等温線

物理吸着のように，固体吸着媒表面に単分子層吸着が起こるときに成立する．ラングミュア（Langmuir）の吸着モデルでは，吸着質が固体表面全体に均一に吸着されるのではなく，特定の吸着サイトに吸着すると考える．溶液中における溶質の平衡濃度 c，固体吸着媒の質量 m，吸着質の質量 x には以下の式が成り立つ．

$$\frac{x}{m} = \frac{abc}{(1 + ac)} \tag{10.4}$$

ここで，a は吸着エネルギーに関係する定数であり，吸着の相互作用の大きさに比例する．bは飽和吸着量（吸着サイト数）である．式(10.4)を逆数として整理すると，次式が導かれる．

$$\frac{m}{x} = \frac{1}{abc} + \frac{1}{b} \tag{10.5}$$

平衡濃度または吸着の相互作用が著しく低い（$ab \ll 1$）とき，式(10.5)はヘンリーの法則またはネルンストの分配の法則から導かれる式(10.1および9.2)と同じになる．

BETの吸着等温線

ブルナウアー（Brunauer），エメット（Emmett），テラー（Teller）により1938年に提案された多層吸着理論で，3名の頭文字をとって命名されている．相互作用が小さい物理吸着によって，吸着質が固体表面を単分子層でほぼ完全に覆うことを利用して，固体の比表面積を求めることができる．気–固吸着において，全吸着量v，平衡圧力p，飽和蒸気圧p_0とすると，以下の式が成り立つ．

$$\frac{p}{[v(p_0 - p)]} = \frac{1}{v_\mathrm{m}C} + \left[\frac{(C - 1)}{v_\mathrm{m}C}\right]\left(\frac{p}{p_0}\right) \tag{10.6}$$

v_mは全サイト数（単分子吸着量），Cは吸着熱と関係する定数である．

固–液吸着においては，式(10.6)のp，p_0の代わりに，溶質の平衡濃度c，溶質の溶解度c_sを用いれば，BETの吸着等温線が得られる．ただし，水溶液では水分子の吸着が同時に生じるので，固体の表面積を求めることはできない．

10.3 イオン交換平衡

10.3.1 イオン交換反応

イオン交換（ion exchange）型の固相抽出剤では，水溶液中のイオンを分離するために，反対の電荷に帯電したイオン交換体を固相に用いる．イオン交換型ではたらく陽イオンと陰イオン間の静電的相互作用は，逆相型や順相型で利用される極性相互作用や無極性相互作用と比べて強く，固相抽出の固相としては保持力が最も強い．

陽イオン交換体（E^-）は陰イオン性のイオン交換サイトをもつ．交換イオンとしてA^+を保持している陽イオン交換体E^-A^+にB^+を含む水溶液を通すと，次式の反応によりA^+とB^+が交換される．

$$E^-A^+ + B^+ \rightleftarrows E^-B^+ + A^+ \quad (10.7)$$

一方，陰イオン交換体（E^+）は陽イオン性のイオン交換サイトをもち，次式によりA^-とB^-が交換される．

$$E^+A^- + B^- \rightleftarrows E^+B^- + A^- \quad (10.8)$$

このようにイオン交換体と溶液相との間では常に電気的中性が保たれており，AとBは当量で交換される．イオン交換反応は可逆的で，一定時間が経過した後，イオン交換平衡が成立する．

10.3.2　イオン交換体の種類

イオン交換体の材質には，有機物（高分子）を用いた有機イオン交換体（イオン交換樹脂やイオン交換膜）と，無機物を用いた無機イオン交換体がある．

（1）イオン交換樹脂（ion-exchange resin）

イオン交換樹脂は，イオン交換反応を行う置換基を表面に導入した三次元網目構造の合成樹脂である．代表的な材質としては，ポリスチレン鎖をジビニルベンゼンで架橋したスチレン－ジビニルベンゼン共重合体がある（図10.4）．イオン交換樹脂は，分離対象とするイオンの電荷に応じて，陽イオン交換樹脂と陰イオン交換樹脂に大別され，さらにイオン交換に対する強さと性質によって分類される（図10.5）．分析化学の分野では，その他の有機イオン交換体としてイオン交

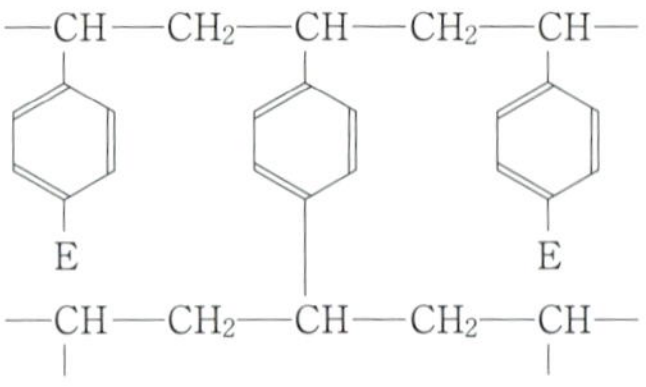

陽イオン交換樹脂　E^-：$-SO_3^-H^+$，$-COOH$

陰イオン交換樹脂　E^+：$-CH_2N^+(CH_3)_3OH^-$，$-NH^+(CH_3)_2OH^-$

図10.4 置換基を導入したスチレン-ジビニルベンゼン共重合体

- イオン交換樹脂
  - 陽イオン交換樹脂
    - 強酸性陽イオン交換樹脂
    - 弱酸性陽イオン交換樹脂
  - 陰イオン交換樹脂
    - 強塩基性陰イオン交換樹脂
    - 弱塩基性陰イオン交換樹脂

図10.5 イオン交換樹脂の分類

換膜やセルロースイオン交換体も利用される．

強酸性陽イオン交換樹脂

陽イオン交換樹脂では，酸性の置換基（陰イオンとしてはたらく）が液相の陽イオンを交換する．強酸性陽イオン交換樹脂は，置換基として強酸性のスルホ基（$-SO_3H$）をもつ．スルホ基は，酸性からアルカリ性の広いpH 領域においてほぼ完全に酸解離する．

$$R - SO_3H \longrightarrow R - SO_3^- + H^+ \quad \text{（R は樹脂の母体）} \qquad (10.9)$$

放出されたH^+は樹脂相内あるいはそれと平衡にある液相に保持される．イオン交換反応では，陽イオンの電荷に対して化学量論的に当量のH^+が交換される．

$$R - SO_3^-H^+ + Na^+ \rightleftarrows R - SO_3^-Na^+ + H^+ \qquad (10.10)$$

$$2R - SO_3^-H^+ + Ca^{2+} \rightleftarrows (R - SO_3^-)_2Ca^{2+} + 2H^+ \qquad (10.11)$$

強酸性陽イオン交換樹脂の金属イオンに対する選択性は以下の順になる．

$$Th^{4+} > Al^{3+} > Ba^{2+} > Sr^{2+} > Ca^{2+} > Ni^{2+},\ Cd^{2+},\ Cu^{2+},\ Co^{2+},\ Zn^{2+} > Mg^{2+} > Cs^+ > Rb^+ > K^+ > NH_4^+ > Na^+ > H^+ > Li^+ \qquad (10.12)$$

式(10.12)は一般的に見られる序列であることから，通常系列とよばれることもある．イオン交換樹脂では，水和したイオンが反対の電荷をもつ固相に保持される．すなわち，第一にイオン種の電荷数が大きいほど，第二に同じ電荷数であれば水和イオン半径が小さい（単位表面積当たりの電荷密度が大きい）ほど，固相に強く保持される．水溶液中におけるイオン交換反応では，イオン半径ではなく水和イオン半径に注目することに注意しよう．

強酸性陽イオン交換樹脂において，Li^+を除くと，H^+は最も選択性が低いので，H 型の強酸性樹脂はほとんどの陽イオンに適用できる．固相に保持された陽イオンは，高濃度の強酸溶液を用いれば溶離できる．

弱酸性陽イオン交換樹脂

弱酸性陽イオン交換樹脂は，カルボキシ基（$-COOH$）やホスホン酸基（$-PO_3H_2$）などの弱酸性の置換基をもつ．各置換基は，

$$R - COOH \rightleftarrows R - COO^- + H^+ \quad (10.13)$$

$$R - PO_3H_2 \rightleftarrows R - PO_3H^- + H^+ \rightleftarrows R - PO_3^{2-} + 2H^+ \quad (10.14)$$

のように解離する．

弱酸性置換基は，酸性溶液中ではH^+が解離しないため，陽イオンが固相へ保持されにくい．式(10.12)において，pHの減少とともにH^+の選択性の序列が上がると考えてもよい．しかし，強酸性陽イオン交換樹脂では保持が強すぎて溶離

Column 10.1

イオン選択性における強電場相互作用と弱電場相互作用

陽イオン交換体のアルカリ金属イオンに対する選択性には，通常系列とその逆となる系列が見られる．Eisenmanらは無機酸化物のイオン交換サイトと陽イオンの静電的相互作用の強さの違いを，弱電場相互作用と強電場相互作用として説明した（表）．陽イオン交換体では，イオン交換基の陰イオンの電荷数が同じである場合，有効陰イオン半径[*6]は酸解離定数pK_aと負の相関を示す．イオン交換基の電荷数が影響する範囲を電場とすると，その強弱は電荷密度で判断できる．

強酸性陽イオン交換体では，pK_aが小さいため有効陰イオン半径が大きくなり弱電場相互作用がはたらいて，アルカリ金属イオンに対する選択性は通常系列となる．一方，弱酸性陽イオン交換体では，pK_aが大きいため有効陰イオン半径が小さくなり強電場相互作用がはたらいて，通常系列とは逆にLi^+選択性を示す．

陽イオン交換体の弱電場相互作用系と強電場相互作用系

因　子	弱電場相互作用系 ($Cs^+ > Rb^+ > K^+ > Na^+ > Li^+$)	強電場相互作用系 ($Li^+ > Na^+ > K^+ > Rb^+ > Cs^+$)
陰イオン半径	大	小
pK_a	低	高
等電点	低	高
電荷密度	低	高

＊6　有効核電荷に反比例すると仮定して求めたイオン半径．

が難しい場合（例えば，アミノ酸のように陽イオンの塩基性が強い場合や正の電荷をもつ官能基を複数もつ場合），弱酸性の陽イオン交換樹脂を用いると，分離や回収率の改善につながる．また，カルボキシ基のような弱酸性イオン交換樹脂では，イオン交換基と陽イオンとの距離が近く，静電的相互作用が強くなり，通常系列とは逆の選択性（$Li^+ > Na^+ > K^+ > Rb^+ > Cs^+$）を示すこともある．

強塩基性陰イオン交換樹脂

陰イオン交換樹脂では，塩基性の置換基（陽イオンとしてはたらく）が，対イオンの水酸化物イオンと液相の陰イオンを交換する．強塩基性陰イオン交換樹脂は，置換基として強塩基性の第四級アンモニウム基（$-NR'_3OH$；R'は CH_3，C_2H_5 などのアルキル基）をもつ．第四級アンモニウム基の OH 形は水酸化ナトリウムと同程度の強塩基で，次のように水溶液中においてほぼ完全に解離する．

$$R - N(CH_3)_3OH \longrightarrow R - N(CH_3)_3^+ + OH^- \quad (\text{R は樹脂の母体}) \tag{10.15}$$

陰イオン交換樹脂と陰イオンの相互作用については，正負の電荷を逆にして陽イオン交換樹脂と同様に考えればよく，一般的な選択性は以下の順になる．

$$Fe(CN)_6^{4-} > Fe(CN)_6^{3-} > SO_4^{2-} > I^- > NO_3^- > Br^- > CN^- > Cl^- > OH^- > F^- \tag{10.16}$$

弱塩基性陰イオン交換樹脂

弱塩基性陰イオン交換樹脂は，アミノ基（$-NH_2$）や第三級アミノ基（$-NR'_2$）などの弱塩基性の置換基をもつ．各置換基の解離は，

$$R - NH_2 + H_2O \rightleftarrows R - NH_3^+ + OH^- \tag{10.17}$$

$$R - NR'_2 + H_2O \rightleftarrows R - NHR'^+_2 + OH^- \tag{10.18}$$

となる．弱塩基性陰イオン交換樹脂では，強塩基性樹脂よりも解離度が小さく，平衡が左に偏っているため，陰イオンは低い pH で保持されやすく，高い pH で保持されにくくなる．

イオン交換樹脂を充填したカラムは，水溶液中に含まれるイオンの分離に用いられる．H 形陽イオン交換樹脂に試料水を通すと，陽イオンはカラムに捕集され

陰イオンは通過する．陰イオンを除きたい場合は，OH 形陰イオン交換樹脂を用いると陽イオンを残すことができる．また，同じ符号のイオンであっても電荷数が異なる場合は，イオン交換樹脂に対する親和力の違いを利用できる．例えば，試料水中の Na^+ と Ca^{2+} を分離する際には，強酸性陽イオン交換樹脂に試料水を通して両方を固相に捕集し，その後，溶離液に0.5mol L^{-1} HCl と 2 mol L^{-1} HCl を用いて Na^+，Ca^{2+} を順に分離する．

例題10.1　K^+ と Mg^{2+} を含む水溶液を H 形陽イオン交換樹脂に流し続けた．カラムを通過した溶出液のイオン組成がどのように変化するか述べよ．

考え方のコツ　樹脂中のイオン交換基の数は有限である．また，陽イオンの電荷数が大きいほどイオン交換基への親和力が強い．

解答

はじめの溶出液は金属イオンを含まないが，次に，K^+ のみが放出され，さらに流しつづけると通液前の水溶液と等濃度の K^+，Mg^{2+} が溶出する．

（2）無機イオン交換体

安定な多孔質無機化合物は，表面のヒドロキシ基や内部の電荷補償型サイトにイオンを保持しており，それらは溶液中のイオンと交換可能である．無機イオン交換体には天然物と合成物があり，化学構造としては，多価金属の酸化物や水酸化物，酸性塩，ヘテロポリ酸塩，不溶性ヘキサシアニド鉄(Ⅱ)酸塩，合成アルミノケイ酸塩，粘土鉱物等があげられる．

無機イオン交換体のイオン選択性は，第一に正と負の電荷に基づく静電的相互作用に支配され，第二にイオンふるい作用などのサイズ選択やキレート効果などの化学的相互作用の影響を受ける．

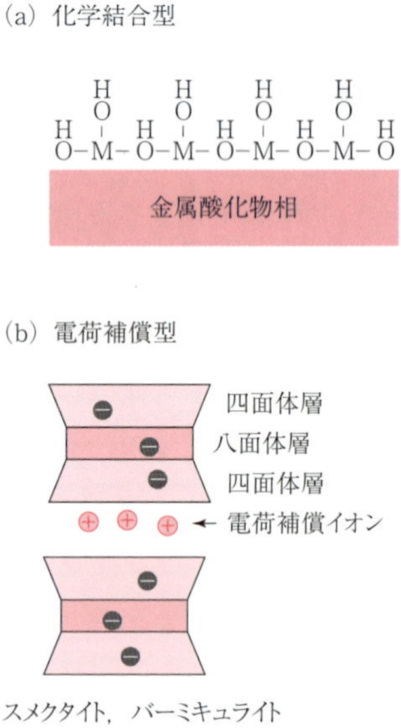

図10.6 無機イオン交換体におけるイオン交換サイト

化学結合型イオン交換反応

無機イオン交換体におけるイオン交換反応には，化学結合型と電荷補償型がある（図10.6）.

化学結合型のイオン交換反応は，多価金属の酸化物や水酸化物，酸性塩で多く見られ，固体表面に結合したOH基や酢酸イオン，リン酸イオンが，静電的相互作用に基づくイオン交換基になる．また，金属酸化物の表面に配位した水分子は解離してOH基になる（図10.7）．表面のOH基は結合する中心金属の性質や液相中のpHに応じて，次のように，陽イオン交換体にも陰イオン交換体にもなる．

陽イオン交換：$M - OH + A^+ \rightleftharpoons M - O^-A^+ + H^+$ (10.19)

陰イオン交換：$M - OH + X^- \rightleftharpoons M - X + OH^-$ (10.20)

$$M - OH + X^- + H_2O \rightleftharpoons M - OH_2^+X^- + OH^- \quad (10.21)$$

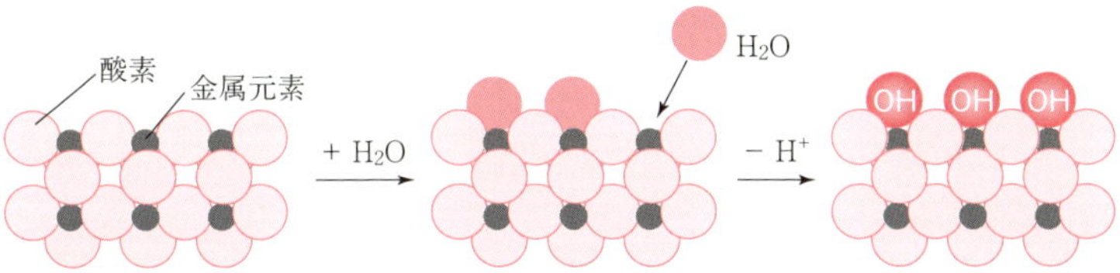

図10.7 表面OH基の生成機構

化学結合型のイオン交換反応におけるイオン選択性は，前節で説明したイオン交換樹脂の選択性と同様に考えることができる．一例としてアルカリ金属イオンに対する選択性を取り上げて説明すると，粘土鉱物やシリカ，マンガン酸化物はイオン交換サイトの酸性度が高いので，強酸性陽イオン交換樹脂のように通常系列の順（$Cs^+ > Rb^+ > K^+ > Na^+ > Li^+$）となる．それに対して，ジルコニウム酸化物やスズ酸化物は酸性度が低いので，弱酸性陽イオン交換樹脂のように，選択性は通常系列の逆になる（$Li^+ > Na^+ > K^+ > Rb^+ > Cs^+$）.

電荷補償型イオン交換反応とインターカレーション

電荷補償型のイオン交換反応は，粘土鉱物のアルミノケイ酸塩やゼオライトで多く見られる．スメクタイトなどの粘土鉱物は厚みが約1 nmの薄い板状結晶が積み重なった層状構造を形成する．図10.6のように，二つの四面体層が八面体層

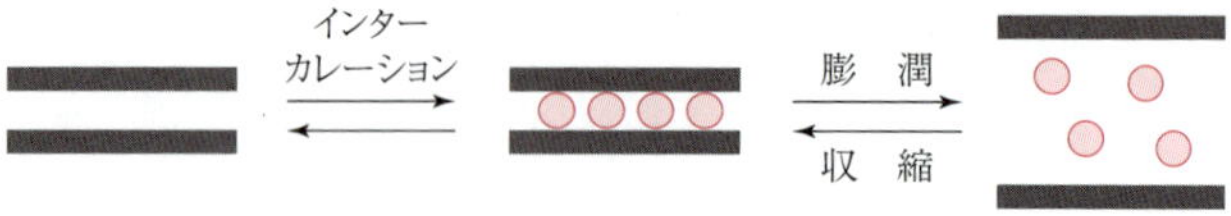

図10.8 無機イオン交換体におけるインターカレーションと膨潤

を挟んだ三層からなるアルミノシリケート層では，八面体層中の Al(Ⅲ) が Mg(Ⅱ) に，四面体層の Si(Ⅳ) が Al(Ⅲ) や Fe(Ⅲ) に部分的に同形置換されて負の永久電荷を帯び，その結果，図10.8のように層間にはアルカリ金属やアルカリ土類金属イオンが電荷補償イオンとして挿入（インターカレート）される．電荷補償イオンは水和イオンとして存在し，他の陽イオンとイオン交換される．このように層状構造の層間で生じる反応を**インターカレーション反応**（intercalation reaction）とよび，層間にインターカレートされたイオンのサイズに応じて固相全体が膨潤あるいは収縮する．

電荷補償型のイオン交換反応では，層間の交換可能な陽イオンは電荷数が高いほど，また，電荷数が同じ場合はイオン半径が大きいほど，選択的に層間にインターカレートされる．例えば鉱物粒子のモンモリロナイトでは，陽イオンのイオン選択性は以下の序列になる．

$$H^{+} > Fe^{3+} > Al^{3+} > Ba^{2+} > Ca^{2+} > Mg^{2+} > K^{+} > Na^{+} > Li^{+} \tag{10.22}$$

ここで，水素イオンは結晶表面の酸素原子と水素結合することにより，多価陽イオンよりも強くインターカレートされる．

イオンふるい作用

ゼオライトや金属酸化物，層状の多価金属酸性塩のように，結晶格子内にイオン交換サイトがある無機イオン交換体では，結晶格子が形成する空間よりも大きいイオンは交換サイトに入ることができず，特定サイズのイオンが立体的に選択される．この現象を**イオンふるい作用**とよぶ．イオンふるい作用は，前節で説明した分子ふるい作用と類似しているが，分子ふるい作用よりも細孔サイズや層間距離が小さい無機イオン交換体において生じる．

キレート効果

多価金属酸化物や水酸化物の無機イオン交換体では，イオン半径が類似した2

価遷移金属イオンのイオン選択性は，Cu^{2+} や Co^{2+} で高く，Ni^{2+} で低くなる傾向が多くみられる．この理由は，表面OH基のキレート効果と考えられている．Mをイオン交換体の金属，Aを遷移金属とすると，

$$2\mathrm{M} - \mathrm{OH} + \mathrm{A}^{2+} \rightleftarrows (\mathrm{M} - \mathrm{O}^-)_2\mathrm{A}^{2+} + 2\mathrm{H}^+ \qquad (10.23)$$

となる．すなわち，表面OH基が遷移金属イオンと錯形成(水酸化物形成)して，A^{2+} は H^+ とイオン交換する．

10.3.3 イオン交換反応の用語

（１）交換容量

イオン交換容量は，イオン交換体の乾燥質量1gあたりの交換可能なイオンのミリ当量数（$\mathrm{meq\ g^{-1}}$），または，含水した交換体の見かけの体積1mLあたりのミリ当量数（$\mathrm{meq\ mL^{-1}}$）で表す．イオン交換容量は，

$$\text{イオン交換容量}\ (\mathrm{meq\ g^{-1}}) = \text{吸着イオン量}(\mathrm{mmol\ g^{-1}}) \times \text{イオンの電荷数} \qquad (10.24)$$

と定義される．一般に，陽イオン交換体ではH形，陰イオン交換体ではCl形(強塩基性）やOH形（弱塩基性）で表示される．

イオン交換体の単位量あたりのイオン交換基の総量は，総イオン交換容量で表される．イオン交換基における交換率は液相のpHやイオンサイズの影響を受けるため，イオン交換容量は総イオン交換容量よりもかなり低いことが多い．

例題10.2 乾燥した H^+ 形陽イオン交換樹脂0.50gをカラムに充填して，5%NaCl水溶液をpHが変化しなくなるまで通液した．得られた全溶出液を中和するのに，0.10 $\mathrm{mol\ L^{-1}}$ NaOH水溶液が30mL必要であった．イオン交換容量を求めよ．

考え方のコツ　式（10.24）を用いて考えよう．

解答

$$\{0.10\ \mathrm{mol\ L^{-1}} \times (30/1000)\mathrm{L}\}/0.50\ \mathrm{g} \times (+1) = 6.0 \times 10^{-3}\ \mathrm{meq\ g^{-1}}$$

（２）分配係数と分配比

イオン交換平衡においても分配平衡と同様に，イオン交換体固相と液相中における対象成分の濃度により分配係数 K_D ($\mathrm{cm^3\ g^{-1} = L\ kg^{-1}}$)，分配比 D($\mathrm{cm^3\ g^{-1}}$

= L kg^{-1}）を次のように定義できる．

$$K_D = \frac{\text{固相中のあるイオン種の濃度（meq g}^{-1}\text{）}}{\text{液相中のあるイオン種の濃度（meq cm}^{-3}\text{）}}$$

$$D = \frac{\text{固相中のイオンの全濃度（meq g}^{-1}\text{）}}{\text{液相中のイオンの全濃度（meq cm}^{-3}\text{）}}$$

（3）選択係数

イオン交換体Rに保持されているイオンA^{a+}が液相のB^{b+}によって交換される反応では，次のイオン交換平衡が成り立つ．

$$R - bA^{a+} + aB^{b+} \rightleftarrows R - aB^{b+} + bA^{a+} \qquad (10.25)$$

$$K_A^B = \frac{[A^{a+}]_{liq}^b [B^{b+}]_{res}^a}{[A^{a+}]_{res}^b [B^{b+}]_{liq}^a} = \frac{(K_{D,B})^a}{(K_{D,A})^b} \qquad (10.26)$$

式(10.26)における下付のres，liqは，それぞれ固相，液相を表す．平衡定数K_A^Bを**選択係数**といい，イオンBのイオンAに対する選択性を表す．K_A^Bが1よりも大きければイオン交換体はAよりもBに対して選択性が高いことを示す．選択係数を用いればAを基準にしてさまざまなイオン種を比較し，選択係数の序列を定量的に表すことができる．

例題10.3　下の表より，陽イオン交換樹脂Ⅰ，Ⅱのアルカリ金属イオンに対する選択性を比較せよ．

水素イオンを基準としたイオン交換樹脂の選択係数

	Li^+	H^+	Na^+	K^+	Rb^+	Cs^+
陽イオン交換樹脂Ⅰ	0.9	1.0	1.7	2.4	3.2	4.2
陽イオン交換樹脂Ⅱ	0.7	1.0	1.2	1.6	2.3	2.6

考え方のコツ　直感でわからなければ，式(10.26)を用いて考えるとよい．

解答

表の選択係数は，アルカリ金属イオンのH^+に対する選択性を示している．Li^+を除くと，陽イオン交換樹脂Ⅰの方がⅡよりも各アルカリ金属イオンの選択係数の差が大きく，選択性が高い．

（4）分離係数

イオンA，イオンBの分配係数 $K_{D,A}$，$K_{D,B}$，あるいは分配比 D_A，D_B の比を**分離係数** α_A^B といい，次式で表される．

$$\alpha_A^B = \frac{K_{DB}}{K_{DA}} \quad \text{あるいは} \quad \alpha_A^B = \frac{D_B}{D_A} \tag{10.27}$$

α_A^B は，イオンAとBの分離の難易度を示す指標で，1よりも大きければ，液相よりも固相においてAに対するBの割合が増加する．

（5）イオン交換速度

イオン交換反応は液相と固相の不均一系での反応であるため，一般の均一系のイオン反応よりも平衡に達するまでに比較的長く時間がかかる．平衡までには，①交換体の境膜への溶液内イオンの拡散，②交換体の粒子内部へのイオンの拡散，③交換反応，④交換体の粒子内部から表面へのイオンの拡散，⑤境膜から溶液へのイオンの拡散，の過程が考えられる．一般には，交換速度はイオンの拡散に支配される．イオン交換樹脂では，架橋度が大きく膨潤性が小さくなるほど交換速度が小さい．イオン交換樹脂の交換速度の尺度として，全交換容量の半分まで満たされる時間（半量交換時間 $t_{1/2}$）が用いられる．

10.4 その他の固相抽出剤

10.4.1 キレート樹脂

キレート樹脂と（chelate resin）は，イオン交換基の代わりに，金属イオンとキレート（錯体）を形成する官能基を導入した樹脂で，キレート形成基としてはN，S，O，Pなどの配位原子を2個以上含んだものが用いられる．図10.9に代表的なキレート樹脂の例を示す．弱酸性や弱塩基性のイオン交換樹脂としてはたらくだけでなく，特定のイオンとキレートを形成するのでイオン交換樹脂よりも選択性が著しく大きい．

キレート樹脂の反応や選択性については，第6章で述べた一般のキレート剤と同様に考えることができる．例えば，最もよく使われるキレート樹脂は，イミノ二酢酸型（図10.9左）であるが，金属イオンに対する捕捉能力は，同じ官能基をもつEDTAの金属キレート錯体の生成定数の順序とほぼ同じである．

$$Pd^{2+} > Cu^{2+} > Fe^{2+} > Ni^{2+} > Pb^{2+} > Mn^{2+} \gg Mg^{2+}，アルカリ土類金属 \gg アルカリ金属 \quad (10.28)$$

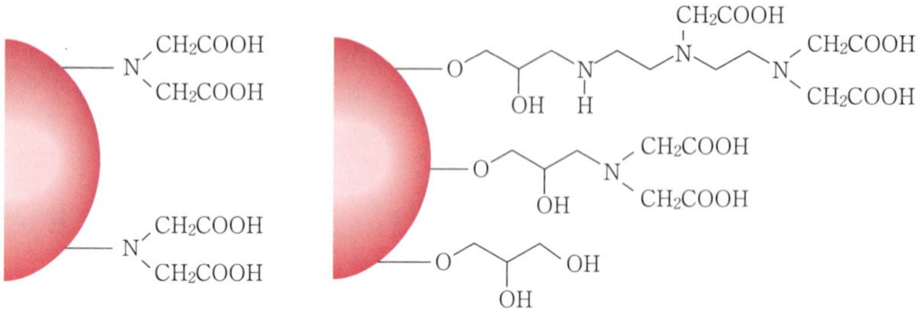

図10.9 キレート樹脂

イミノ二酢酸型（左）とポリアミノポリカルボン酸型（右）

10.4.2　高選択性樹脂

キレート樹脂を発展させた固相抽出剤として，クラウンエーテルなどの大環状官能基をシリカゲルやポリスチレンに多層的に結合した超分子型固相抽出剤がある．図10.10にその例を示す．クーロン力に基づくイオン交換やキレート効果に加えて，大環状効果により立体的にイオンサイズを認識して，特定の金属イオンに特に強く配位する．貴金属やレアメタルの捕集，有害元素や放射性元素の分離分析など選択性の高い応用例がある．

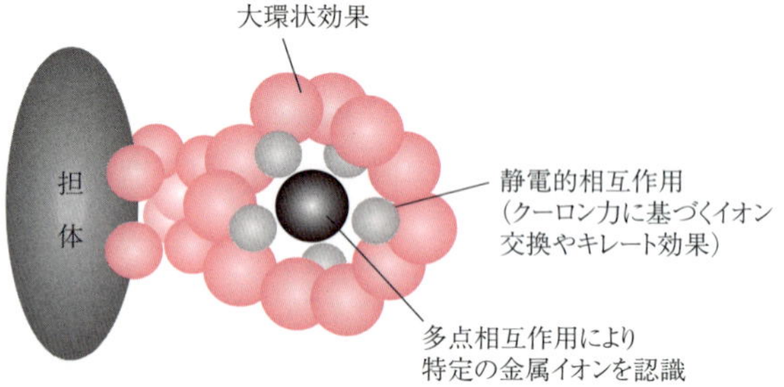

図10.10 超分子型固相抽出剤における多点相互作用

10.4.3　シリカモノリス

シリカモノリスは，二酸化ケイ素から合成された均質な三次元網目構造をもつ分離剤である．一般のシリカゲル担体は粒状だが，シリカモノリスはディスク形やロッド形など，任意の形に成形した構造体である．シリカゲル骨格に，試料を流すための貫通孔であるスルーポア（数十 μm）と細孔のメソポア（数 nm）をもち，空隙体積と表面積が大きい．さまざまな官能基を修飾したシリカモノリス固相抽出剤が開発されている．

10.4.4　セルロースイオン交換体

有機イオン交換体の一つとして，セルロースにイオン交換基を導入したセルロースイオン交換体がある．従来のイオン交換樹脂よりも親水性が大きく架橋構造をもたないために，高分子に対するイオン交換が比較的速く，おもに，タンパク質や核酸等の生体関連物質の分離に用いられる．陽イオン交換基として，カルボキシメチル基，リン酸基，スルホエチル基，陰イオン交換基として，ジエチルアミノエチル基，トリエチルアミノエチル基，アミノエチル基があげられる．

10.4.5　その他の固相抽出

前項までに取りあげた方法の他に，**固相マイクロ抽出法**（solid phase micro extraction：SPME），**スターバー抽出法，** メンブランフィルターに固相抽出の機能をもたせた**膜型抽出**がある．詳しくは専門書を参照して欲しい．

10.5　固相抽出剤とその応用

固相抽出法は，簡便で迅速性に優れた前処理法として，化学工業，医学，薬学，環境等の分野における公定分析法で広く利用されている．

10.5.1　農薬・医薬品分析における前処理

食品の安全性に対する関心が高まるなか，2006年に，食品中に残留した約800種類の農薬や抗生物質について残留基準と試験法が告知された．固相抽出法は目的成分を分離・精製・濃縮する前処理法として使用されている．

まず，食品や生体試料を粉砕後，緩衝液やメタノールなどを加えて目的成分を抽出する．この試料溶液を固相カートリッジに負荷して，分離・精製・濃縮する．多くの農薬や抗生物質，医薬品成分には逆相型が用いられるが，親水基をもつ成分については，順相型，イオン交換型が適する場合もある．その後，溶離した試料を液体クロマトグラフィーやガスクロマトグラフィーに導入して，目的成分を定量する．

医薬品分析における適用例として，テトラサイクリン系抗生物質の試験手順を述べておこう．動物臓器中の抗生物質を抽出した試料水をコンディショニングした固相カラム（スチレン-ジビニルベンゼン共重合体）に通液する．次に，水を流して洗浄後，メタノールを流してテトラサイクリン系抗生物質を溶離する．

10.5.2 環境水の微量成分分析における前処理

自然水や廃水の微量成分分析に関するいくつかの公定法では，特異性，精度，感度などの向上，測定妨害物質の除去，カラムおよび分析機器の保護，測定操作の簡易化，微量成分の安定化などを目的として，対象成分を分離濃縮する前処理操作が定められている．日本工業規格の高速液体クロマトグラフィー通則（JIS K 0124）では，前処理操作の一つに固相抽出法が指定されている．

微量金属分析に対する適用例としては，工場排水試験方法（JIS K 0102）がある．亜鉛，鉛，カドミウム，鉄，ニッケル，ウランなどの微量金属を機器分析する前処理操作において，イミノ二酢酸型やポリアミノポリカルボン酸型などのキレート樹脂充填固相カラムを用いる．試料水に0.1 mol L^{-1}酢酸／酢酸アンモニウムを加えてpH 5.6に調節し，キレート樹脂充填固相カラムに通液して目的金属イオンを固相に吸着させる．次に，0.5 mol L^{-1}酢酸アンモニウム溶液を流して固相を洗浄後，1 mol L^{-1}硝酸を流して，目的金属イオンを溶出させる．

有機物質の分析については，用水・排水中のPCBの試験方法（JIS K 0093），農薬試験方法（JIS K 0128），ビスフェノールA試験方法（JIS K 0450-10-10）や，工業用水・工場排水中のダイオキシン類及びコプラナーPCBの測定方法（JIS K 0312）がある．対象物質が疎水性であるため，ここでは，逆相系の化学修飾したシリカゲルや多孔性のスチレン－ジビニルベンゼン共重合体などの逆相型固相抽出剤を使用する．

10.5.3　イオンの相互分離

イオン交換樹脂と錯形成反応を組み合わせると，多段分配により金属イオンを精密に分離することができる．クラウス（Klaus）らは塩酸溶液中におけるクロロ錯体生成を利用して陰イオン交換樹脂により金属イオンの相互分離を行った．金属イオンのクロロ錯体の陰イオン交換樹脂への分配比は塩酸濃度に依存し，分配比が1以下の条件で各金属イオンは溶離される．図10.11に，いくつかの金属イオンの陰イオン交換樹脂への分配比の塩酸濃度依存性を示す．これを利用すれば，試料や溶離液の塩酸濃度を調整することにより，各金属イオンを分離することができる．

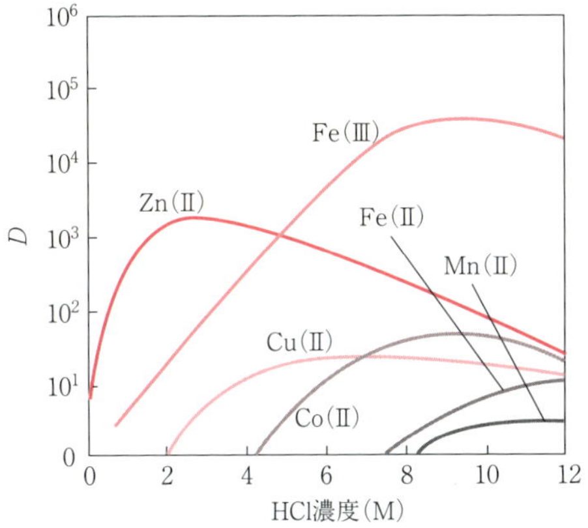

図10.11　金属クロロ錯体の陰イオン交換樹脂への分配比と塩酸濃度の関係

Co(Ⅱ)，Fe(Ⅲ)，Ni(Ⅱ)を分離する際には，9 mol L^{-1} HClで調製した試料溶液を陰イオン交換樹脂に通す．Co(Ⅱ)，Fe(Ⅲ) はクロロ錯体として固相に捕集されるが，Ni(Ⅱ)はクロロ錯体を形成しないので通過する．次に4 mol L^{-1} HCl，0.5 mol L^{-1} HClの順に溶離液を流すと，Co(Ⅱ)，Fe(Ⅲ)の順にそれぞれ溶出する．

10.5.4　水の脱イオン化（deionization）

精製水の製造には，イオン交換や蒸留，逆浸透，活性炭への吸着などの技術が用いられる．イオン交換技術は，実験室から水の生産工場まで，さまざまな規模の脱イオン水の製造に使われている．強酸性陽イオン交換樹脂と強塩基性陰イオン交換樹脂を混合したカラムに水を流すと，Na^+，K^+，Ca^{2+}，Mg^{2+}などの陽イオンはH^+に，Cl^-，HCO_3^-，NO_3^-，SO_4^{2-}などの陰イオンはOH^-に交換される．

10.5.5　環境改良材（吸着剤）

無機系固相抽出剤は，汚染物の除去や有価物（価値のある物質）の回収に活用される．例えば，自然水におけるリンの増加は富栄養化などの環境汚染の原因である一方で，肥料としてのリン資源は限られている．この問題に対して，ジルコニウム酸化物系，活性アルミナ系，ハイドロタルサイト系，ゼオライト系の無機イオン交換体が，廃水中のリンに対する除去・リサイクル回収用吸着剤として用いられる．リン酸イオンは強塩基性イオンであり，無機イオン交換体に吸着しやすい．ハイドロタルサイト系では図10.6で説明した電荷補償型イオン交換反応も関与する．

章末問題

10-1　次の用語を説明せよ．(a) 破過容量，(b) 分配係数と分配比，(c) 電荷補償型イオン交換反応，(d) 分子ふるい作用とイオンふるい作用

10-2　次の固相抽出で用いられる固相抽出剤と試料溶液の組み合わせを示せ．(a) 逆相型，(b) 順相型

10-3　陽イオン交換樹脂で用いられる強酸性と弱酸性の官能基をそれぞれ示せ．

10-4　陽イオン交換樹脂の金属イオンに対する選択性でみられる通常系列の特徴を述べよ．

10-5　無機イオン交換体の電荷補償型サイトで生じるイオン交換反応のしくみを説明せよ．

10-6　水溶液100 mL 中の成分 A を固相抽出剤10 g に抽出した結果，溶液中の濃度が1.0 mol L^{-1}から0.20 mol L^{-1}まで低下した．分配比 D を計算せよ．

10-7　0.10 mol L^{-1} KOH 水溶液100 mL に，湿潤した H 形陽イオン交換樹脂2.0 mL を入れて十分に反応させた．固相を分離後，液相について0.10 mol L^{-1} HCl 水溶液で中和滴定した結果，32 mL が必要であった．この H 形強酸性陽イオン交換樹脂の総イオン交換容量を計算せよ．

10-8　ランタノイド系列の 3 価陽イオンでは，原子番号が増加するほどイオン半径が減少する．これらのイオンに対する強酸性陽イオン交換樹脂の選択性の序列を予想せよ．

10-9　**10-8** において，水相に EDTA を加えると強酸性陽イオン交換樹脂の選択性を高めることができる．この理由を述べよ．

10-10　2.0×10^{-5} mol L^{-1} NaCl，1.0×10^{-5} mol L^{-1} $CaCl_2$を含む地下水がある．イオン交換水を製造するために，イオン交換容量が2.0 meq g^{-1}の H 形強酸性陽イオン交換樹脂と1.8 meq g^{-1}の OH 形強塩基性陰イオン交換樹脂を，それぞれ100 g を充填したカラムを用意した．地下水をカラムに流して得られるイオン交換水の容量 (L) を計算せよ．

付　　録

付表 1　弱酸の酸解離定数（温度25℃，イオン強度 0 mol L^{-1}）

名称	化学式	pK_{a1}	pK_{a2}	pK_{a3}
無機酸				
亜硝酸	HNO_2	3.15		
亜硫酸	H_2SO_3	1.91	7.18	
クロム酸	H_2CrO_4	−0.7	6.52	
次亜塩素酸	HClO	7.53		
シアン化水素酸	HCN	9.22		
炭酸	H_2CO_3	6.35	10.33	
ヒ酸	H_3AsO_4	2.19	6.94	11.50
フッ化水素酸	HF	3.17		
ホウ酸	H_3BO_3	9.24		
硫化水素	H_2S	7.02	13.9	
硫酸	H_2SO_4	a)	1.99	
リン酸	H_3PO_4	2.15	7.20	12.35
有機酸				
安息香酸	C_6H_5COOH	4.20		
ギ酸	HCOOH	3.75		
クエン酸	$C(CH_2COOH)_2(OH)COOH$	3.13	4.76	6.40
クロロ酢酸	$CH_2ClCOOH$	2.87		
コハク酸	$(CH_2COOH)_2$	4.21	5.64	
酢酸	CH_3COOH	4.76		
シュウ酸	$(COOH)_2$	1.27	4.27	
酒石酸	$(CH(OH)COOH)_2$	3.04	4.37	
フェノール	C_6H_5OH	10.00		
フタル酸	$C_6H_4(COOH)_2$	2.95	5.41	

a）完全解離

付表2 弱塩基の塩基解離定数とその共役酸の酸解離定数(温度25℃, イオン強度 0 mol L^{-1})

弱塩基 共役酸の名称	化学式	pK_{b1} pK_{a1}	pK_{b2} pK_{a2}
アニリン	$C_6H_5NH_2$	9.40	
アニリニウムイオン	$C_6H_5NH_3^+$	4.60	
アンモニア	NH_3	4.76	
アンモニウムイオン	NH_4^+	9.24	
エチレンジアミン	$NH_2(CH_2)_2NH_2$	4.13	6.77
エチレンジアンモニウムイオン	$NH_3^+(CH_2)_2NH_3^+$	7.23	9.87
8-キノリノール*1	$(C_9H_6N)OH$	9.0	
8-ヒドロキシキノリニウムイオン	$(C_9H_6NH^+)OH$	5.0	9.7[a)]
グリシン	NH_2CH_2COOH	11.65	
グリシニウムイオン	$NH_3^+CH_2COOH$	2.35	9.78[b)]
ジメチルアミン	$(CH_3)_2NH$	3.23	
ジメチルアンモニウムイオン	$(CH_3)_2NH_2^+$	10.77	
トリエタノールアミン	$(C_2H_4OH)_3N$	6.24	
トリエタノールアンモニウムイオン	$(C_2H_4OH)_3NH^+$	7.76	
トリメチルアミン	$(CH_3)_3N$	4.20	
トリメチルアンモニウムイオン	$(CH_3)_3NH^+$	9.80	
ピリジン	C_5H_5N	8.78	
ピリジニウムイオン	$C_5H_5NH^+$	5.22	
メチルアミン	$(CH_3)NH_2$	3.36	
メチルアンモニウムイオン	$(CH_3)NH_3^+$	10.64	

＊1 オキシン　a）ヒドロキシ基の解離，b）カルボキシ基の解離

付表3 錯体の生成定数（温度25℃）

配位子	金属イオン	$\log\beta_1$	$\log\beta_2$	$\log\beta_3$	$\log\beta_4$	$\log\beta_5$	$\log\beta_6$	イオン強度 (mol L^{-1})
NH_3	Ag^+	3.40	7.5					2.0
	Cd^{2+}	2.72	4.90	6.32	7.38	7.02	5.41	2.0
	Co^{2+}	2.10	3.67	4.75	5.53	5.74	5.14	2.0(30℃)
	Cu^{2+}	4.24	7.83	10.80	13.00	12.43		2.0
	Mn^{2+}	1.00	1.54	1.70	1.3			2.0(20℃)
	Ni^{2+}	2.81	5.08	6.85	8.12	8.93	9.08	2.0
	Zn^{2+}	2.38	4.88	7.43	9.65			2.0
OH^-	Al^{3+}	9.01	(18.7)	(27.0)	33.0			0
	Ba^{2+}	0.6						0
	Be^{2+}	8.6	(14.4)	18.8	18.6			0
	Ca^{2+}	1.3						0
	Cd^{2+}	3.9	7.7					0
	Co^{2+}	4.3	8.4	9.7	10.2			0

付表 3（続き）

配位子	金属イオン	$\log\beta_1$	$\log\beta_2$	$\log\beta_3$	$\log\beta_4$	$\log\beta_5$	$\log\beta_6$	イオン強度 ($\mathrm{mol\ L^{-1}}$)
(OH⁻続き)	Cu^{2+}	6.3						0
	Fe^{2+}	4.5	(7.4)	10.0	9.6			0
	Fe^{3+}	11.81	22.3					0
	Mg^{2+}	2.58						0
	Mn^{2+}	3.4	(3.4)					0
	Ni^{2+}	4.1	8	11				0
	Sr^{2+}	0.8						0
	Pb^{2+}	6.3	10.9	13.9				0
	Zn^{2+}	5.0						0
F^-	Ag^+	3.45	5.67	6.0	6.0			4.0(20℃)
	Al^{3+}	6.43	11.63	15.5	18.3			0.5
	Cd^{2+}	0.6						3.0
	Co^{2+}	0.6						1.0
	Cu^{2+}	0.9						1.0
	Fe^{3+}	5.16	9.07	12.1				1.0
	Mn^{2+}	0.8						1.0
	Ni^{2+}	0.6						1.0
	Zn^{2+}	0.7						1.0
Cl^-	Ag^+	3.45	5.67	6.0	6.0			4.0(20℃)
	Bi^{3+}	2.2	3.5	5.8	6.8	7.3	7.4	3.0
	Cd^{2+}	1.54	2.2	2.3	1.6			3.0
	Co^{2+}	0.0						1.0
	Cu^{2+}	−0.2						1.0
	Fe^{3+}	0.63	0.75	−0.7				1.0
	Hg^{2+}	7.07	13.98	14.7	16.2			3.0
	Mn^{2+}	−0.2						1.0
	Ni^{2+}	0.0						1.0
	Pb^{2+}	1.12	1.6	1.9	1.0			3.0
	Pd^{2+}	4.47	7.74	10.2	11.5			1.0
	Zn^{2+}	−0.19		−0.4	0.0			3.0
Br^-	Ag^+	4.30	6.64	8.1	8.9			1.0
	Bi^{3+}	2.63	5.0	6.7	8.1	9.0	9.8	3.0
	Cd^{2+}	1.78	2.6	3.1	3.8			3.0
	Co^{2+}	−0.11						2.0
	Cu^{2+}	−0.07						2.0
	Fe^{3+}	−0.2	−0.5					1.0
	Hg^{2+}	9.40	18.0	20.7	22.2			3.0
	Ni^{2+}	−0.12						2.0
	Pb^{2+}	1.25	1.8	2.4	2.3			2.0
	Zn^{2+}	−0.58						3.0

（ ）内の β 値は不確かさがやや大きい．

付表3（続き）

配位子	金属イオン	$\log\beta_1$	$\log\beta_2$	$\log\beta_3$	$\log\beta_4$	イオン強度 ($mol\ L^{-1}$)
I^-	Ag^+	8.1	11.0	13.8	14.3	4.0
	Cd^{2+}	2.13	3.6	5.1	6.6	3.0
	Hg^{2+}	12.87	23.82	27.6	29.8	0.5
	Pb^{2+}	1.30	2.4	3.1	4.4	2.0
	Zn^{2+}	−1.5				3.0
CH_3NH_2						
	Ag^+	3.15	6.68			0.5
	Cd^{2+}	2.75	4.81	5.94	6.55	2.1
	Cu^{2+}	4.11	7.51	10.21	12.08	2.0
	Hg^{2+}	8.66	17.86	18.2	18.5	0.5
$H_2NCH_2CH_2NH_2$（エチレンジアミン）						
	Ag^+	5.06	7.7			0.5
	Cd^{2+}	5.84	10.6	12.7		2.0
	Cu^{2+}	11.05	20.6			2.0
	Hg^{2+}	14.3	23.24			0.5
CH_3COOH（酢酸）						
	Ag^+	0.37	0.14	−0.3		3.0
	Ba^{2+}	0.45				0.1
	Ca^{2+}	0.57				0.1
	Cd^{2+}	1.24	1.86	2.04		1.0
	Co^{2+}	0.65				1.0
	Cu^{2+}	1.67	2.70	3.0		1.0
	Fe^{3+}	3.23	6.22			3.0
	Hg^{2+}	3.60				1.0
	Mg^{2+}	0.55				0.1
	Mn^{2+}	0.69				1.0
	Ni^{2+}	0.75	1.1			1.0
	Pb^{2+}	2.1	3.0			1.0
	Sr^{2+}	0.49				0.1
	Zn^{2+}	0.90	1.2			1.0
H_2NCH_2COOH（グリシン）						
	Ag^+	3.28	6.96			3.0
	Ca^{2+}	1.05				0.1
	Cd^{2+}	4.14	7.60	9.74		1.0
	Co^{2+}	4.55	8.22	10.7		0.5
	Cu^{2+}	8.11	14.9			1.0
	Mg^{2+}	2.22				0.1
	Mn^{2+}	2.60	4.5	5.3		0.5
	Ni^{2+}	5.65	10.46	13.92		1.0
	Pb^{2+}	4.78	7.66			1.0
	Sr^{2+}	0.6				0.1
	Zn^{2+}	4.89	9.07	11.5		1.0

配位置	金属イオン	$\log\beta_1$	イオン強度 ($mol\ L^{-1}$)
NTA（ニトリロ三酢酸）			
	Ba^{2+}	4.81	0.1
	Ca^{2+}	6.44	0.1
	Cd^{2+}	9.78	0.1
	Co^{2+}	10.38	0.1
	Cu^{2+}	12.94	0.1
	Fe^{2+}	8.83	0.1 (20℃)
	Fe^{3+}	15.9	0.1
	Hg^{2+}	14.3	0.1
	Mg^{2+}	5.50	0.1
	Mn^{2+}	7.46	0.1
	Ni^{2+}	11.5	0.1
	Pb^{2+}	11.4	0.1
	Sr^{2+}	4.99	0.1
	Zn^{2+}	10.66	0.1
EDTA			
	Ag^+	7.22	0.1
	Ba^{2+}	7.86	0.1
	Ca^{2+}	10.65	0.1
	Cd^{2+}	16.5	0.1
	Co^{2+}	16.45	0.1
	Cu^{2+}	18.78	0.1
	Fe^{2+}	14.30	0.1
	Fe^{3+}	25.1	0.1
	Hg^{2+}	21.5	0.1
	Mg^{2+}	8.85	0.1
	Mn^{2+}	13.88	0.1
	Ni^{2+}	18.4	0.1
	Pb^{2+}	18.0	0.1
	Sr^{2+}	8.74	0.1
	Zn^{2+}	16.5	0.1

R. M. Smith and A. E. Martell, "Critical Stability Constants; Vol 1～6" より

付表 4　標準電極電位（温度25℃）

半反応	E° /vs. SHE
Ag（銀）	
$Ag^+ + e^- \rightleftarrows Ag(s)$	+0.7994
$Ag_2O(s) + H_2O + 2e^- \rightleftarrows 2Ag(s) + 2OH^-$	+0.342
$AgCl(s) + e^- \rightleftarrows Ag(s) + Cl^-$	+0.2222
$AgBr(s) + e^- \rightleftarrows Ag(s) + Br^-$	+0.071
$AgI(s) + e^- \rightleftarrows Ag(s) + I^-$	−0.152
$AgCN(s) + e^- \rightleftarrows Ag(s) + CN^-$	−0.017
$Ag(CN)_2{}^- + e^- \rightleftarrows Ag(s) + 2CN^-$	−0.31
$Ag(NH_3)_2{}^+ + e^- \rightleftarrows Ag(s) + 2NH_3(aq)$	+0.373
$Ag_2CO_3(s) + 2e^- \rightleftarrows 2Ag(s) + CO_3{}^{2-}$	+0.47
$Ag_2SO_4(s) + 2e^- \rightleftarrows 2Ag(s) + SO_4{}^{2-}$	+0.653
$Ag_2S(s) + 2e^- \rightleftarrows 2Ag(s) + S^{2-}$	−0.71
$Ag_2CrO_4(s) + 2e^- \rightleftarrows 2Ag(s) + CrO_4{}^{2-}$	+0.446
$Ag_2C_2O_4(s) + 2e^- \rightleftarrows 2Ag(s) + C_2O_4{}^{2-}$	+0.472
$AgN_3(s) + e^- \rightleftarrows Ag(s) + N_3{}^-$	+0.293
$Ag^{2+} + e^- \rightleftarrows Ag^+$	+1.98
Al（アルミニウム）	
$Al^{3+} + 3e^- \rightleftarrows Al(s)$	−1.66
$H_2AlO_3{}^- + H_2O + 3e^- \rightleftarrows Al(s) + 4OH^-$	−2.35
As（ヒ素）	
$As(s) + 3H^+ + 3e^- \rightleftarrows AsH_3(g)$	−0.60
$As_2O_3(s) + 6H^+ + 6e^- \rightleftarrows 2As(s) + 3H_2O$	+0.234
$H_3AsO_4(aq) + 2H^+ + 2e^- \rightleftarrows HAsO_2(aq) + 2H_2O$	+0.560
Au（金）	
$Au^{3+} + 3e^- \rightleftarrows Au(s)$	+1.50
$AuCl_4{}^- + 3e^- \rightleftarrows Au + 4Cl^-$	+1.00
B（ホウ素）	
$H_3BO_3(aq) + 3H^+ + 3e^- \rightleftarrows B(s) + 3H_2O$	−0.87
Ba（バリウム）	
$Ba^{2+} + 2e^- \rightleftarrows Ba$	−2.90
Be（ベリリウム）	
$Be^{2+} + 2e^- \rightleftarrows Be(s)$	−1.85
Bi（ビスマス）	
$BiO^+ + 2H^+ + 3e^- \rightleftarrows Bi(s) + H_2O$	+0.32
Br（臭素）	
$Br_2(liq) + 2e^- \rightleftarrows 2Br^-$	+1.0652
$Br_2(aq) + 2e^- \rightleftarrows 2Br^-$	+1.087
$2BrO_3{}^- + 12H^+ + 10e^- \rightleftarrows Br_2(aq) + 6H_2O$	+1.52
C（炭素）	
$CO_2(g) + 2H^+ + 2e^- \rightleftarrows CO(g) + H_2O$	−0.12
$CO_2(g) + 2H^+ + 2e^- \rightleftarrows HCOOH(aq)$	−0.196
Ca（カルシウム）	
$Ca^{2+} + 2e^- \rightleftarrows Ca(s)$	−2.87
Cd（カドミウム）	
$Cd^{2+} + 2e^- \rightleftarrows Cd(s)$	−0.402
$CdS(s) + 2e^- \rightleftarrows Cd(s) + S^{2-}$	−1.175
Ce（セリウム）	
$Ce^{4+} + e^- \rightleftarrows Ce^{3+}$	+1.61
Cl（塩素）	
$Cl_2(g) + 2e^- \rightleftarrows 2Cl^-$	+1.3595
$2HClO(aq) + 2H^+ + 2e^- \rightleftarrows Cl_2(g) + 2H_2O$	+1.63
$ClO^- + H_2O + 2e^- \rightleftarrows Cl^- + 2OH^-$	+0.89
$HClO_2(aq) + 2H^+ + 2e^- \rightleftarrows HClO(aq) + H_2O$	+1.64
$ClO_3{}^- + 2H^+ + e^- \rightleftarrows ClO_2(g) + H_2O$	+1.15
$ClO_4{}^- + 2H^+ + 2e^- \rightleftarrows ClO_3{}^- + H_2O$	+1.19
Co（コバルト）	
$Co^{2+} + 2e^- \rightleftarrows Co(s)$	−0.277
$Co^{3+} + e^- \rightleftarrows Co^{2+}$	+1.82
Cr（クロム）	
$Cr^{3+} + 3e^- \rightleftarrows Cr(s)$	−0.74
$Cr^{3+} + e^- \rightleftarrows Cr^{2+}$	−0.408
$Cr_2O_7{}^{2-} + 14H^+ + 6e^- \rightleftarrows 2Cr^{3+} + 7H_2O$	+1.33
$HCrO_4{}^- + 7H^+ + 3e^- \rightleftarrows Cr^{3+} + 4H_2O$	+1.2
Cu（銅）	
$Cu^+ + e^- \rightleftarrows Cu(s)$	+0.521
$Cu^{2+} + 2e^- \rightleftarrows Cu(s)$	+0.337
$Cu^{2+} + e^- \rightleftarrows Cu^+$	+0.153
$Cu^{2+} + Cl^- + e^- \rightleftarrows CuCl(s)$	+0.538
$Cu^{2+} + Br^- + e^- \rightleftarrows CuBr(s)$	+0.640
$Cu^{2+} + I^- + e^- \rightleftarrows CuI(s)$	+0.86
F（フッ素）	
$F_2(g) + 2H^+ + 2e^- \rightleftarrows 2HF(aq)$	+3.06
Fe（鉄）	
$Fe^{2+} + 2e^- \rightleftarrows Fe(s)$	−0.440
$Fe^{3+} + e^- \rightleftarrows Fe^{2+}$	+0.771
$Fe(CN)_6{}^{3-} + e^- \rightleftarrows Fe(CN)_6{}^{4-}$	+0.356
H（水素）	
$2H^+ + 2e^- \rightleftarrows H_2(g)$	0.0
$2H_2O + 2e^- \rightleftarrows H_2(g) + 2OH^-$	−0.82806
Hg（水銀）	
$Hg_2{}^{2+} + 2e^- \rightleftarrows 2Hg$	+0.789
$Hg_2Cl_2(s) + 2e^- \rightleftarrows 2Hg(liq) + 2Cl^-$	+0.2680

半反応	E°/vs. SHE
$Hg_2Br_2(s) + 2e^- \rightleftarrows 2Hg(liq) + 2Br^-$	+0.1397
$Hg_2I_2(s) + 2e^- \rightleftarrows 2Hg(liq) + 2I^-$	−0.0405
$Hg_2SO_4(s) + 2e^- \rightleftarrows 2Hg(liq) + SO_4^{2-}$	+0.6151
$2Hg^{2+} + 2e^- \rightleftarrows Hg_2^{2+}$	+0.920
I（ヨウ素）	
$I_2(s) + 2e^- \rightleftarrows 2I^-$	+0.5355
$I_2(aq) + 2e^- \rightleftarrows 2I^-$	+0.621
$I_3^- + 2e^- \rightleftarrows 3I^-$	+0.545
$2IO_3^- + 12H^+ + 10e^- \rightleftarrows I_2(aq) + 6H_2O$	+1.195
K（カリウム）	
$K^+ + e^- \rightleftarrows K(s)$	−2.925
Li（リチウム）	
$Li^+ + e^- \rightleftarrows Li(s)$	−3.03
Mg（マグネシウム）	
$Mg^{2+} + 2e^- \rightleftarrows Mg(s)$	−2.37
Mn（マンガン）	
$Mn^{2+} + 2e^- \rightleftarrows Mn(s)$	−1.190
$Mn^{3+} + e^- \rightleftarrows Mn^{2+}$	+1.51
$MnO_2(\text{軟マンガン鉱, s}) + 4H^+ + 2e^- \rightleftarrows Mn^{2+} + 2H_2O$	+1.23
$MnO_4^- + 8H^+ + 5e^- \rightleftarrows Mn^{2+} + 4H_2O$	+1.51
$MnO_4^- + 4H^+ + 3e^- \rightleftarrows MnO_2(s) + 2H_2O$	+1.695
$MnO_4^- + 2H_2O + 3e^- \rightleftarrows MnO_2(s) + 4OH^-$	+0.588
Mo（モリブデン）	
$Mo^{3+} + 3e^- \rightleftarrows Mo(s)$	−0.2
$H_2MoO_4(aq) + 6H^+ + 6e^- \rightleftarrows Mo(s) + 4H_2O$	0.0
N（窒素）	
$HNO_2(aq) + H^+ + e^- \rightleftarrows NO(g) + H_2O$	+0.99
$NO_3^- + 3H^+ + 2e^- \rightleftarrows HNO_2(aq) + H_2O$	+0.94
$NO_3^- + H_2O + 2e^- \rightleftarrows NO_2^- + 2OH^-$	+0.01
$2NO_3^- + 4H^+ + 2e^- \rightleftarrows N_2O_4(g) + 2H_2O$	+0.80
$N_2(g) + 5H^+ + 4e^- \rightleftarrows N_2H_5^+$	−0.23
Na（ナトリウム）	
$Na^+ + e^- \rightleftarrows Na(s)$	−2.713
Ni（ニッケル）	
$Ni^{2+} + 2e^- \rightleftarrows Ni(s)$	−0.23
O（酸素）	
$O_2(g) + 2H^+ + 2e^- \rightleftarrows H_2O_2(aq)$	+0.682
$O_2(g) + 4H^+ + 4e^- \rightleftarrows 2H_2O$	+1.229
$O_2(g) + 2H_2O + 4e^- \rightleftarrows 4OH^-$	+0.401
$H_2O_2(aq) + 2H^+ + 2e^- \rightleftarrows 2H_2O$	+1.77
$2H_2O + 2e^- \rightleftarrows H_2(g) + 2OH^-$	−0.8281

半反応	E°/vs. SHE
$O_3(g) + 2H^+ + 2e^- \rightleftarrows O_2(g) + H_2O$	+2.07
$O_3(g) + H_2O + 2e^- \rightleftarrows O_2(g) + 2OH^-$	+1.24
P（リン）	
$H_3PO_2(aq) + H^+ + e^- \rightleftarrows P(\text{白, s}) + 2H_2O$	−0.51
$H_3PO_3(aq) + 2H^+ + 2e^- \rightleftarrows H_3PO_2(aq) + H_2O$	−0.50
$H_3PO_4(aq) + 2H^+ + 2e^- \rightleftarrows H_3PO_3(aq) + H_2O$	−0.276
$P(\text{白, s}) + 3H^+ + 3e^- \rightleftarrows PH_3(g)$	+0.06
Pb（鉛）	
$Pb^{2+} + 2e^- \rightleftarrows Pb(s)$	−0.126
$PbSO_4(s) + 2e^- \rightleftarrows Pb(s) + SO_4^{2-}$	−0.356
$PbO_2(s) + 4H^+ + 2e^- \rightleftarrows Pb^{2+} + 2H_2O$	+1.455
$PbO_2(s) + SO_4^{2-} + 4H^+ + 2e^- \rightleftarrows PbSO_4(s) + 2H_2O$	+1.685
Pd（パラジウム）	
$Pd^{2+} + 2e^- \rightleftarrows Pd(s)$	+0.987
Pt（白金）	
$Pt^{2+} + 2e^- \rightleftarrows Pt(s)$	+1.2
$PtCl_6^{2-} + 2e^- \rightleftarrows PtCl_4^{2-} + 2Cl^-$	+0.68
Rb（ルビジウム）	
$Rb^+ + e^- \rightleftarrows Rb(s)$	−2.925
S（硫黄）	
$S(\text{斜方晶, s}) + 2H^+ + 2e^- \rightleftarrows H_2S(aq)$	+0.141
$S(\text{斜方晶, s}) + 2e^- \rightleftarrows S^{2-}$	−0.48
$S_2O_3^{2-} + 6H^+ + 4e^- \rightleftarrows 2S(s) + 3H_2O$	+0.5
$2H_2SO_3(aq) + 2H^+ + 4e^- \rightleftarrows S_2O_3^{2-} + 3H_2O$	+0.40
$SO_4^{2-} + 4H^+ + 2e^- \rightleftarrows H_2SO_3(aq) + H_2O$	+0.17
$SO_4^{2-} + H_2O + 2e^- \rightleftarrows SO_3^{2-} + 2OH^-$	−0.93
$S_4O_6^{2-} + 2e^- \rightleftarrows 2S_2O_3^{2-}$	+0.08
$S_2O_8^{2-} + 2e^- \rightleftarrows 2SO_4^{2-}$	+2.01
Si（ケイ素）	
$SiO_2(\text{石英, s}) + 4H^+ + 4e^- \rightleftarrows Si(s) + 2H_2O$	−0.86
$Si(s) + 4H^+ + 4e^- \rightleftarrows SiH_4(g)$	+0.102
Sn（スズ）	
$Sn^{2+} + 2e^- \rightleftarrows Sn(\text{白, s})$	−0.140
$Sn^{4+} + 2e^- \rightleftarrows Sn^{2+}$	+0.15
Sr（ストロンチウム）	
$Sr^{2+} + 2e^- \rightleftarrows Sr(s)$	−2.888
Te（テルル）	
$TeO_2(s) + 4H^+ + 4e^- \rightleftarrows Te(s) + 2H_2O$	+0.529
Ti（チタン）	
$TiO_2(\text{水和物, s}) + 4H^+ + 4e^- \rightleftarrows Ti(s) + 2H_2O$	−0.86
$Ti^{2+} + 2e^- \rightleftarrows Ti(s)$	−1.63
$Ti^{3+} + e^- \rightleftarrows Ti^{2+}$	−0.369

半反応	E°/vs. SHE
U（ウラン）	
$U^{3+} + 3e^- \rightleftarrows U(s)$	−1.80
$U^{4+} + e^- \rightleftarrows U^{3+}$	−0.61
$UO_2^{2+} + 4H^+ + 2e^- \rightleftarrows U^{4+} + 2H_2O$	+0.334
$UO_2^{2+} + e^- \rightleftarrows UO_2^{+}$	+0.05
V（バナジウム）	
$V^{2+} + 2e^- \rightleftarrows V(s)$	−1.186
$V^{3+} + e^- \rightleftarrows V^{2+}$	−0.256
W（タングステン）	
$WO_2(s) + 4H^+ + 4e^- \rightleftarrows W(s) + 2H_2O$	−0.12
$WO_3(s) + 6H^+ + 6e^- \rightleftarrows W(s) + 3H_2O$	−0.09
Zn（亜鉛）	
$Zn^{2+} + 2e^- \rightleftarrows Zn(s)$	−0.7628
$Zn(OH)_2(s) + 2e^- \rightleftarrows Zn(s) + 2OH^-$	−1.245

g：気体，liq：液体，aq：水溶液，s：固体である．
H_2O はすべて液体，イオンはすべて aq である．

喜多英明，魚崎浩平著，「電気化学の基礎」，技能堂（1983），pp. 254–259を改変．

付表 5　難溶性塩の溶解度積（温度25℃，イオン強度 0 mol L^{-1}）

化学式	K_{sp}	沈殿の色
AgCl	1.77×10^{-10}	白
AgBr	5.35×10^{-13}	淡黄
AgI	8.52×10^{-17}	黄
CaF_2	5.3×10^{-9}	白
$CuI(Cu^+ + I^-)$	1.27×10^{-12}	白
$Hg_2Cl_2(Hg_2^{2+} + 2Cl^-)$	1.27×10^{-12}	白
$Hg_2Br_2(Hg_2^{2+} + 2Br^-)$	6.40×10^{-23}	黄
$Hg_2I_2(Hg_2^{2+} + 2I^-)$	5.2×10^{-29}	白
$PbCl_2$	1.70×10^{-5}	白
Ag_2S	6.3×10^{-50}	黒
Bi_2S_3	1×10^{-97}	褐
α-CoS	4.0×10^{-21}	黒
β-CoS	2.0×10^{-25}	黒
CuS	6.3×10^{-36}	黒
FeS	6.3×10^{-18}	黒
HgS(赤)	4×10^{-53}	黒
HgS(黒)	1.6×10^{-52}	黒
MnS(非晶質)	2.5×10^{-10}	桃
MnS(結晶)	2.5×10^{-13}	桃
α-NiS	3.2×10^{-19}	黒
β-NiS	1.0×10^{-24}	黒
γ-NiS	2.0×10^{-26}	黒
PbS	8.0×10^{-28}	黒
α-ZnS	1.6×10^{-24}	白
β-ZnS	2.5×10^{-22}	白
$BaSO_4$	1.08×10^{-10}	白
$CaSO_4$	4.93×10^{-5}	白
$PbSO_4$	2.53×10^{-8}	白
$SrSO_4$	3.44×10^{-7}	白
$BaCO_3$	2.58×10^{-9}	白
$CaCO_3$	9.9×10^{-9}	白
$MgCO_3$	6.82×10^{-6}	白
$PbCO_3$	7.4×10^{-14}	白
$SrCO_3$	5.60×10^{-10}	白
$ZnCO_3$	1.4×10^{-11}	白
AgSCN	1.03×10^{-12}	白
$CuSCN(Cu^+ + SCN^-)$	1.77×10^{-13}	白
Ag_2CrO_4	2.4×10^{-12}	赤褐
$BaCrO_4$	1.17×10^{-10}	黄
$PbCrO_4$	2.8×10^{-13}	黄
BaC_2O_4	1.6×10^{-7}	白
CaC_2O_4	2.32×10^{-9}	白
MgC_2O_4	4.83×10^{-6}	白
SrC_2O_4	1.6×10^{-7}	白
$Al(OH)_3$	2.0×10^{-32}	白
AgOH	2.0×10^{-8}	暗褐
$Cd(OH)_2$	7.2×10^{-15}	白
$Cu(OH)_2$	2.2×10^{-20}	青白
$Cr(OH)_3$	6.3×10^{-31}	灰緑
$Fe(OH)_2$	4.87×10^{-17}	淡緑
$Fe(OH)_3$	2.79×10^{-39}	赤褐
$Mg(OH)_2$	5.61×10^{-12}	白
$Mn(OH)_2$	1.9×10^{-13}	白
$Ni(OH)_2$	5.48×10^{-16}	緑
$Pb(OH)_2$	1.43×10^{-15}	白
$Zn(OH)_2$	1.20×10^{-17}	白

Speight, J. G. "Lange's Handbook of Chemistry, 16th ed.," McGraw-Hill (2005), Table 1. 71より改変.
K_{sp} の単位は除いた.

付表6 溶媒抽出で用いられる代表的な溶媒の物性

溶媒	沸点(℃)	密度(25℃)(g cm^{-3})	双極子モーメント(D)*1	比誘電率(25℃)	水中への溶解度(25℃)〔%(w/w)〕	溶媒への水の溶解度(25℃)〔%(w/w)〕
ヘキサン	68.74	0.6548	0.085	1.88	1.23×10^{-3}	1.11×10^{-2} *2
ベンゼン	80.09	0.8736	0	2.27	1.79×10^{-1}	6.35×10^{-2}
トルエン	110.63	0.8622	0.31	2.38	5.15×10^{-2}	5.0×10^{-2}
ニトロベンゼン	210.8	1.1983	4.00	34.78	1.9×10^{-1} *2	2.4×10^{-1} *2
クロロホルム	61.18	1.4797	1.15	4.81*2	8.15×10^{-1} *2	9.3×10^{-2}
四塩化炭素	76.64	1.5844	0	2.23	7.7×10^{-2}	1.35×10^{-2} *3
1, 2-ジクロロエタン	83.48	1.2464	1.83	10.37	8.1×10^{-1} *2	1.87×10^{-1}
ジエチルエーテル	34.43	0.7078	1.15	4.20	6.04	1.47
4-メチル-2-ペンタノン	117.4	0.7963	2.7	13.11*2	1.7	1.9
1-オクタノール	195.16	0.8216	1.76	10.34*2	5.38×10^{-2}	4.99
水	100.00	0.9970	1.82	78.30	—	—

*1：1 D = 3.336×10^{-30} C m，*2：20℃，*3：30℃.

付表7 Httaによる金属(Ⅱ)イオンの抽出定数（温度25℃，イオン強度0.1 mol L^{-1}）

金属(Ⅱ)	ベンゼン		MIBK*1	
	$\log K_{ex}$	$pH_{1/2}$*2	$\log K_{ex}$	$pH_{1/2}$*2
Ca	−12.0*3	8.0	−9.20	6.60
Ni	−7.63	5.82	−4.66	4.33
Cu	−0.91	2.46	−1.08	2.54
Zn	−7.89	5.95	−5.94	4.97
Cd	—	—	−8.0*4	6.0

*1：MIBK = 4-メチル-2-ペンタノン
*2：$[Htta]_{org}$ = 0.01 mol L^{-1}において，$\%E$ = 50を与えるpH
*3：20℃　*4：室温

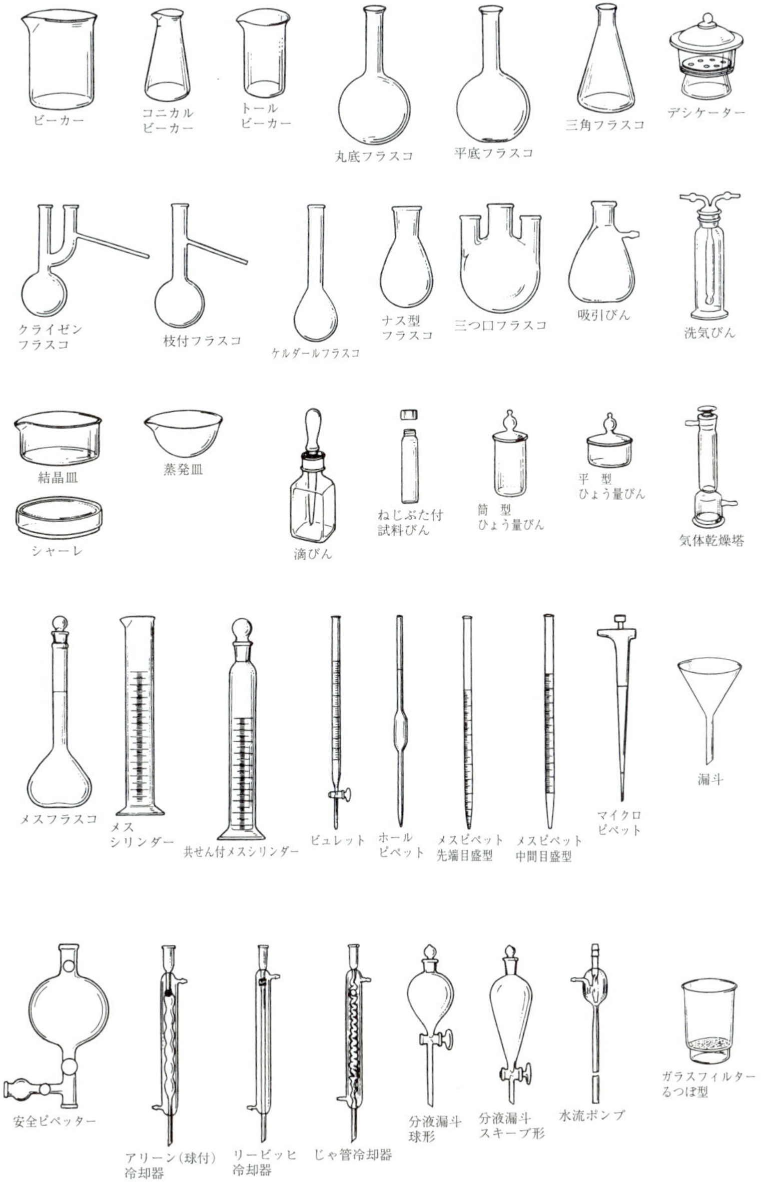

付図 1 ガラス器具一覧

日本分析化学会編,『改訂5版　分析化学データブック』, 丸善 (2004), pp. 8–9 より許可を得て転載.

章末問題の略解

第1章

1-1 (a) $15.8\ mol\ L^{-1}$, (b) $14.8\ mol\ L^{-1}$

1-2 Na^{+}：3290 mg, Cl^{-}：3690 mg

1-3 Ca^{2+}：$11.7\ mmol\ L^{-1}$, $23.4\ meq\ L^{-1}$　Mg^{2+}：$3.08\ mmol\ L^{-1}$, $6.16\ meq\ L^{-1}$

1-4 $11.5\ meq\ L^{-1}$, 553 ppm

1-8 平均値 ＝ $1.56 \pm 0.04\ \mu g\ g^{-1}$, RSD＝2％

1-9 (a) $C_2O_4^{2-}$　O, (b) ジメチルグリオキシム　N, (c) F^{-}　F, (d) アセトン, O

第2章

2-6 (a) 0.7526 g, (b) 0.4004 g, (c) 0.2783 g

2-7 4 mol

2-8 9.17％と18.8％

2-9 53.39％

2-10 1.050％

第3章

3-4 $0.1005\ mol\ L^{-1}$, ファクター1.005

3-5 $0.05060\ mol\ L^{-1}$, ファクター1.012

第4章

4-1 (a) $0.30\ mol\ L^{-1}$, (b) $1.2\ mol\ L^{-1}$, (c) $0.90\ mol\ L^{-1}$, (d) $3.3\ mol\ L^{-1}$, (e) $1.2\ mol\ L^{-1}$

4-3 $\gamma_{Na^+} = 0.95_2$, $\gamma_{Cl^-} = 0.95_1$

4-4 $\gamma_{Na^+} = 0.91_6$, $\gamma_{Cl^-} = 0.91_3$, $\gamma_{K^+} = 0.91_3$, $\gamma_{SO_4{}^{2-}} = 0.70_1$

4-5 $\gamma_{NO_3{}^-} = 0.94$, $a_{NO_3{}^-} = 2.8 \times 10^{-3}$

4-6 i) pH 3.49, ii) pH 3.40

4-8 平衡定数10：$[A] = 0.024\ mol\ L^{-1}$, $[B] = 0.32\ mol\ L^{-1}$, $[C] = 0.28\ mol\ L^{-1}$, $[D] = 0.28\ mol\ L^{-1}$

平衡定数1.0×10^6：$[A] = 3.0 \times 10^{-7}\ mol\ L^{-1}$, $[B] = 0.30\ mol\ L^{-1}$, $[C] = 0.30\ mol\ L^{-1}$, $[D] = 0.30\ mol\ L^{-1}$

4-9 $[A] = 0.20\ mol\ L^{-1}$, $[B] = 2.7 \times 10^{-6}\ mol\ L^{-1}$, $[C] = 0.40\ mol\ L^{-1}$

4-10 $I = 0.010\ mol\ L^{-1}$：$K^{\circ}_{sp} = 8.0 \times 10^{-11}$

$I = 0\ mol\ L^{-1}$：$K_{sp} = 1.0 \times 10^{-10} (mol\ L^{-1})^2$, $I = 0.010\ mol\ L^{-1}$：$K_{sp} = 1.2 \times 10^{-10} (mol\ L^{-1})^2$

第5章

5-1 (a) pH 7.00, (b) pH 2.00, (c) pH 12.30, (d) pH 10.76, (e) pH 8.88, (f) pH 4.88, (g) pH 6.00, (h) pH 6.80

5-2 (a) pH 12.06, (b) pH 10.78

5-3 (a) pH 8.45, (b) pH 10.61, (c) pH 12.67, (d) pH 8.34

5-5 (a) pH 11.66, (b) pH 10.33, (c) pH 8.34, (d) pH 6.35, (e) pH 3.91, (f) pH 1.84

5-6 酢酸0.346 g, 酢酸ナトリウム0.820 g

5-7 緩衝能0.15 mol L^{-1} pH^{-1}, 加える前 pH 8.94, 加えた後 pH 8.93

5-8 α_0, α_1, α_2, α_3, は, それぞれ, H_3PO_4, $H_2PO_4^-$, HPO_4^{2-}, PO_4^{3-} の存在率.

$$\alpha_0 = \frac{[H^+]^3}{[H^+]^3 + K_{a1}[H^+]^2 + K_{a1}K_{a2}[H^+] + K_{a1}K_{a2}K_{a3}}$$

$$\alpha_1 = \frac{K_{a1}[H^+]^2}{[H^+]^3 + K_{a1}[H^+]^2 + K_{a1}K_{a2}[H^+] + K_{a1}K_{a2}K_{a3}}$$

$$\alpha_2 = \frac{K_{a1}K_{a2}[H^+]}{[H^+]^3 + K_{a1}[H^+]^2 + K_{a1}K_{a2}[H^+] + K_{a1}K_{a2}K_{a3}}$$

$$\alpha_3 = \frac{K_{a1}K_{a2}K_{a3}}{[H^+]^3 + K_{a1}[H^+]^2 + K_{a1}K_{a2}[H^+] + K_{a1}K_{a2}K_{a3}}$$

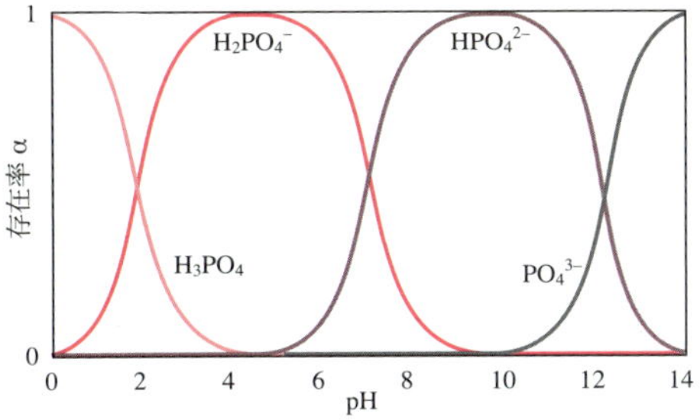

5-9 グラフは第6章の図6. 6になる.

5-10 14.4 %

5-11 炭酸ナトリウム72.0 %, 炭酸水素ナトリウム28.0 %

第6章

6-2 (a) OH 基とキノリン上の窒素原子, 五員環, (b) 二つの NH_2基, 五員環

6-3 $Cu(H_2O)_4^{2+} + EDTA^{4-} \rightleftarrows CuEDTA^{2-} + 4\,H_2O$

6-5 2.3×10^{-3} mol L^{-1}

6-6
$$\frac{[Ni(NH_3)_3^{2+}]}{C_{Ni}} = \frac{\beta_3[NH_3]^3}{1 + \beta_1[NH_3] + \beta_2[NH_3]^2 + \beta_3[NH_3]^3 + \beta_4[NH_3]^4 + \beta_5[NH_3]^5 + \beta_6[NH_3]^6}$$

6-7 $\alpha_L(H) = 10^{0.45}$, $K'_{CaEDTA} = 10^{10.2}$

6-9 Cu^{2+}, Ni^{2+}

第 7 章

7-1 C, E

7-2 SO_4^{2-} : + 6 , S^{2-} : − 2 , S_8 : 0 , SO_3^{2-} : + 4 , $S_2O_3^{2-}$: − 2 , + 6
NO_3^- : + 5 , NO_2 : + 4 , HNO_2 : + 3 , N_2O : + 1 , N_2 : 0 , NO : + 2

7-3 D, E

7-4 (a) $H_2O_2 > Ce^{4+} > MnO_4^- > Cr_2O_7^{2-} > IO_3^- > Fe^{3+} > O_2 > I_2(aq) > Sn^{4+} > Zn^{2+} > H_2O$

(b) $H_2 > Zn > Sn^{2+} > I^- > H_2O_2 > Fe^{2+} > I_2 > Cr^{3+} > Mn^{2+} > Ce^{3+} > H_2O$

(c) $Cr_2O_7^{2-} + 6Fe^{2+} + 14H^+ \rightleftarrows 2Cr^{3+} + 6Fe^{3+} + 7H_2O$

7-5 i) $E = E^\circ_{Fe^{3+}/Fe^{2+}} - 0.059\log([Fe^{2+}]/[Fe^{3+}])$

ii) $E = E^\circ_{PbSO_4/Pb} - \dfrac{0.059}{2}\log[SO_4^{2-}]$

iii) $E = E^\circ_{MnO_4^-/Mn^{2+}} - \dfrac{0.059}{5}\log\dfrac{[Mn^{2+}]}{[MnO_4^-][H^+]^8}$

iv) $E = E^\circ_{BrO_3^-/Br_2} - \dfrac{0.059}{10}\log\dfrac{[Br_2]}{[BrO_3^-]^2[H^+]^{12}}$

v) $E = E^\circ_{H_2O/H_2} - \dfrac{0.059}{2}\log p_{H_2}[OH^-]^2$

7-8 (i) E = 0.521 V vs. sat. Ag/AgCl, (ii) E = 0.549 V vs. sat. Ag/AgCl,
(iii) E = 0.577 V vs. sat. Ag/AgCl, (iv) E = 1.16_4 V vs. sat. Ag/AgCl,
(v) E = 1.28_4 V vs. sat. Ag/AgCl, (vi) E = 1.28_8 V vs. sat. Ag/AgCl

7-9 五酸化二ヒ素3.57 %，亜ヒ素酸水素ナトリウム11.5 %

7-10 1.65 %

第 8 章

8-1 3.7×10^{-8} mol L^{-1}

8-2 $4.0 \times 10^{-12}(mol\ L^{-1})^3$

8-3 1.9×10^{-3} g L^{-1}

8-4 (順に) S^2, $4S^3$, $108S^5$

8-5 3.3×10^{-7} mol L^{-1}

8-6 沈殿し始める pH は8.43．99.9%沈殿する pH は9.93.

8-7 $CaCO_3$: 9.9×10^{-5} mol L^{-1}（純水），9.9×10^{-7} mol L^{-1}（$CaCl_2$水溶液）
$CaSO_4$: 7.0×10^{-3} mol L^{-1}（純水），4.9×10^{-3} mol L^{-1}（$CaCl_2$水溶液）

8-8 1.3×10^{-5} mol L^{-1}（純水），1.8×10^{-5} mol L^{-1}（硝酸ナトリウム水溶液）

8-9 0.17 mol L^{-1}

第9章

9-2 (a) 0.91 g, (b) 0.67 g, (c) 5回, (d) 5.0×10^2

9-3 (a) $D = \dfrac{[H_2A]_0}{[H_2A]_{aq} + [HA^-]_{aq} + [A^{2-}]_{aq}} = \dfrac{K_D}{1 + K_{a1}/[H^+]_{aq} + K_{a1}K_{a2}/[H^+]^2_{aq}}$

(b)

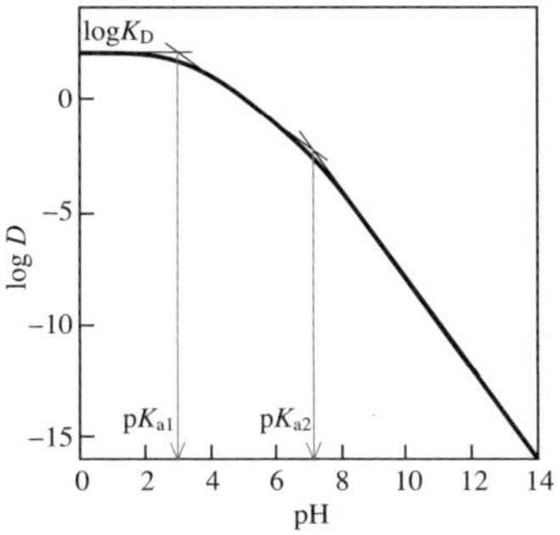

9-5 (a) ≥ 0.34M, (b) pH ≥ 2.54, (c) 7.2×10^4

9-6 (a) $[Hq]_0 = \dfrac{C}{1 + \dfrac{[H^+]_{aq}}{K_{a1}K_D} + \dfrac{1}{K_D} + \dfrac{K_{a2}}{[H^+]_{aq}K_D}}$

(b)

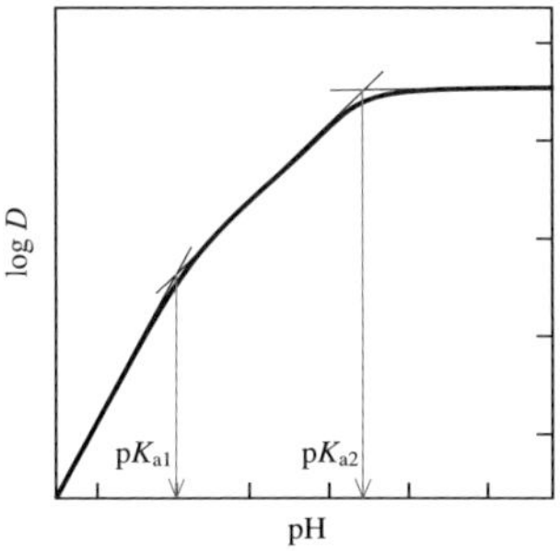

9-10 $t_{1/2} = \dfrac{\ln 2}{k' \dfrac{[HA]_0}{[H^+]_{aq}}} = \dfrac{0.693[H^+]_{aq}}{k'[HA]_0}$

第10章

10-6 $D = 40$

10-7 3.4 meq mL^{-1}

10-10 4.5×10^3 L

注：計算方法によって最後の桁の数値は変わる可能性がある.

索　　引

英　文

EDTA［ethylenediaminetetraacetic acid］ 101, 103, 113, 114
HSAB［Hard and Soft Acids and Bases］ 10
——則 102
Nernst の分配の法則［Nernst distribution law］ 171
Paneth-Fajans-Hahn の規則 27
pH 滴定［pH titration］ 83
pH メーター［pH meter］ 78

あ

アーヴィングーウィリアムスの系列［Irving-Williams series］ 98
アマルガム［amalgam］ 142
アレニウスの概念［Arrhenius concept］ 67
安全ピペッター［safety pipette］ 43
イオン会合［ion association］ 178, 186
イオン会合抽出［ion association extraction］177
イオン強度［ionic strength］ 53
イオン交換［ion exchange］ 197
イオン交換樹脂［ion exchange resin］ 198, 211
イオン交換速度［rate of ion exchange］ 207
イオン交換体［ion exchanger］ 198
イオン交換容量［ion exchange capacity］ 205
イオンサイズパラメーター［ion size parameter］ 56
イオン積［ionic product］ 145
イオン選択性電極［ion selective electrode］137
イオン対［ion pair］ 176
イオン認識［ion recognition］ 103
イオンふるい作用［ion sieve］ 202, 204
イオン雰囲気［ionic atomsphere］ 53
異種イオン効果［diverse ion effect］ 148
一次標準物質［primary reference material］ 15, 40
一次標準溶液［primary reference solution］ 38
イミノ二酢酸［iminodiacetic acid］ 207, 210
インターカレーション［intercalation］ 203
ウインクラー法［Winkler method］ 137
上澄み液［supernatant］ 22
塩基［base］ 10, 67
塩基性［basicity］ 98
塩橋［salt bridge］ 128
塩酸［hydrochloric acid］ 8
エンタルピー［enthalpy］ 59
エントロピー［entropy］ 59
王水［aqua regia］ 9
オキソニウムイオン［oxonium ion］ 67
オクタデシルシリル化シリカゲル［octadecyl-silyl silica］ 192
汚染［contamination］ 7
温浸［warm extraction］ 26

か

カールーフィッシャー法［Karl-Fisher titration］ 140
灰化［incineration］ 21, 24
過塩素酸［perchloric acid］ 8
化学種［chemical species］ 3
化学種分析［speciation analysis］ 3
化学的酸素要求量［chemical oxygen demand, COD］ 119, 138
化学ポテンシャル［chemical potential］49, 167
化学用体積計［volumeter］ 33
可逆な化学反応［reversible chemical reaction］ 45
過剰化学ポテンシャル［excess chemical potential］ 51
加水分解定数［hydrolysis constant］ 72
硬い［hard］ 10
活量［activity］ 48, 51
活量係数［activity coefficient］ 51
過飽和［supersaturation］ 26
ガラス電極［glass electrode］ 78

カラム法［column method］ 191
簡易分析［simplified analysis/rapid analysis/visual analysis］ 2
還元［reduction］ 117
還元剤［reducing agent］ 118
還元体［reductant］ 119
緩衝液［buffer］ 78
緩衝能［buffering capacity］ 81
間接滴定［indirect titration］ 110
規定度［normality］ 5
起電力［electromotive force］ 117
ギブズエネルギー［Gibbs energy］ 49, 59
ギブズの自由エネルギー［Gibbs' free energy］ 59
逆相［reversed phase］ 192, 210
逆抽出［back extraction］ 169
逆滴定［back titration］ 110, 114
逆反応［back reaction］ 45
吸蔵［occlusion］ 28
吸着［adsorption］ 28, 194, 195, 211
吸着指示薬［adsorption indicator］ 163
吸着等温線［adsorption isotherm］ 195
　BET の—— 197
　フロインドリッヒの—— 196
　ヘンリーの—— 196
　ラングミュアの—— 196
吸熱反応［endothermic reaction］ 60
共役酸塩基対［conjugate pair］ 68
強酸［strong acid］ 69, 71
凝集［agglutination］ 28
凝集沈殿法［coagulating sedimentation］ 28
凝析［flocculation］ 28
共沈［coprecipitation］ 26, 28
共通イオン効果［common ion effect］ 147
協同効果［synergistic effect］ 185
共同沈殿［coprecipitation］ 26
極性相互作用［polar interaction］ 193
キレート［chelate］ 207
　——化合物 26
　——環 101
　——効果 99, 204
　——錯体 95
　——試薬 178, 180
　——樹脂 207, 210
　——滴定 103
　——滴定曲線 108
　——滴定法 110
　——配位子 95, 100
均一沈殿法［precipitation from homogeneous solution］ 29
均一反応［homogeneous reaction］ 65
金属錯体［metal complex］ 26, 94
金属指示薬［metal indicator］ 110, 113
銀滴定［argentometry］ 158
空試験［blank test］ 34
クロマトグラフィー［chromatography］ 170
系統誤差［systematic error］ 15
ケルダール法［Kjeldahl method］ 93
検定公差［verification tolerance］ 35
検量線［calibration curve］ 17
高速攪拌装置［high-speed stirring apparatus］ 171
硬度滴定［hardness titration］ 113
向流分配［counter−current distribution］ 170
恒量［constant weight］ 23
衡量法［weight］ 35
固-液平衡［solid−liquid equilibrium］ 192
固相抽出［solid phase extraction］ 190
　——剤 190
固相マイクロ抽出法［solid phase micro extraction, SPME］ 209
駒込ピペット［pipette］ 34
孤立電子対［lone pair］ 68
コロイド［colloid］ 27
コンディショニング［conditioning］ 191

さ

再沈殿［reprecipitation］ 28
錯形成反応［complex formation］ 94
錯生成平衡［complex formation equilibrium］ 65, 115
酸［acid］ 10, 67
酸塩基解離平衡［acid-base dissociation equilibrium］ 65
酸塩基平衡［acid-base equilibrium］ 67
酸解離定数［acid dissociation constant］ 65, 71, 105, 173, 182
酸解離平衡［acid dissociation equilibrium］ 104
酸化［oxidation］ 117

酸化還元指示薬［redox indicator］ 136
酸化還元対［redox couple］ 120
酸化還元滴定［redox titration］ 130
酸化還元反応［redox reaction］ 117
酸化還元平衡［oxidation-reduction equilibrium］ 65
酸化剤［oxidizing agent］ 117
酸化数［oxidation number］ 118
酸化体［oxidant］ 119
参照電極［reference electrode］ 131
式量電位［formal potential］ 126
自己解離［autoprotolysis］ 69
示差溶媒［differentiating solvent］ 69
指示電極［indicator electrode］ 131
指示薬［indicator］ 85, 86
実効濃度［effective concentration］ 48
質量作用の法則［mass action law］ 46
質量百分率［percentage by mass］ 4, 24
質量分析法［mass spectrometry］ 22
質量モル濃度［molality］ 5
弱酸［weak acid］ 69, 71
終点［terminal］ 34
重量分析［gravimetric analysis］ 19
重量分析係数［gravimetric factor］ 25
熟成［maturation］ 22
主成分分析［major constitution analysis］ 4
順相［normal phase］ 192
条件安定度定数［conditional stability constant］ 105
条件生成定数［conditional formation constant］ 105
硝酸［nitric acid］ 8
常量分析［macro analysis］ 3
ジョーンズ還元器［Jones reductor］ 142
シリカモノリス［monolithic silica］ 209
試料採取［sampling］ 7
試料負荷量［capacity］ 194
真度［trueness］ 14
水際［meniscus］ 34
水平化効果［leveling effect］ 69
水和［hydration］ 177
——イオン 199
スターバー抽出法［stir bar sorptive extraction］ 209
スチレン-ジビニルベンゼン共重合体［styrene-divinylbenzene copolymer］ 198
スペシエーション［speciation］ 3, 115
精確さ［accuracy］ 14
生成定数［formation constant］ 65, 182
静電的相互作用［electrostatic interaction］ 97, 200, 202
精度［precision］ 14
正反応［forward reaction］ 45
絶対定量法［absolute determination method］ 15
セルロースイオン交換体［cellulose ion exchanger］ 198, 209
全安定度定数［overall stability constant］ 97
前処理［pretreatment］ 210
全生成定数［overall formation constant］ 97, 115
選択係数［selectivity coefficient］ 206
前濃縮［preconcentration］ 190
全反応［overall reaction］ 97
相対標準偏差［relative standard deviation］ 16
速度定数［rate constant］ 46
疎水性［hydrophobicity］ 26
疎水性相互作用［hydrophobic interaction］ 192

た

大環状効果［macrocyclic effect］ 102, 208
体積百分率［percentage of volume fraction/volume percentage］ 4
多座配位子［multidentate ligand］ 95
多段抽出［multistage extraction］ 170
脱イオン化［deionization］ 211
脱着［desorption］ 195
多点相互作用［multiple interaction］ 102
単座配位子［monodentate ligand］ 95
置換滴定［replacement titration］ 110
逐次生成定数［stepwise formation constant］ 96, 115
逐次反応［stepwise reaction］ 96
抽出曲線［extraction curve］ 183
抽出定数［extraction constant］ 181
抽出率［percent extraction］ 168, 174
中和反応［neutralization reaction］ 83
超微量成分分析［ultratrace analysis］ 4
超微量分析［ultramicro analysis］ 3
直接滴定［direct titration］ 110

沈殿剤［precipitant］ 19
沈殿重量法［precipitation gravimetry］ 19
沈殿滴定［precipitation titration］ 158
チンメルマン-ラインハルト試薬［Zimmermann-Reinhardt reagent］ 139
対イオン［counter ion］ 27, 171, 176, 178
通常系列［normal series］ 199, 203
定性分析［qualitative analysis］ 1, 13
定量分析［quantitative analysis］ 1
デカンテーション［decantation］ 23
滴定［titration］ 33
滴定曲線［titration curve］ 83
滴定剤［titrant］ 33
デバイ-ヒュッケルの極限則［Debye-Hückel limiting law］ 56
デバイ-ヒュッケルの式［Debye-Hückel equation］ 53
テルミット法［thermite process］ 118
電位差滴定［potentiometric titration］ 137
電荷収支［charge balance］ 75
電荷密度［charge density］ 97
電気化学ポテンシャル［electrochemical potential］ 49, 50, 71, 122
電気二重層［electrical double layer］ 27
電極電位［electrode potential］ 122
電子対供与体［electron−pair donor］ 94
電子対受容体［electron−pair acceptor］ 94
電子天秤［electronic scale］ 20
電池［electric cell, cell］ 117
天秤［balance］ 20
同位体存在比［isotopic ratio］ 22
統計誤差［statistical error］ 15
当量点［equivalence point］ 33
当量濃度［equivalent concentration］ 5
共洗い［rince out］ 42
トレーサビリティ［traceability］ 15, 39

な

難溶性塩［slightly soluble salt］ 143
二塩基酸［dibasic acid］ 87
二次標準溶液［secondary reference solution］ 40
日本工業規格［Japanese Industrial Standards, JIS］ 30
熱重量曲線［thermo gravimetric curve］ 24
熱力学的平衡定数［thermodynamic equilibrium constant］ 47
熱力学的溶解度積 144
ネルンスト式［Nernst equation］ 126
ネルンストの分配の法則［Nernst distribution law］ 166
濃度［concentration］ 4
濃度平衡定数［concentration equilibrium constant］ 47

は

配位結合［coordinate bond］ 94
配位子［ligand］ 10, 94, 178
破過容量［breakthrough volume］ 194
白金黒［platinized platinum］ 124, 128
バッチ法［batch method］ 191
発熱反応［exothermic reaction］ 60
半電池［half cell］ 120
反応速度［reaction rate］ 45
半反応［half reaction］ 120
比較電極［reference electrode］ 78
比較法［comparison method］ 15
非共有電子対［lone pair］ 68
比濁法［turbidimetry］ 155
非破壊分析［non-destructive analysis］ 3
ピペット［pipette］ 34
ビュレット［burette］ 34
標準ギブズエネルギー［standard Gibbs' energy］ 61
標準水素電極［standard hydrogen electrode］ 122
標準電極電位［standard potential］ 65, 128
標準物質［reference material］ 38
標準偏差［standard deviation］ 16
標準溶液［reference solution］ 38
標準溶媒間移行ギブズエネルギー［standard Gibbs' energy of transfer］ 175
標線［bench mark］ 34
標定［standardization］ 40
秤量［weighing］ 20
ファクター［factor］ 40
ファヤンス法［Fajans method］ 162
ファラデーの法則［Faraday's law］ 22

フォルハルト法［Volhard method］ 162
付加錯体［addition complex］ 185
不均一反応［heterogeneous reaction］ 65
副反応［side reaction］ 105, 106
副反応係数［side reaction coefficient］ 105
不確かさ［uncertainty］ 15
フッ化水素酸［hydrofluoric acid］ 9
物質収支［mass balance］ 75
不動態［passive state］ 8
ブレンステッド-ローリーの概念［Brønsted-Lowry concept］ 67
分解［decomposition/digestion］ 7
分子ふるい作用［molecular sieve］ 194
分属［grouping］ 12
分属試薬［group reagent］ 12
分配［distribution］ 194
分配係数［partition coefficient］ 195
分配定数［distribution constant］ 65, 166, 172, 182, 195, 205
分配比［distribution ratio］ 167, 173, 174, 175, 195, 205
分配平衡［distribution equilibrium］ 65
分離係数［separation factor］ 169, 183, 207
平均イオン活量［average ion activity］ 55
平均イオン活量係数［average ion activity coefficient］ 55
平均イオンモル濃度［average ion molar concentration］ 55
平衡定数［equilibrium constant］ 47, 206
ヘンダーソン-ハッセルバルヒの式［Henderson-Hasselbalch equation］ 77
変動係数［coefficient of variation］ 16
飽和カロメル（甘汞）電極［saturated calomel electrode］ 131
飽和溶液［saturated solution］ 143
ホールピペット［vollpipette］ 34
補助錯化剤［weak complexing agent］ 113
ポリマーゲル系固相抽出剤［polymeric solid phase extractor］ 193
ボルンの式［Born equation］ 175

ま

マイクロ液相抽出［liquid phase microextraction］ 187
マイクロピペット［micro pipette］ 34
膜型抽出［membrane extraction］ 209
マスキング［masking］ 112, 113
——剤 110, 112
水のイオン積［ion product of water］ 70
無機イオン交換体［inorganic ion exchanger］ 202, 212
メスピペット［measuring pipette］ 34
メスフラスコ［measuring flask］ 34
メニスカス［meniscus］ 34
モール塩［Mohr's salt］ 131
モール法［Mohr method］ 161
モル体積［molar volume］ 172
モル濃度［molarity］ 5

や

軟らかい［soft］ 11
融解［fusion］ 9
有機沈殿剤［organic precipitant］ 23
有効数字［significant figure］ 16, 22
融剤［flux］ 9
溶液内化学平衡［chemical equilibrium］ 45
溶解［dissolution］ 7
溶解度［solubility］ 22, 146
溶解度曲線［solubility curve］ 27, 147
溶解度積［solubility product］ 28, 65, 144
溶解平衡［solution equilibrium］ 65
ヨウ素還元滴定［iodometry］ 139
ヨウ素酸化滴定［iodimetry］ 139
溶存酸素［dissolved oxygen］ 137
溶媒間移行エネルギー［energy of transfer］ 175
溶媒間移行ギブズエネルギー［Gibbs' free energy of transfer］ 167
溶媒抽出分離［separation by solvent extraction］ 26
溶媒和［solvation］ 53
容量分析［volumetric analysis］ 33
容量分析用標準物質［reference material for volumetric analysis］ 40
ヨージメトリー［iodimetry］ 139
ヨードメトリー［iodometry］ 139

ら

力価［factor］ 40
立体配置［configuration］ 95
硫酸［sulfuric acid］ 8
両性［amphoteric］ 89
ルイスの概念［Lewis concept］ 68
ルイスの酸塩基［Lewis acids and bases］ 10
ルシャトリエの法則［law of Le Chatelier］ 63
ろ過［filtration］ 19, 23
ろ紙［filter］ 23

わ

ワルデン還元器［Walden reductor］ 142

編者紹介

井村（いむら）　**久則**（ひさのり）

1976年　金沢大学理学部化学科 卒業

1981年　東北大学大学院理学研究科化学専攻博士課程後期 修了

現　在　金沢大学　名誉教授

理学博士（東北大学）

樋上（ひのうえ）　**照男**（てるお）

1974年　大阪大学理学部化学科 卒業

1979年　京都大学大学院理学研究科 単位取得退学

現　在　信州大学 理学部 理学科 化学コース 特任教授

　　　　信州大学　名誉教授

理学博士（京都大学）

基礎から学ぶ **分析化学**

第1版第1刷　2015年4月20日　発行

第11刷　2024年9月10日　発行

検印廃止

編　　者　井村久則

　　　　　樋上照男

発行者　曽根良介

発行所　**(株)化学同人**

〒600-8074 京都市下京区仏光寺通柳馬場西入ル

編集部　TEL075-352-3711　FAX075-352-0371

企画販売部　TEL075-352-3373　FAX075-351-8301

振替　01010-7-5702

e-mail webmaster@kagakudojin.co.jp

URL https://www.kagakudojin.co.jp

印刷・製本　西濃印刷株式会社

ISBN978-4-7598-1592-4

乱丁・落丁本は送料小社負担にてお取りかえします．

基本物理定数

物理量	記号	数値	単位
真空の透磁率	μ_0	$4\pi \times 10^{-7} = 12.566\,370 \times 10^{-7}$	$\mathrm{N\,A^{-2}}$
真空中の光速度	c, c_0	$299\,792\,458$	$\mathrm{m\,s^{-1}}$
真空の誘電率	ε_0	$8.854\,187\,817 \times 10^{-12}$	$\mathrm{F\,m^{-1}}$
電気素量	e	$1.602\,176\,565(35) \times 10^{-19}$	C
プランク定数	h	$6.626\,069\,57(29) \times 10^{-34}$	J s
アボガドロ定数	L, N_{A}	$6.022\,141\,29(27) \times 10^{23}$	$\mathrm{mol^{-1}}$
電子の静止質量	m_{e}	$9.109\,382\,91(40) \times 10^{-31}$	kg
陽子の静止質量	m_{p}	$1.672\,621\,777(74) \times 10^{-27}$	kg
ファラデー定数	F	$9.648\,533\,65(21) \times 10^{4}$	$\mathrm{C\,mol^{-1}}$
ハートリーエネルギー	E_{h}	$4.359\,744\,34(19) \times 10^{-18}$	J
ボーア半径	a_0	$5.291\,772\,109\,2(17) \times 10^{-11}$	m
ボーア磁子	μ_{B}	$9.274\,009\,68(20) \times 10^{-24}$	$\mathrm{J\,T^{-1}}$
核磁子	μ_{N}	$5.050\,783\,53(11) \times 10^{-27}$	$\mathrm{J\,T^{-1}}$
リュードベリ定数	R_∞	$1.097\,373\,156\,853\,9(55) \times 10^{7}$	$\mathrm{m^{-1}}$
気体定数	R	$8.314\,462\,1(75)$	$\mathrm{J\,K^{-1}\,mol^{-1}}$
ボルツマン定数	k, k_{B}	$1.380\,648\,8(13) \times 10^{-23}$	$\mathrm{J\,K^{-1}}$
重力定数	G	$6.673\,84(80) \times 10^{-11}$	$\mathrm{m^3\,kg^{-1}\,s^{-2}}$
自由落下の標準加速度	g_{n}	$9.806\,65$	$\mathrm{m\,s^{-2}}$
水の三重点	$T_{\mathrm{tp}}(\mathrm{H_2O})$	273.16	K
セルシウスの温度目盛のゼロ点	$T(0\,℃)$	273.15	K
理想気体(1 bar, 273.15 K)のモル体積	V_0	$22.710\,953(21)$	$\mathrm{L\,mol^{-1}}$

ギリシャ文字

Α	α	アルファ	Ζ	ζ	ゼータ	Λ	λ	ラムダ	Π	π	パイ	Φ	ϕ	ファイ
Β	β	ベータ	Η	η	イータ	Μ	μ	ミュー	Ρ	ρ	ロー	Χ	χ	カイ
Γ	γ	ガンマ	Θ	θ	シータ	Ν	ν	ニュー	Σ	σ	シグマ	Ψ	ϕ	プサイ
Δ	δ	デルタ	Ι	ι	イオタ	Ξ	ξ	グザイ	Τ	τ	タウ	Ω	ω	オメガ
Ε	ε	イプシロン	Κ	κ	カッパ	Ο	o	オミクロン	Υ	υ	ウプシロン			